U0320854

食用菌

主要品种与生产技术

◎ 全国农业技术推广服务中心　组编

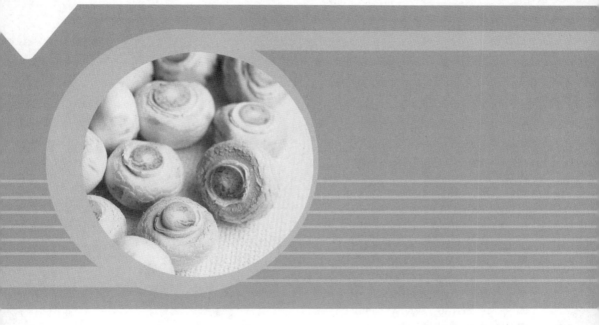

中国农业科学技术出版社

图书在版编目（CIP）数据

食用菌主要品种与生产技术/王娟娟，李莉主编．—北京：中国农业
科学技术出版社，2016.1

ISBN 978 - 7 - 5116 - 2496 - 3

Ⅰ.①食…　Ⅱ.①王…②李…　Ⅲ.①食用菌-品种②食用菌-蔬菜园艺
Ⅳ.①S646

中国版本图书馆 CIP 数据核字（2016）第 010373 号

责任编辑　于建慧
责任校对　贾海霞

出　版　者　中国农业科学技术出版社
　　　　　　北京市中关村南大街 12 号　邮编：100081
电　　　话　(010)82109194(编辑室)　　(010)82109702(发行部)
　　　　　　(010)82106629(读者服务部)
传　　　真　(010)82106631
网　　　址　http://www.castp.cn
经　销　者　各地新华书店
印　刷　者　北京富泰印刷有限责任公司
开　　　本　710 mm ×1000 mm 1/16
印　　　张　15.5
字　　　数　293 千字
版　　　次　2016 年 1 月第 1 版　2017 年 2 月第 2 次印刷
定　　　价　30.00 元

编 委 会

编者的话

中国是世界食用菌生产大国，食用菌产量占全球总产量的 80%。据中国食用菌协会统计，2014 年，全国食用菌总产量达 3 270 万吨，产值 2 258 亿元。食用菌产业是一项改革开放后迅速发展形成的新兴产业，是一项集经济效益、生态效益和社会效益于一体的产业，是一项促进农村经济发展、转变农业发展方式、实现农民增收致富的产业，是一项有利于提高居民膳食水平、保障居民身体健康的产业。

随着人民生活水平的提高，人们对食用菌需求量越来越大，在广大科技人员和生产者的共同努力下，产业技术不断创新，新品种接连涌现，对促进食用菌产业发挥了重大作用。经过多年的总结与提升，各地食用菌产业呈现生产品种丰富、生产技术多样等特点，传统"五菇三耳"（香菇、草菇、金针菇、平菇、凤尾菇、黑木耳、银耳、毛木耳）和新兴的一些菇品（杏鲍菇、白灵菇、茶树菇、鸡腿菇等）以及许多野生菇菌（松茸、牛肝菌、红菇、鸡枞菌等）相关品种和技术都得到了长远发展，也涌现了河南省、山东省、黑龙江省、福建省、江苏省、河北省等集中产区。

为了有效指导各地食用菌产业技术应用与推广，促进各地食用菌产业健康持续发展，我们组织了全国食用菌技术推广人员对部分食用菌产区的主要品种及生产技术进行了系统调查与研究，汇总形成了此书，分省区介绍了主要品种的品种来源、特征特性、产量表现、栽培要点、适宜区域、选育（引进技术依托）单位以及生产技术的技术概况、增产增效情况、技术要点、适宜区域、技术依托单位，以期为各地食用菌生产者提供技术指导与支撑。

由于资料繁杂，时间紧迫，水平有限，书中对部分省（区、市）相关品种与技术并未涉及，也难免出现不妥之处，欢迎广大读者批评指正。

2015 年 12 月

目　录

北京市食用菌主要品种与生产技术

一、主要品种

（一）香菇 L18

品种来源 福建三明三真生物科技有限公司常规系统选育。

特征特性 子实体较大，单生，偶有丛生；菌盖圆整且大，菌肉较肥厚，内卷较好，质地致密，口感好，菌盖褐色，柄粗短。高温条件下菌柄较长；抗逆性强，转潮快，产量高。

产量表现 夏季栽培单棒产量生物学效率70%～75%。

栽培要点 属中高温型香菇品种，耐高温、适应性强，产量高，能在夏秋高温季节出菇。菌丝生长温度范围6～35℃，最适温度为24～27℃，出菇适宜温度15～28℃。菌龄较短，菌龄60天以上。

适宜区域 京、津、冀地区近年夏季栽培的主要品种之一，特别适宜冷棚覆土地栽。

引进单位 北京市农业技术推广站

（二）香菇 168（中香 68）

品种来源 福建省农业区划研究所主研的杂交选育南方优质菇良种。

特征特性 子实体特大型，菌盖茶褐色，圆整，肉厚，柄短。抗杂能力强。菌龄90天以上。菌丝转色好，产量高，品质优，适于鲜销。北京地区栽培适宜春季制棒，越夏养菌，待夜间气温降至20℃以下时脱袋出菇。该品种耐高温能力较差，越夏时要注意防止高温烧菌。

产量表现 生物学效率平均100%以上。

栽培要点 属低温型中早熟品种，出菇温度8～25℃。北方产区5—8月制菌袋，10月至翌年4月出菇；接种孔菌丝长至4～5cm时散堆，应避免烧菌，另外，培养过程中需刺孔通气；适时排场、脱袋，采收2～3潮菇后，需适当补水。

适宜区域 近年引入北京地区试验性栽培，表现出菇温度范围广（6～30℃），个大（最大每朵100g），菇型圆整、肉厚，高产等特性，是目前国内上市商品价值最高的优良菌株。

引进单位 北京市农业技术推广站

（三）香菇 L808

品种来源 浙江省丽水市大山菇业研究开发有限公司选育。

特征特性 子实体单生，中大叶，朵型圆整，畸形菇少，菌盖直径4.5～7cm，半球形，深褐色，颜色中间深，边缘浅，菌盖丛毛状鳞片较多，呈圆周形辐射分布。肉质厚，组织致密，白色，不易开伞。厚度1.2～2.2cm。菌柄短而粗，长1.5～3.5cm，粗1.5～2.5cm，上粗下细。

产量表现 生物学效率平均100%以上。

栽培要点 属中高温型中熟品种，菌丝粗壮，抗逆性强，适应性广，菌龄100～120天。出菇温度15～22℃，子实体分化时需要6～10℃的温差刺激。适宜接种日期5月上旬至6月上旬，越夏发菌出菇的菇型好于秋季接种，且菌柄较短。秋季接种当年产量不高。

适宜区域 全国大部分低海拔地区、半山区、小平原地区。

引进单位 北京市农业技术推广站

（四）平菇西德89

品种来源 云南陆良。

特征特性 菌丝体浓白，粗壮。子实体丛生，菇形圆整，菇肉肥厚，菌柄较短，菌盖直径7～12cm，盖厚1.2～2cm，表面光滑，菌柄长2～4cm，柄直径1.5～2.4cm。菌柄侧生或偏生，白色。幼菇菌盖深灰色，成熟后灰色。孢子印粉红色。菇体不易破碎，耐贮运，颜色惹人喜爱。

产量表现 生物学效率平均120%。

栽培要点 属中温品种，菌丝体生长温度4～35℃，最适温度22～27℃，子实体生长温度5～25℃，最适温度6～20℃。子实体幼时灰色，以后逐渐变浅灰色，其颜色与生长温度有关，6～12℃时颜色较深，12℃以上较浅。子实体生长整齐一致，抗杂能力较强。栽培原料广泛，棉籽皮、豆秸、玉米芯、稻草等都可用来栽培，生物转化率160%左右。生育过程中孢子释放晚。常规接种量。16～20天栽培袋发满菌，再培养8～10天现原基。播种后35～40天采头潮菇，头潮菇结束至下潮菇形成需8天左右。墙式袋栽可采收4潮菇，生产周期120～140天。

适宜区域 全国大部分低海拔地区、半山区、小平原地区进行反季节栽培。

引进单位 北京市农业技术推广站

（五）平菇99

品种来源　中国农业科学院农业资源与农业区划研究所选育。

特征特性　丛生，菌盖长径5.6~12cm，菌盖短径4.5~9.4cm，平均7.6cm×6.4cm；菌盖厚15~18mm，平均15.8mm；菌柄长1.5~4.5cm，平均2.9cm，菌柄粗1.3~4.5cm，平均2.3cm。菌褶无网纹。子实体色泽随温度和光照变化，温度低、光照足时深黑色，温度高、光照不足时浅灰色。在适宜温度范围内表现抗性良好，高温下耐高湿性较差，表现为易感染黄斑病。子实体黑色，丛生，柄短，菌肉厚实，整体形态佳，耐储运。

产量表现　纯棉籽壳栽培，春栽和秋栽生物学效率可达到160%，最高210%，夏栽110%以上。

栽培要点　属广温耐高温型，适宜出菇温度15~25℃，可周年栽培使用。出菇温度广，即5~30℃。对栽培主料要求不高，可采用棉籽壳、玉米芯、木屑等。20~30℃时，常规栽培25~30天完成发菌，料含水率以65%为宜，适时补水可出菇5潮。覆土栽培产量显著提高。环境条件超过适宜温度时，要注意防止一次性给水过大，注意通风。调整好给水和通风可有效预防黄斑病。

适宜区域　全国可以春栽、秋栽；华北、东北、西北及高海拔地区，可以夏栽。

引进单位　北京市农业技术推广站

（六）平菇2026

品种来源　河北石家庄创新食用菌研究所。

特征特性　菌丝上常会产生橘黄色斑点或菌丝略带橘黄色。菇盖黑灰至灰色，菌褶白、细密，柄短、质硬，菌肉肥厚，菇质柔软，长途运输菌褶不倒伏，耐运性极好；发菌过程中对产生污染的绿霉、毛霉等杂菌有较好的抗性，菇体对细菌性病害有极强的抵抗能力，即使在老菇区和较为粗放的管理条件下也表现良好，尤其对细菌性黄斑病有较好的抗性。

产量表现　常规袋栽可出5~8潮菇，总生物学效率150%以上。

栽培要点　适宜多种原料，棉籽皮、玉米芯、豆秸、阔叶树木屑、花生壳、稻草、麦秸等多种原料栽培中，均表现出良好的丰产性。3~31℃可正常出菇，最适出菇温度8~27℃，幼菇在1~2℃的低温下菌盖不产生瘤状体，气温回升后又可恢复正常生长。

适宜区域　全国大部分低海拔地区、半山区、小平原地区。

引进单位　北京市农业技术推广站

（七）平菇双抗黑平

品种来源 江苏省高邮市科学食用菌研究所。

特征特性 菌丝抗杂能力极强，菇体抗细菌性病害特强，从开始出菇直至 6 潮菇不发生菇体病害，整个产菇过程无黄菇、死菇现象，生长耐低温和 CO_2，0℃ 低温不死菇，菇体表面无瘤状，朵形美观，耐运输，适应各种原料栽培。

产量表现 生物转化率 150% 以上。

栽培要点 适宜多种原料及栽培模式进行栽培。出菇温度范围广，可适应 2～34℃ 温度范围。北京周边地区可早秋制棒，秋冬春三季出菇。

适宜区域 全国大部分低海拔地区、半山区、小平原地区。

引进单位 北京市农业技术推广站

（八）双孢菇 A15

品种来源 美国 Sylvan 菌种公司。

特征特性 工厂化生产专用菌种。子实体单生或丛生，半球形，菌盖大小 3.5～4.5cm，菌盖厚 1.9～2.3cm，菌盖色白，表面光滑；菌柄长 2.8～3.6cm，粗 1.9～2.5cm。

产量表现 产量为 9～15kg/m²，生物学效率 35%～45%。

栽培要点 培养料发酵前含氮量控制在 1.5% 以下，注意播种前无氨气；菌丝生长温度为 20～30℃，菌丝在 pH 值 5～8 时均能生长；发菌期为 20～25 天，从播种到出菇需 35～45 天；原基形成温度为 10～20℃，菌丝体生长最适温度 24～28℃；子实体适宜生长温度为 10～20℃，出菇潮次明显，7 天左右一潮菇。

适宜区域 工厂化栽培设施条件。

引进单位 北京市农业技术推广站

（九）白灵菇 10 号

品种来源 北京市农林科学院植物保护环境保护研究所将野生菌人工驯化培育而成。

特征特性 子实体侧生、平展，似手掌形。菌盖直径 8～15cm，初呈半球形，后逐渐伸展变平，基部平展，颜色洁白，菌盖厚 2～4cm，边缘渐薄，表面平滑。菌肉白色、紧实，有韧性。菌褶白色，后期呈淡黄色、密集、延生、不等长。菌柄长 3～6cm，柄粗 3～5cm，上粗下细，白色，实心，韧性强。

产量表现 单朵 120～180g，生物学效率 30%。

栽培要点 菌丝培养温度 20～24℃，此条件下试管母种 PDA 培养基 10～13 天长满。适宜出菇温度 13～15℃。出菇前在 0～5℃ 条件下处理 5～7 天刺激出菇。菌丝体培养料含水率60%左右，出菇期要求含水率52%～55%，菇房空气相对湿度85%～90%。要求通风良好、空气新鲜，CO_2浓度低于0.1%。菌丝体不需要光照，出菇期需要光照强度300～1 500lx。要求从菌袋接种到出菇一般需要90～100天。

适宜区域　适合工厂化特定条件下栽培。

选育单位　北京市农林科学院植物保护环境保护研究所

二、生产技术

（一）平菇发酵料短时灭菌高效栽培技术

技术概述　发酵料短时灭菌技术首先是将培养料进行发酵处理，通过生物发酵产生的生物热将培养料中大部分杂菌杀死，随后通过短时间的高温处理将其余的杂菌和虫卵消灭，具有省工省力省燃料的优点，降低了生产成本，易被菇农接受。该技术经过多年的试验示范，基本形成成熟的技术体系，具有很好的应用价值。

增产增效情况　在纯棉籽壳培养料的条件下，生物转化率达到130%～150%，与熟料栽培基本相当；菌棒成品率达到98%以上。

技术要点　如果培养料中添加玉米芯，玉米芯最好提前用水浸泡1～2天。选择适当大小的地块，将土铲平压实，用棉籽皮铺好一层10cm左右，再铺玉米芯10cm左右，交叉反复铺至堆高80～100cm，铺主料时分层加入麸皮、石灰、石膏、粗盐，边铺边加水，含水率约70%，进行发酵；在料堆上每隔40cm加一个直径8cm的通气孔，增加氧气促进发酵。如果天气凉爽，发酵前1～3天可加盖塑料薄膜提温促进发酵，当料堆内温度达50～60℃时撤掉薄膜，4～5天后堆内温度达到70～75℃时翻堆1次，此时堆内长满洁白浓密的放线菌，过2～3天再翻堆1次，翻2～3次堆，7～10天以后装袋。采用常压高温灭菌，当菌袋内培养料温度达100℃时保持3～4小时即可。其他管理措施与传统栽培方法相同。

适宜区域　全国各地。

技术依托单位　北京市农业技术推广站

（二）平菇套环封口快速发菌、定向出菇技术

技术概述　平菇出菇方式多样，例如割袋口方式、卷袋口方式、划口出菇方式、套环出菇方式。实践证明，套环出菇效果较好，尤其适合高温季节的平菇生产。一是发菌速度快，菌丝健壮；二是由于定位出菇，菇型好；三是与割袋相比，裸露出菇面小，菌袋失水少；四是与划口相比，无效菇少，产量高；五是产量集中，生产周期缩短，病虫害感染几率降低。

增产增效情况 可提早 7~10 天发满菌，缩短了栽培周期；出菇整齐，提高菇产量和商品性达 5% 以上。

技术要点 ①选择一次注塑成型，硬度大，直径 5cm，圈高 2cm 左右的套环；②根据气温和市场行情确定制棒时间，最好分批制棒。③根据菌袋长短，一头使用或两头使用均可，一般菌袋规格为 22cm×(46~48)cm 的菌棒 20 天左右即可发满。④菌丝成熟后，可适当增加棚内温差，增加湿度，例如，向地面、墙壁、空间喷水，保持相对湿度 80%~90%，切忌直接向幼蕾喷水，其他管理措施同常规管理。

适宜区域 全国各地。

注意事项 各地可根据当地温度条件选择相应的适温菌株。出菇相对集中，为避免集中上市影响价格，可分批制棒，分批开袋出菇。

技术依托单位 北京市农业技术推广站

（三）平菇木条菌种制作与应用技术

技术概述 木条菌种是木条为营养载体制备的菌种，区别于传统的以栽培袋料的制种方法和工艺，其特点是用种量少，生产成本低；发菌速度快，菌龄一致，菌丝不用重新愈合，接种面积大，通气性好；立体发菌，菌种离料底近，菌丝满袋快，全袋菌一致，菌丝同步，不老化，保证出菇优良，产量高。

增产增效情况 一袋木条种可以接种 240~250 个栽培袋，是常规菌种接种量的 7~8 倍。接种方便，节省劳力，每人每小时可接种 400 袋，是常规菌种接种速度的 3~4 倍。

技术要点 ①要求使用较硬实，耐蒸煮，不软化，易接种的材料，木条长度一般要比栽培菌袋短 2~3cm；②常温（20℃左右）条件下，用 2% 的石灰水浸泡竹片/木条 2 天，将其泡透。捞出后用清水冲洗干净，阴干待用，同时将白面粉和玉米面拌匀后成辅料，白面粉与玉米面的比例为 4：1。备好的竹片/木条在配制好的辅料中滚动，均匀沾上一层辅料后装瓶（袋）。③制作二级种最好用竹片制作。将竹片整捆装进菌种瓶或菌种袋中（750mL 的菌种瓶，每瓶可装竹片约160 根；15cm×27cm 的菌袋，每袋可装 240~250 根）。装好后顶部铺薄薄一层棉籽壳（先用 2% 石灰水洗净），菌种瓶塞上棉塞后盖一层塑料膜，菌袋袋口套上套环，扣盖前在环上盖一层塑料膜，然后再盖上盖子准备灭菌，防止水蒸气进入瓶内或袋内；制作三级菌种的方法与二级菌种相同，一般选用 15cm×27cm 的菌袋，将竹片换作木条或雪糕棒。④常压灭菌，100℃保持 10 小时左右。⑤出锅完全冷却后在接种箱进行无菌接种。接种后在 22~24℃ 环境下培养 25 天左右，再后熟 2~3 天使菌丝充分吃入木条中后方可使用。⑥出菇棒配方采用棉籽壳、玉米芯等常规配方，熟料、发酵料均可。菌袋规格 23cm×35cm，一头接种菌袋。

适宜区域 全国各地。

注意事项 各地可根据当地温度条件选择相应适温菌株。

技术依托单位 北京市农业技术推广站

（四）香菇春季制棒、越夏发菌技术

技术概述 北京地区低温香菇传统的制棒时间为每年8—9月，此时气温偏高，菌棒成品率低。近年通过技术改进，主要推广低温香菇春季制棒，越夏发菌，早秋出菇的生产模式。

增产增效情况 菌棒污染率比8—9月制棒降低10%～50%，提早至8月底出菇，提前出菇2个多月，越夏香菇菌丝生长时间长积累的营养多，菌丝活力强，出菇力强，单菇个大，商品性好。

技术要点 ①选择中偏低温型中长菌龄香菇品种，如香菇168、香菇L808；②春季（2—4月）制棒，菌棒越夏管理，8月下旬至9月初开袋；凉棚出菇时间分两段，分别为8月底至12月初，4月初至6月初；日光温室出菇时间为8月底至翌年5月初；③选择好配方，推荐使用杂木屑79%，麸皮20%，石膏1%，含水率55%～60%；④完成装袋、灭菌、接种后，菌袋堆放方式可根据气温和发菌情况而定，当接种后的室（棚）内温度低于20℃时，为提高堆温，可将菌棒垛式码放，垛高不超过15层。菌丝吃料定植后，随着温度升高，结合通氧，翻堆摆成"#"字或"△"形，排与排间留有通道，利于空气流通。菌丝即将发满时气温已逐渐升高，越夏管理时要降低码放层数，以不超过4层为宜，并注意控制棚内温度，监测料内温度，保持料温不高于30℃。

适宜区域 全国各地。

注意事项 各地可根据当地温度条件选择相应的适温菌株。

技术依托单位 北京市农业技术推广站

（五）高温期菇棚生物覆盖技术

技术概述 利用菇棚的钢架结构，架上种植爬蔓作物取代遮阳网，棚内搭小拱棚种植高温型食用菌。

增产增效情况 该模式非常适宜夏秋季进行食用菌生产，一是用天然作物替代覆盖物和遮阴物，成本低、简单易行，符合低碳高效农业的发展要求；二是农作物作为遮阴物，可明显改善夏季菇棚高温高湿的不利环境条件，据观测，其遮阴率可达90%以上，棚内温度比两网覆盖的菇棚平均低2～3℃，而且通风效果很好，符合食用菌的生长要求；三是架下葫芦、南瓜与棚内食用菌上下呼应，具有很好的景观效果，适宜进行观光采摘。

技术要点 3月育苗同时进行食用菌菌棒生产，4月移栽，为提高景观效果可不同品种搭配种植。6 月中旬待遮阴度达 80% 以上时，棚内做畦搭建拱棚，将发好的高温食用菌菌棒立棒或覆土栽培。

适宜区域 进行食用菌栽培的大型观光休闲园区。

注意事项 爬蔓作物选择叶片较大，抗病性较强的品种，例如倭瓜、葫芦等。食用菌宜采用 0.5kg/棒的小棒。

技术依托单位 北京市农业技术推广站

（六）双孢菇反季节工厂化高产栽培技术

技术概述 双孢菇反季节高产高效栽培技术首先是通过二次发酵技术堆制具有良好理化性状的培养料，其次是采用性能良好的空调菇房，尤其是专业的双孢菇空调；最后是按照双孢菇生长发育规律进行的菇房环境管理技术。

增产增效情况 在培养料、空调和管理技术到位的条件下，产量 20~25kg/m²，比传统顺季节栽培提高 50%。

技术要点 ①A15 工厂化栽培专用品种，发菌速度快，出菇整齐，容易管理。②培养料堆制技术采用一、二次发酵隧道技术，以麦草鸡粪配方或稻草鸡粪配方或玉米秸秆鸡粪配方进行培养料的堆制，堆制过程粉碎建堆 3 天，一次发酵 12~13 天，二次发酵 7~8 天，二次发酵培养料理化性状要求含氮量 2.0%~2.1%，碳氮比为 17~18，pH 值为 7.7~7.2，含水率 68%~70%；③双孢菇空调性能菇房专用空调系统包括主机、风管、控制面板、净化过滤系统和传感器。菇房的温度 15~28℃，相对湿度 70%~98%，CO_2 浓度在 600~5000mL/m³ 范围内可调节。④菇房环境管理技术播种、培菌二次发酵后的培养料，以每吨堆肥 5~7L 菌种的比例进行播种，或是 0.6~0.7kg/m²，菇床铺料 89~100kg/m²，在菇床或发菌隧道内经 15~17 天完成发菌。启动菇房空调，维持气温 25℃、料温在 24~26℃，通过调解气温来保持料温。菌丝长满培养料，进行覆土。

处理草炭土（第 15 天）草炭土在使用之前，需要加入碳酸钙混合，蒸汽消毒 10 个小时。覆土与浇水（第 18 天）在培养料表面均匀的覆盖一层草炭土，厚度 3.5~4cm。当天对床面喷水。第 2~5 天打清水，第 6 天喷施 1 次 3% 漂白粉水或 0.5% 漂白精，调 pH，第 7 天清水。7 天内打水总水量 6~7L/m²。搔菌（第 25 天）当菌丝穿透草炭土厚度的 70%~80%，需要用耙将草炭土表面 2cm 左右厚度耙松，2 天不通风。出菇管理（第 38~67 天）刺激原基形成（第 28~30 天），打水、降温。当菇蕾直径为 0.5~1.5cm（看到米粒大小蘑菇）时，再次对栽培床面进行打水，一周后采第一潮菇，采摘周期为 3~4 天。之后清床，对床面进行浇水，持续 3 天，采收第二潮菇，照上面的方法操作，第 53 天、第 62 天可以开始分别采第三、四潮菇。每次采菇间隔 7 天（包括 3 天浇水 3 天采菇）。出菇管理时间为 40 天左右。工作重点是正确处理喷水、通风、保湿三者关系。取废料、运新料，进入新的循环（第68～70天）。

适宜区域 北方地区。

技术依托单位 北京市农业技术推广站

（七）50％草炭土＋50％河泥土覆土材料栽培双孢菇技术

技术概述 该技术针对密云水库每年产生大量的河泥土，影响水库的蓄水以及双孢菇生茶用的覆土材料—草炭土不可再生等问题，研发在草炭土中添加不同比例的河泥土生产双孢菇；同时测定覆土材料的理化性状、重金属含量和子实体的重金属含量，结果表明，密云水库河泥土和子实体中的重金属含量远低于国家标准，甚至未检测到；50％草炭土＋50％河泥土的覆土材料子实体商品性状好，产量高，有效降低了生产成本，实现了资源的循环利用。该技术经过近几年的试验示范，基本形成成熟的技术体系，具有很好的应用价值。

增产增效情况 在不影响产值的前提下，可使双孢菇覆土成本降低4％。

技术要点 河泥土要提前晒干，粉碎并过筛，去除其中的石子。取等体积的草炭土和河泥土混合均匀，其他处理同常规处理草炭土技术相同。

适宜区域 北京密云地区为主，可辐射其他地区。

技术依托单位 北京市农林科学院

（八）苏云金杆菌生物杀虫剂（Bti）防治双孢菇菇蚊蝇技术

技术概述 苏云金杆菌（Bti）粉剂是一种专门针对双翅目蚊蝇害虫的病原细菌生物杀虫剂，是国内外公认的安全生物农药，具有高效、安全，易于分解、低残留与环境相容的特性，对人畜安全、不伤害天敌，美国、加拿大等国家应用Bti防治双孢菇菇房中的菇蚊蝇幼虫。其作用机理为苏云金杆菌以色列亚种（Bti）产生的晶体毒素，通过破坏蚊蝇消化道细胞，使其患病死亡。

增产增效情况 对双孢菇菇房菇蚊蝇防治效果在85％以上。增产49.8％以上。

技术要点 防治菇蚊蝇于发生初期使用效果好，在双孢菇生产中可用于处理培养料或覆土，使用剂量为（2～6）×10^7国际单位/m^2（如药剂为6000国际单位/mg产品，则用量为10g/m^2）。

适宜区域 全国各地。

技术依托单位 北京市植物保护站

（九）防虫网阻隔预防菇蚊蝇技术

技术概述 菇蚊蝇是食用菌生产中的重要害虫，特别在双孢菇、平菇、茶树菇、金针菇、秀珍菇等主要菇种的生产中易于发生且损失严重，一般造成的产量损失为15%～30%，严重时甚至绝产。因菇蚊蝇具有以幼虫钻蛀、咬食食用菌菌丝或菇体造成为害的特点，菌袋生产中药剂防治往往难于施用、防治效果差且易造成农药残留，存在食品安全风险。最好的防控方法就是利用防虫网将菇房全覆盖（门口、窗口、风口安装防虫网），把菇蚊蝇成虫阻挡在菇房外，避免其发生和为害。

增产增效情况　使用防虫网后虫口减退率在73%以上，增产率达66.7%，还可增加1个潮次出菇。

技术要点　菌棒未进入菇房时就安装使用，防虫网应选用40目（1英寸长度内有40根丝）或以上（根据当地气候特点），安装防虫网后菇房内用杀虫药剂进行熏烟或喷雾处理，杀灭菇房内残存的菇蚊蝇等害虫。在菇房门口设置防虫网的缓冲间，对菇蚊蝇阻隔效果更佳。

适宜区域　全国各地。

技术依托单位　北京市植物保护站

（十）利用工厂化木腐菌菌糠栽培平菇技术

技术概述　针对工厂化菌糠中营养物质含量较丰富的特点，以工厂化木腐菌菌糠作为辅料添加到新料中二次栽培平菇，降低了平菇栽培成本，实现了菌糠的高附加值利用。

增产增效情况　原料成本可比棉籽壳为主料的培养料降低27%～46.6%，且菌糠栽培平菇的利润/投入之比高于棉籽壳为主料的培养料。

技术要点　采用发酵料兼短时高温处理技术与套环纸封口发菌技术相结合可解决菌糠栽培平菇过程中污染率高的问题，菌棒的污染率可控制在2%～5%，再加之投入成本低，使该技术具有很强的实用性。

适宜区域　全国各地。

注意事项　各地可根据当地温度条件选择相应的适温菌株。

技术依托单位　北京市农林科学院

（十一）菌糠育苗技术

技术概述　针对（农户种植的香菇与平菇）菌糠的腐熟物其理化性能接近育苗基质的最适要求的特点，将香菇、平菇菌糠腐熟物与草炭和蛭石以一定比例复合，用于叶菜类、茄果、西瓜和花卉类等作物的育苗，以降低育苗成本。

增产增效情况　菌糠育苗的出苗率与草炭相当，而壮苗指数好于草炭育苗，抗病害和病毒的性能也好于草炭育苗。不仅解决了菌棒的环境污染问题，而且节约了不可再生的草炭资源，降低了育苗成本。

技术要点　将平菇与香菇菌糠分别粉碎后加入一定量的水，调整含水率在

60%左右，然后堆制发酵，当堆体中心温度达到70℃时，翻堆，重复此步骤直到堆体中心温度接近环境温度，得到香菇、平菇菌糠的腐熟物，将其与草炭和蛭石以一定比例混合后，用于育苗。

适宜区域　全国各地。

注意事项　仅限于香菇与平菇菌糠腐熟物。

技术依托单位　北京市农林科学院

天津市食用菌主要品种与生产技术

一、主要品种

（一）平菇津平 90

品种来源　自生平菇子实体上取样，经组织分离、栽培，再经混合组织分离、纯化而选育成的平菇新菌株。

审定情况　天津市农作物品种审定委员会认定。

审定编号　津农种审菜 2000023。

特征特性　属广温型菌株。菌丝体生长温度 2～36℃，最适温度 22～25℃，38℃开始死亡；子实体生长温度 6～32℃，最适温度 12～26℃；菌丝体浓密、洁白，爬壁力强。子实体丛生或近叠生、灰白色，温度低时（15℃以下）灰色，菌盖中等大小，菌褶不等长、延生、柄短、侧生，商品品质和营养品质优。经品质分析，初水分 89.97%，粗蛋白 20.75%，粗脂肪 0.87%，粗纤维 3.75%，粗灰分 5.9%，无氯浸出物 59.76%。对光温适应性广，子实体生长温度 6～32℃，需要一定的散射光和良好的通气性；耐杂菌污染；生产周期长，8 月中旬至 12 月均可播种，9 月初至翌年 5 月均可采收。

产量表现　区域试验、生产试验生物学效率平均较对照"珞珈 1 号"增产 12%～19.9%。

栽培要点　①栽培料可采用棉籽壳或棉籽壳加部分玉米芯、豆秸、木屑等原料，其中以纯棉籽壳为佳。用棉籽壳加玉米芯或豆秸栽培，配加适当营养辅料，产量接近棉籽壳培养料。推荐配方棉籽壳 67%，玉米芯 30%，尿素 0.5%，过磷酸钙 0.5%，石灰 2%，料水比例 1:（1.7～1.8），含水率控制在 65% 左右；②发菌时温度控制在 25～28℃，通气良好；划口出菇，温度在 12～26℃，昼夜 8～10℃温差，相对湿度 75%～90%，通风良好，散射光照射；③菌丝生长的适宜 pH 值为 8～10。由于气温的高低、操作时间的长短、灭菌等都会使 pH 值下降。

栽培区域　8 月中旬至翌年 5 月生产棚栽培利用。

技术依托单位 天津市林业果树研究所

（二）平菇特白1号

品种来源 不详。

审定情况 不详。

特征特性 温度：中低温型，耐低温。菌丝体生长适温24℃；出菇温度范围5～20℃，最适温度12～14℃。①培养特征：PDA培养基上，菌丝雪花状。母种适温培养4天后出现黄梢，高于25℃培养则黄梢加重，高于28℃则后期出现黄水。在天然基质上菌丝纯白色、整齐，无黄梢。②形态特征：菇体纯白色，丛生，中型，菌盖厚度中等，菌柄较灰色品种短而细，多仅1～3×0.8～1.2cm。③抗性：生料栽培时发菌期较有色品种抗性稍差，出菇期抗细菌性黄斑病。④商品性状：质地紧密且嫩，菌盖边缘开放较晚，货架寿命较有色品种长2天左右。⑤发菌和出菇：常规栽培25～30天完成发菌，出菇前需要10～14天的后熟期，即接种后40天左右出菇。⑥产量分布：头潮菇占总产量的60%左右，且个体大、均匀。二潮以后菇体明显变小，管理不当菌体易散。细心管理出菇3～4潮。

产量表现 纯棉籽壳栽培生物学效率一般在110%以上，中等管理水平在130%～140%，最高生物学效率163%。

栽培要点 ①菌丝生长及菇蕾形成阶段：此阶段培养料含水量在65%，PH值6～7，室内长期通风，温度保持在20～25℃左右，发菌期温度切忌过高，最高室温应控制在25℃以下，料温控制在30℃以下。发菌完成后要在20℃左右条件下养菌，充分后熟，否则出菇个体小、产量低，二潮菇难以形成，易污染。通过对空间及地面喷水雾使菇房湿度保持在80%～95%，经30～40天出现菇蕾，随出随开袋。②出菇期管理：出菇期菇房温度一般控制在12～14℃，相对湿度85%～90%，每天中午通风2小时，以提高昼夜温差，促进菇体生长，出菇期间光线不能太强，主要依靠散射光。出菇期水分不足时可采取缓慢补水措施，且以头潮菇前补水为宜。出菇期补水要缓慢，不可一次补足，以防散棒。

技术依托单位 中国农业科学院农业资源与农业区划研究所

（三）白灵菇中农翅鲍

品种来源 新疆木垒野生种经人工选育而成。

审定情况 国家认定。

审定编号 国品认菌2008029。

特征特性 中低温型菌株；菌丝短细且密，菌落呈绒毛状；子实体掌状，后期外缘易出现细微暗条纹，菌褶乳白色，后期稍带粉黄色；子实体大中型，菌盖厚5cm左右，菌盖长11.7cm，宽10.6cm；菌柄侧生或偏生，柄长1.1cm，直径

1.95cm，白色，表面光滑；栽培周期为 120～150 天；子实体生长较缓慢，耐高温高湿性差；货架期长，质地脆嫩，口感细腻。

产量表现 以棉籽壳为主料的栽培条件下，一潮菇生物学效率 35%～40%，二潮菇生物学效率 20%～30%。

栽培要点 ①熟料栽培，培养料含水率 60%～65%，最适 pH 值为 5.5～6.5，碳氮比（30～40）：1。配方：棉籽壳 90%，玉米粉 6%，石灰 2%，石膏 1%，磷酸二氢钾 1%。②发菌期需遮光，室内温度 20～26℃，经常通风，10 天左右翻堆一次。③菌丝长满后，培养室温度控制在 18～25℃，空气相对湿度控制在 70%，给予少量散射光。④开袋搔菌后松扎袋口，0～13℃ 低温和适量光照刺激，促进原基形成。⑤幼蕾期温度控制在 8～12℃，空气相对湿度为 85%～95%；子实体发育期温度控制在 5～20℃，空气相对湿度为 85%～95%，给予一定的散射光；当原基长至 2cm 以上后开袋、疏蕾，增加光照。⑥一潮菇采收后，养菌 20～30 天，注水到菌袋原重的 80% 左右或覆土增湿，促使二潮菇形成。

适宜区域 东北地区 6 月底至 8 月中旬接种，华北地区 8—9 月接种，华中地区 9 月上中旬接种，长江流域 9 月中至 10 月上旬接种。

技术依托单位 中国农业科学院农业资源与农业区划研究所；四川省农业科学院土壤肥料研究所

（四）平菇亚光 1 号

品种来源 引自意大利再系统选育。

审定编号 京品鉴菌 2011014。

特征特性 广温耐高温型，夏季栽培品种。菌丝体耐 40℃ 高温 2 小时，生长最适温度 28～30℃；出菇温度范围 15～30℃，最适温度 18～26℃，可忍耐 32℃ 气温 4 小时。丛生，大中型，菌盖厚度中等，子实体色泽随温度变化，低温下深灰棕色，高温下灰白色。抗性强于 A.S 5.39、02，中蔬 10 号等品种，在较高含水量和 35℃ 基质中霉菌发生大大低于其他品种。幼嫩时质地紧密，八成熟后显著变疏松且菌柄商品性下降。抗杂性强，适应性广，耐高温、高湿、丰产，特别头潮菇产量高。子实体发生多，低温季节适于采收丛生小菇作姬菇商品。成熟后菌盖质地疏松，菌柄质地变硬，特别需要及时采收。

产量表现 丰产性良好，生产性栽培较 A.S 5.39、02，中蔬 10 号等品种产量高 16% 以上，棉籽壳栽培可达相对生物学效率 180%～240%。

栽培要点 ①培养料含水量要充足：含水量要达到 65% 以上，低于 65% 时，影响子实体的形成和产量；②发菌和出菇期都要有足够的通风：由于其营养体和繁殖体均生长迅速，氧气不足时，发菌慢，出菇迟，并易出现大脚菇。由于菇潮集中，子实体生长发育期间菌袋（菌块）要密度适中，不可过紧过密，以防氧气不足。一旦发现氧气不足，要及时疏散。③出菇期补水：由于该菌株菇潮集中，且头 1~2 潮菇所占比例又高，故头潮菇采后要及时补水，否则，影响下潮菇的形成。补水量以至原重为准。④栽培场所：以地上各设施内栽培效果最佳，地上栽培时，通风量容易得到满足，产品商品性好。地下和半地下栽培时，要注意通风。⑤适时采收：该菌株子实体孢子释放较晚，适时采收可以有效地避免生产者的孢子过敏反应，同时产品的口感口味也保持最佳。

适宜地区　生产表明天津区域都适合栽培。

技术依托单位　中国农业科学院农业资源与农业区划研究所

二、生产技术

（一）食用菌安全生产栽培技术

技术概况　该项技术从优选场所、优选菌种、优选原料、规范配料、规范灭菌、规范接种、规范管理的生产环节入手，配套病虫害综合防控技术措施，提高生产效益、产品质量，降低环境污染，达到高产、优质、生态、安全。

增产增效情况　通过选用优选场所、优选菌种、优选原料、规范灭菌、加强科学发菌合理选择栽培场地、实行轮作、重视培养料的前处理工作，菌棒成功率提高 7%；同时，实施物理防控、诱杀成虫等措施，达到防治效果，病虫害损失降低到 8%~11% 以下。

技术要点　①优选场所：生产场地应选择生态环境良好，周围 1 000m 无污染源，并且远离公路、医院，并尽可能避开学校和公共场所。②优选菌种：选用优质高产、抗杂性强的优良食用菌品种，并要求菌种无杂菌、害虫侵染，菌龄适宜，菌丝洁白、丰满、粗壮、无老皮和黄水等老化现象。③规范配料：所需作物秸秆、棉籽壳、麸皮等各种原料，要求新鲜、洁净、干燥、无虫、无霉、无异味。原料不能来自污染农田的材料。合理使用化学添加剂，要尽量少用，切勿过多。必须使用时一定要成分清楚，做到不使用成分不明的混合添加剂、植物生长调节剂和抗生素。调节适宜的料水比、酸碱度，营造有利于食用菌菌丝生长，而不利于杂菌滋生的优良环境。水应符合生活饮用水卫生标准。覆土材料不能用高残毒农药处理。熟料栽培的种类基质中不允许加入任何杀虫剂和杀菌剂；生料和发酵料栽培的种类也只能使用高效、低毒、低残留的种类。④规范灭菌：培养料灭菌有常压连续灭菌、高压蒸汽灭菌、发酵灭菌四种方法。常压连续灭菌通常保持食用菌培养料出蒸汽（100℃）达 8~12 小时，开始要求以旺火猛攻，使灭菌灶内的温度尽快上升至 100℃，中途不能停火。高压蒸汽灭菌将培养料置于密封的高压锅内，高压 121℃ 维持 2.5~3 小时，就能达到基本满意的灭菌效果。发酵灭菌首先要充分预湿原料，使原料充分吸水，预湿不匀，培养料发酵不一致，然后将培养料原料搅拌均匀，按常规堆制；堆内用直径 10cm 左右的尖头棒均匀打孔通气，并加盖透气性覆盖物，以便保温、保湿。当物料温度升至 65℃ 左右，可进行第一次翻倒，3～4 天再次翻倒，每次翻堆要把外围的生料和中间熟料调换位置，使培养料通过翻堆而达到腐熟一致。发酵温度不能长期维持 70℃ 以上的高温，否则会造成培养料养分较大耗费，影响产量。发酵好的培养料要及时进棚，堆放过久，料的品质下降。⑤规范接种：母种和原种生产的接种环节，必须做到无菌操作。接种前要把接种室或接种箱打扫干净，并进行严格的消毒处理。再把已经灭菌后的菌种瓶及其它用具都全部搬进去，为保证菌种的成活率，接种时一定要严格按照无菌操作进行。接种完毕后整齐摆放到预先清理消毒的专用培养室内进行培养。栽培种接种可以在栽培室里搭个简易的接种室，比如用塑料布搭建等等。先将菌料、菌种、工具等搬入接菌室，再用气雾剂按 1g/m³ 熏蒸消毒后方可进行接种。接种的用具、器皿，都要进行严格的消毒灭菌，工作人员的双手要用消毒剂清洗。栽培种接种过程中，动作要敏捷、准确，尽量不要讲话走动，以防空气中的杂菌感染。⑥规范管理：综合调控温、湿、气、光等多种因素，创造适宜不同食用菌发育阶段的小气候。栽培环境和培养基湿度的保持以具体食用菌的要求而定。喷水加湿、通风降湿。温度管理要求因具体食用菌而异，温度的升降可利用增减覆盖物来控制。针对食用菌每个时期对通风量的要求，可以采取打开或堵上通风口的方法来调节。光线强度必须控制在具体栽培食用菌对光线需求的范围内，可以利用自然光、人工光照或两者相结合来实现。及时采取清除、隔离、消毒等措施控制局部污染。采菇后彻底清理料面，将菇根、烂菇、受害菇、病菇摘除、集中处理或烧掉，不可随意乱放。考虑食用菌生长周期短的特点，为确保菌品食用安全，当菇房内害虫为害相当严重时，必须在食用菌全部采摘后，才能用高效、低毒、低残留药剂喷雾或熏蒸，并严格控制药量。严格按照食用菌无公害生产技术标准防治病虫害。以预防为主，综合防治，从抗病虫菌种选育、物理防治、生物防治、加强管理等多角度进行。物理防治可设置拒虫屏障，菇棚用 70 目的防虫网围罩；进门处留下一段黑区，以防飞虫乘隙而入；选用频振式诱虫灯诱杀菇蚊成虫，每隔 10～15m 安装 1 台；在无电源的菇棚可用黄板诱杀；高温是杀死线虫的最有效手段。一般室内或菇床温度应保持在 60℃ 至少 2 小时，"烤房"时，应保持 70℃ 维持5～6小时或者 80℃ 维持 30～60 分钟，使用过的工具在沸水中浸泡 1～2 小时。人工诱杀可在发现有瘿蚊的菌袋时，放在日光下暴晒 1～2 小时；发现幼虫的菌瓶、菌袋、菌块，放入水中 2～3 小时；发现跳虫时，用水诱集后即可杀灭；螨虫可以用菜籽饼粉诱集虫后杀死；蚊、蛾用黑光灯或节能灯诱杀；有的可用糖醋液直接诱杀，例如，蚊蝇及螨类害虫；另外，还可以采用人工布网方法杀灭有翅膀类的害虫，对于个体较大的鳞翅目害虫，人工去捕捉并杀死。食用菌栽培周期短，化学农药极易残留于子实体内，所以防治食用菌害虫一般不应该用农药，当病虫发生严重时，必须用化学防治时，一定要将菇（耳）全部采收后再用药，任何情况下，都不能将农药直接喷洒在子实体上，所用杀虫剂的使用必须符合国家相关规定，待农药残留期过后，再催蕾出菇。禁止直接将有剧毒的有机汞、有机磷等药剂用于拌料、堆料；残效期长，不易分解及有刺激性臭味的农药，也不能用于菇床，特别是床面有菇时，绝对禁止使用毒性强、残效期长或带有刺激性臭味的药剂。

技术依托单位 天津市蔬菜技术推广站

（二）白灵菇中华翅鲍关键栽培技术

技术要点 ①配方：棉籽壳 90%，玉米粉 6%，石灰 2%，石膏 1%，磷酸二氢钾 1%，含水率为料水比即 1:（1.5~1.6）（氮源过多，栽培袋的污染率会增大，所以玉米粉投入量要控制好）。②接种期：华北及其近似气候地区 8 月初至 9 月初接种栽培袋。③发菌条件：发菌期间，培养室需要遮光，保持环境黑暗、通风，室内温度 20~26℃，空气相对湿度 65%~70%，经常通风，温、湿度过高时增加通风次数和时间。发菌时间约为 40~50 天左右。为了发菌均匀，10 天左右翻堆 1 次。此期要防止高温烧菌。白灵菇发菌结束后，必须经过约 30~40 天的后熟期，才能搔菌诱导出菇。④菌丝后熟条件：后熟期较长，菌丝长满，将培养室温度控制在 18~25℃，最好在 20~22℃，空气相对湿度控制在 70%，适当给予少量散射光（100~400lx）。后熟时间 40~60 天，此时达到生理成熟。⑤催蕾方法和条件：菌丝体生理成熟后，进行搔菌，方法是解开袋口，用小铁耙将残存的老化菌皮清除，搔菌后松扎袋口，必须经过低温（0~13℃）刺激，否则不出菇。大棚栽培中，保持昼夜温差在 10℃以上 10~15 天，并给予光照，促进原基形成（光照强度为 200lx 最适，空气湿度设定为 70%）。⑥出菇条件：湿度增至 85%~95%，保持菇场通风良好，光照以散射光为主。10~15℃的条件下，10~20 天可以形成白灵菇的小菇蕾。菇蕾形成后，增加通风量，维持环境相对湿度达到 90% 左右，不宜超过 95%。⑦砌泥墙出菇：砌泥墙出菇产量高。方法是：取没有污染的泥土，1m³ 土壤加葡萄糖 10kg、石灰 1kg、磷酸二氢钾 1kg、尿素 1kg，调成稠泥，pH 值 8~9；划破菌袋，在菌袋侧面割 1 个宽 5~6cm，长 5~6cm 的口；砌泥墙，横向摆放菌袋，泥厚 1~2cm，菌袋摆放 6~8 层。⑧育菇管理：幼蕾期温度控制在 8~12℃，空气相对湿度 85%~95%，加强通风。子实体发育期温度控制在 5~20℃，空气相对湿度为 85%~95%，给予一定的散射光，经常通风换气，注意防止低温冻害。主原基长至 2cm 以上后开袋、疏蕾，增加光照。⑨采收：温度适宜出菇的条件下，一潮菇采收后，养菌 20~30 天，可以注水到菌袋原重的 80% 左右；或覆土增湿，促进二潮菇的形成，二潮菇生物学效率 20%~30%。⑩病虫害防治：以防为主、综合防治，优先采用农业防治、物理防治、生物防治，配合科学、合理地使用化学防治，达到生产安全、优质的无公害白灵菇的目的。

农业防治应把好菌种质量关，选用高抗、多抗的品种。菇房使用前消毒灭菌，工具及时洗净消毒，废弃料应运至远离菇房的地方。选用新鲜、无霉变原料，配制优良培养料，进行彻底灭菌。创造适宜的生育环境条件。

物理防治可对蕈蚊类虫害，利用电光灯、粘虫板进行诱杀；菇房放风口用防虫网封闭。

药剂防治主要包括绿霉防治于发生后应清除感病菌床或菌块，带到室外深埋，并在感病区域及其周围喷洒50%多菌灵可湿性粉剂1 000倍液。后期严重发病时可结束生产；菌蝇（包括菌蛆）可用斑潜灵2 000~2 500倍液喷雾。

技术依托单位 天津市林业果树研究所

河北省食用菌主要品种与生产技术

一、主要品种

（一）滑菇早生2号

品种来源 常规系统选育。由河北省平泉县野生滑菇驯化育成。

审定情况 全国农业技术推广服务中心审定。

审定编号 国品认菌2010005号。

特征特性 属中温型品种。菌丝浓白，绒毛状。子实体丛生，组织致密、个体较大，菇盖圆整、颜色黄白，黏液层薄、不易开伞；菇柄白色，较长，少有鳞片，具有特殊的清香味，柄长3~8cm，菌褶黄白；孢子印淡白色。

产量表现 平泉县2012年春、夏、秋三季出菇中平均生物转化率为91%，比对照品种C3—1高12%；2013年春、夏、秋三季出菇中平均生物转化率为92%，比对照品种C3—1高13%。

栽培要点 常规熟料栽培。菌丝最适生长温度为15~20℃，子实体生长温度范围为5~22℃，适宜温度为10~18℃。子实体生长期的空气相对湿度85%~90%，光线300lx。发菌期料温控制在10~15℃，避光培养，适度通风，空气相对湿度70%以下；转色期温度控制在15~20℃，空气相对湿度85%，散射光照；转色后加大温差刺激催蕾；出菇期温度控制在8~22℃，空气相对湿度90%。第一茬菇采收后，停水2~3天，使菇棒上的菌丝恢复、积累养分，使菇袋含水率达到70%，空气相对湿度达85%，加强通风，拉大温差，促使二潮菇形成。

适宜区域 华北、东北地区滑菇产区栽培。

选育单位 河北省平泉县食用菌研究会

（二）香菇L808

品种来源 常规系统选育而成的香菇品种，丽水市大山菇业开发有限公司选育。

审定情况 全国食用菌品种认定委员会会议通过。

审定编号 国品认菌 2008009 号。

特征特性 属中温型品种。菌丝粗壮浓白，抗逆性强，适应性广，具有优异、稳定的遗传特性。子实体深褐色、菇型大、朵形圆整，菌柄短，菌肉厚，组织致密，不易开伞、畸形菇少。适宜春秋季栽培（7 月中旬至 8 月中旬不出菇）。

产量表现 生物转化率 100% 左右。

栽培要点 常规熟料栽培。发菌期料温控制在 18~22℃，避光培养，适度通风，空气相对湿度 65% 左右；转色期温度控制在 18~25℃，空气相对湿度 85%，散射光照；转色后加大温差刺激催蕾；出菇期温度控制在 15~25℃，空气相对湿度 90%。

适宜区域 作为鲜销品种，在香菇产区适用。

选育单位 浙江丽水市大山菇业开发有限公司

（三）香菇兴香 1 号

品种来源 河北省选育而成的香菇品种。

审定情况 无。

审定编号 无。

特征特性 属高温型品种，适宜夏季栽培。菌丝粗壮浓白，抗逆性强，适应性广，子实体肥大、肉厚、菇型圆正、浅褐色、产量高、品质好，组织致密，不易开伞、畸形菇少。

产量表现 生物转化率 100% 左右。

栽培要点 常规熟料栽培。发菌期料温控制在 18~22℃，避光培养，适度通风，空气相对湿度 65% 左右；转色期温度控制在 18~25℃，空气相对湿度 85%，散射光照，出菇温度控制在在 15~33℃；转色后加大温差刺激催蕾；第一茬菇采收后，补水至原重，准备第二茬菇生长。

适宜区域 作为鲜销品种，夏季香菇产区适用。

选育单位 河北省兴隆县农牧局

（四）香菇 939

品种来源 江苏省滨海县食用菌研究所。

审定情况 江 ICP 备 07507612 号。

审定编号 无。

特征特性 属低温型品种。子实体大，菌肉肥厚圆整、内卷，浅褐至褐色，菌肉组织致密，畸形菇少，抗逆性强，柄较短，耐低温等特点。

产量表现 生物转化率 100% 左右。

栽培要点　该品种出菇温度 8～23℃，适宜 2—5 月和 8—9 月制棒，秋冬春季栽培，菌丝生长期 90～120 天，具有菇大、肉厚、圆正，浅褐色，柄较短，耐低温等特点，出菇空气相对湿度 85%，散射光照。

适宜区域　作为适宜鲜销品种，冬季香菇产区适用。

选育单位　江苏省滨海县食用菌研究所

（五）平菇唐平 26

品种来源　唐山市农业科学研究院；河北省乐亭县农业局；唐山师范学院生命科学系。

审定认定情况　无。

审定编号　无。

特征特性　菌盖半圆形，随着温度的升高菌盖颜色由黑色逐渐变为浅灰色，菌褶白色，韧性好；菌柄长；覆瓦状排列，外形美观，商品性好，品味佳。出菇温度范围广，高产，耐运输，适合春季和秋冬季两季出菇。

产量表现　生物转化率 140% 左右。

栽培要点　菌丝生长适温度范围为 10～22℃。子实体生长期的空气相对湿度 85%～90%。发菌期料温控制在 20～25℃，避光培养，适度通风，空气相对湿度 60%～70%；出菇期温度控制在 13～30℃，空气相对湿度 85%。第一次采收后，一周后补水，准备第二茬菇生长。

适宜区域　冀北夏季食用菌产区适用。

选育单位　唐山市农业科学研究院；河北省乐亭县农业局；唐山师范学院生命科学系

二、生产技术

（一）棉秆规模化栽培食用菌配套技术

技术概况　选用适宜食用菌产区栽培的食用菌优良品种推广棉秆规模化栽培食用菌配套技术。包括推广应用 CK6170B 型棉秆粉碎机对棉秆进行粉碎加工技术，建立棉秆粉碎加工的工厂化生产和农民租用式生产模式，推广棉秆袋式栽培平菇、姬菇、鸡腿菇、杏鲍菇、香菇等；棉秆柱式或块式栽培平菇、姬菇和鸡腿菇和床式栽培双孢菇等食用菌技术，使栽培原料由棉秆屑或棉秆碎段代替传统的棉籽壳，可降低生产成本 10%～30%。

增产增效情况　该技术通过棉秆替代常规原料棉籽皮栽培食用菌，可降低成本 10%～30%，提高产量 5%～13%，实现平均每亩新增产值为 5 667.33 元，成本投入减少 3 400 元。

技术要点 ①核心技术：应用 CK6170B 棉秆粉碎机，以满足袋栽食用菌的技术要求和将棉秆规模化用于食用菌栽培的生产需要。解决原有棉秆粉碎机进料口小、吃料能力差、进口的原料削切击打不一致，效率低、产品一致性较差、机械故障率高，安全隐患多等问题。可自动进料、自动输出。加工棉秆的成本为 400 元/t，仅为棉籽壳最低价格的一半、不足最高价格的 1/3。②棉秆屑栽培平菇、姬菇、金针菇、鸡腿菇、香菇、杏鲍菇、白灵菇、毛木耳、灵芝、秀珍菇、茶薪菇、双孢菇的栽培原料配方。配方中的棉秆屑比例应小于 55%，添加麸皮、豆粕、玉米面等氮源在配方中所占比例应是棉籽壳栽培时的 1.1～1.3 倍。为使菌袋密实，棉秆配方中应添加 10%～15% 的阔叶树细木屑。③熟料栽培关键技术环节：应先将棉秆预湿 24 小时以上，以使棉秆料充分软化、吸足水分，并要将菌袋厚度增加 0.01cm。而后加入配方中的其他原料，再按常规方法拌料、装袋、灭菌、接种。装袋时要比棉籽壳料装紧、装实。发酵料栽培栽培时，先将配方中的棉秆屑和玉米芯、细木屑及一半的石灰按料水比 1：1.8 拌匀（石灰先加入水中再拌料），建堆发酵，料发酵温度在 60℃ 以上维持 24 小时后，边翻堆边加入其他原料并拌匀，再建堆发酵，当温度达 60℃ 时维持 24 小时，而后再按常规方法降温装袋接种。水分在开始拌料时一次性加足，发酵期间不再添加水分。④配套技术包括：合理选用优质棉秆原料与加工储存场地；选用抗病品种和优良菌种。

注意事项 发菌时用棉秆料制作的菌袋发菌速度快，产生的热量高，因此，发菌时要防止菌袋自身产生热量造成温度高而出现烧菌现象的发生。一是发酵菌袋不要摆放太高，造成不能较好的散发热量；二是视情况要适时检查并倒袋。出菇时棉籽皮栽培木腐菌时采一、二潮菇后，料内水分不足，需及时补水，提高产菇量。棉秆屑栽培时，因棉秆屑吸水能力强，一般不用补水，但需根据情况补充氮源营养。可在出一潮菇后按 50kg 水加 2kg 尿素、0.5kg 葡萄糖、0.5kg 生石灰，每个菌棒注营养水 0.1～0.15kg。碎段棉秆柱（块）式栽培食用菌，因菌柱（块）料厚、出菇期长，如生产日期安排不科学会造成料内营养消耗不完，故生产日程安排宜早不宜迟，如冀中南地区以 10 月底前做好菌柱（块）为宜。

适宜地区 中国食用菌主产区和棉花产区。

技术依托单位 河北省农业环境保护监测站

（二）食用菌菇棚自动控制技术

技术概况 技术集成创新了菇棚自动生产控制系统，可有效提高食用菌产量和品质，解决目前食用菌生产上传统菇棚通风口多、保湿保温难度大，日常通风、增湿、收放棚被用工量大，棚内环境条件难以满足食用菌生长需求等问题。由 CO_2 浓度和湿度探测仪、自动控制箱、自动卷帘机、轴流风机、给水增湿系统等组成。核心技术及其主要配套技术形成的技术体系包括菇棚建造、菇棚自动增湿系统、菇棚自动通风系统、温度光照调控系统等。

增产增效情况 可用于平菇、姬菇、香菇、滑子菇、杏鲍菇等食用菌的自动化生产，可显著提高生产效率，优化生长环境，减轻病虫害发生。该技术可减少生产用工 62.5%，出菇期菌袋污染率降低 2%，产量提高 6%，优质菇占比提高10%，一个菇棚较传统模式可增收 4 000 元。原有模式一年栽培两期，现可栽培三期，每期每个菇棚的纯收入为 2 万元以上。总计一个菇棚较传统模式年可增收3 万元以上。

技术要点 该技术集成创新了菇棚自动生产控制系统，由 CO_2 浓度和湿度探测仪、自动控制箱、自动卷帘机、轴流风机、给水增湿系统等组成。核心技术及其主要配套技术形成的技术体系的详细构成与技术集成包括以下 4 部分：①菇棚建造：菇棚宜坐北朝南、东西走向建造棚底距地表 1m 深为宜。棚内南土坡可覆一层黑膜，起到保温防湿、防止滋生杂草的效果。用复合保温墙板做墙体。棚顶用钢筋或钢管焊接成双弦钢筋骨架高寒地区可做成带后屋面钢架，复合保温板菇棚棚顶及棚内用水泥和 8 号铅丝做水泥立柱，用水泥立柱和竹竿搭建菇棚棚体。卷帘机折臂固定在菇棚南侧中部地面的基座上，另一端为电动机和减速器，可完成草苦的揭放，在棚室顶端及下部设置停止感应块。②菇棚自动增湿系统：从喷淋系统设置、给水系统设置、控制系统设置 3 个环节解决了菇棚自动增湿问题，使普通菇棚不用人工即可自动为所栽培的品种提供适宜的湿度环境。③菇棚自动通风系统：菇棚自动通风系统由通风口与风机设置和 CO_2 浓度控制两部分组成。④光温调控系统：菇棚栽培食用菌光照调控和升温保温易解决，而在炎炎夏季如不用制冷机要保持菇棚适宜温度则难度较大。通过高温与低温品种相搭配，再配合使用相关设施实现了菇棚不用制冷机周年高效栽培食用菌。包括自动收放棚被保温调光和遮光遮阴设施。

注意事项 在菇棚建造和棚内建设上均与普通菇棚有所区别，因此需在建造菇棚前做好生产规划。

适宜地区 中国北方食用菌主产区。

技术依托单位 河北省农业环境保护监测站

（三）食用菌主栽品种产业化栽培集成技术

技术概况 该技术针对河北省山区和坝上地区秋季发菌冬春季出菇或春夏季发菌秋季出菇，平原地区秋季发菌冬季出菇的模式，一个菇棚一年只进行一季生产，原料大部分仅使用一次，并且随着栽培年限延长，传统栽培设施结构、原料品种和配方、管理模式和技术方法越来越难以满足现代食用菌产业的发展需求，造成生产效率降低、产品产量和品质下降、用工量大等问题，通过组合集成近年来开展的科学研究、开发的栽培新技术、新原料，新的管理模式改变当前食用菌生产中周期短、成本高、效益差的现状，显著降低原料成本、减少生产用工、提高生产效率和产品质量，使菇农成为专业化、职业化的菇农，实现食用菌的标准化、现代化和集约化生产。全面提升河北省食用菌产业的国际竞争力。

增产增效情况　优良菌种繁育和覆盖率达到 90% 以上；优良菌种集约化扩繁和菌袋或基料集中制作使污染率控制在 3% 以下。利用棉秆或果木屑栽培食用菌规模达到 12 万亩（15 亩 = 1 公顷。全书同）以上，降低栽培成本 10% 以上，亩均纯收益达到 1.5 万元以上。

技术要点　根据不同地区的生态资源条件，重点从原料开发、菌种集约化扩繁和菌袋或基料的工厂化制作、菇棚改造、企业经营模式探索四方面示范推广食用菌主栽品种的产业化栽培集成技术。①原料开发：大力推广棉秆和果木屑等原料替代棉籽皮技术，降低原料成本，提高经济效益。②工厂化制种、菌袋或基料的工厂化制作：通过建设良种繁育基地、配备相应的设施设备、规范菌种扩繁技术，实现集约化制种，菌袋或基料工厂化制作，既节约了劳动成本，又提高了生产效率、保证了菌种质量，通过指导和培训，提高菇农生产技术水平，培育菇农成为专业化技术工人，巩固和增加企业和菇农经济收益。③菇棚设施改造：通过改造传统菇棚、推广连体菇棚和菇棚自动控制技术等手段提高菇棚利用率，延长使用周期，解决菇棚闲置时间长、利用率低等问题，从而提高食用菌产量，使生产成本降低 15% 以上，经济效益提高 20% 以上。④企业经营管理模式：推广"五位一体六统一分"运营模式，即企业或合作社在当地政府支持下，依托有一定技术及推广力量的机构，与当地农民群众组成一个利益联合体，统一菇棚模式、统一原辅材料、统一引进扩繁菌种、统一制作菌袋或基料、统一技术标准、统一品牌销售、分户栽培管理。

适宜地区　燕山、太行山区和坝上地区。

技术依托单位　河北省农业环境保护监测站

（四）错季双孢菇架式栽培、二次发酵技术

技术概况　采用优质抗逆性强品种，科学配方，通过二次发酵，使基料的营养成分充分释放，满足双孢菇生长所需营养元素（碳源、氮源和矿质元素）、环境条件（温度、湿度、光照、空气、酸碱度）、栽培配方等条件要求，生产出优质的双孢菇产品。

增产增效情况　通过对食用菌生产程序的科学规范操作，在栽培过程中重视病虫害的综合防控，做到物理预防和生态预防为主，生物防治和化学防治为辅，实现无公害和绿色标准生产，提高产品的质量和安全水平。错季双孢菇架式栽培、二次发酵技术可提高 30% 以上，生产效益提高 15% 以上。

技术要点　①栽培季节：自 4 月上旬开始备料生产，7 月下旬开始出菇，至

10 月下旬出菇结束，严格控制好温度。②二次发酵技术：密闭菇棚，棚内加温 24 小时，使棚内温度达到 60℃，保持 36 个小时，开窗散气 12 个小时，使温度降低到 50～55℃，保持此温度 24 小时，开窗散气，直至降至常温进行培养料整床。覆土后经过 15～17 天的管理，菌丝生长到土层 2/3 时，喷洒结菇水，2～3 天后菌丝长出覆土表面形成菇蕾。双孢菇出菇期应注意喷水和通风。视土层干燥情况喷水。喷水要注意不能过大，水分过大，菌丝爬土慢，菇床表面不出菇。

适宜区域　双孢菇主产区。

技术依托单位　承德市农业环境保护监测站

（五）香菇免割保水膜技术

技术概况　使用免割保水膜代替传统的菌袋，使萌发的菇蕾能运用自身力量破膜出菇，香菇子实体在生长过程中，保水膜裂而不碎、不附着菇体，无毒无害无附着物，菇型不受影响，产品安全无污染，又能保持菌袋中香菇所需的水分，并且解决了袋料香菇繁琐的割袋工序，具有"省人工、节成本、无公害、菇型好、成活高、后续长"的特点。为适应北方地区干燥的气候采用免割膜保水，较地栽香菇能有效节水，采取立袋栽培可防止烂袋现象发生，确保产品质量安全，反季节栽培可在高温期出菇，价格优势明显，且此项技术有不注水不出菇的特点，所以可分批分期出菇，解决用工难的问题，同时该技术还可充分利用地栽香菇原有的出菇棚略加改造进行出菇。

增产增效情况　香菇免割保水膜技术提高 30% 以上，生产效益提高 15% 以上。

技术要点　①生产季节：反季生产时间为 10 月上旬至 11 月上旬生产菌棒，生产过早温度高，污染几率大；生产过晚积温不足，出菇晚。反季生产出菇时间为 4—10 月。需要提前订购菌种，并做好生产前的准备工作。顺季生产时间为 2—3 月底生产菌棒，出菇时间为 8—11 月，及翌年 4—6 月。需要提前订购菌种。②菌种选择：承德地区较适宜的立袋香菇菌种有"L808""灵仙 1 号"及 168 等品种。③配方：反季生产配方：木屑 79%～81%、麦麸 18%～20%、石膏 1%，含水率 55%～60%；顺季生产配方：木屑 81%～83%、麦麸 16%～18%、石膏 1%，含水率 55%～60%。④刺孔增氧：大袋和湿袋可适当多刺；先少后多；先浅后深；先细后粗；低温时刺；分批刺孔；袋温高于 26℃ 时不宜刺孔。第一次倒垛刺孔当菌穴菌丝长到直径 8～10cm 时进行倒垛刺孔，先将铺地面的塑料布移出棚外，再用 6.6～8.3cm 钉子在每个菌穴的外缘向内 1.5cm 处刺孔 2～4 个，深度 1cm，刺孔后菌棒要井字形摆放，每层 3 袋，袋之间要留有空隙，加强通风。第二次倒垛刺孔当菌穴菌丝长到菌棒的 1/3～1/2 时进行刺孔，用 6.6～8.3cm 钉子在每个菌穴的菌丝处刺孔 4～6 个孔，孔深 2cm。二次刺孔后，袋温持续升高，必须疏散菌棒，加强通风。第三次倒垛刺孔菌棒发满后有部分瘤状物突起时，及时刺孔增氧，第三次刺孔每袋刺 60 ~ 80 个，孔深至袋芯，注意尽量不要刺伤瘤状物，刺孔后七天内不要沾水，菌丝经过刺孔增氧袋温会持续升高，通常高 5℃ 以上，所以，必须加大通风或疏散降温，袋温控制在 28℃ 以下。

适宜区域　双孢菇主产区。

技术依托单位　承德市农业环境保护监测站

（六）无公害食用菌栽培技术

技术概况　通过选用高产、优质、耐高温的食用菌品种，科学配方，整个生产过程，严格按照标准化生产技术规程生产，生产出菇形好、菇朵大，商品性好食用菌产品，主要品种涉及香菇、滑子菇、平菇、黑木耳、双孢菇、杏鲍菇等。

增产增效情况　该技术的应用，可提高产量 30% 以上，生产效益提高 10% 以上。

技术要点　整个推广栽培过程，从产地环境（包括土壤、大气、农灌水）到产品产出等环节严格按照中华人民共和国农业行业标准进行栽培生产，并经过严格的质量检测，全部达到项目设计标准，制定了《承德市香菇标准化生产栽培技术规程》《承德市滑子菇标准化生产栽培技术规程》等十余项标准，抓住产地环评、选择优良食用菌品种、栽培季节安排、原材料配方、接种、发菌、出菇管理、采收及产品检测等关键点。

适宜区域　承德市食用菌主产区。

技术依托单位　承德市农业环境保护监测站

（七）反季节滑子菇袋式栽培技术

技术概况　反季节滑子菇栽培技术指秋冬季 10 月下旬至 11 月下旬制袋，4—11 月出菇的模式。采用全熟料袋式栽培，可有效降低污染率，便于操作，适合生产量较大的栽培模式。

增产增效情况　按生产技术规程要求进行生产，生产效益比盘式滑子菇提高 15% 以上。

技术要点　①配方及拌料：粗木屑 40%、细锯末 41%、麦麸 18%、石膏 1%；按照配方准确称量各种原料，使用拌料机搅拌，拌料要均匀，含水率达到 60% ~65%。②装袋：菌袋通常采用 18cm × 55cm 的低压聚乙烯塑料袋，采用装袋机装袋每台装袋机只需 7 人，装袋时应注意拌好的料应尽量在 4 小时之内装完，以免放置时间过长培养料发酵变酸；装好的料袋要求密实、不松软；装袋时不能蹾，不能摔，不能揉，要轻拿轻放，保护好菌袋；将装好的料袋逐袋检查，发现破口立即用胶带纸粘上。③灭菌：采用蒸汽锅炉充气式灭菌方法，温度达到

100℃保持 18~20 小时，再闷 2 小时趁热出锅，做到灭菌彻底，每台锅炉适宜灭菌量为 3 000 袋。灭菌时要求将装好的菌袋及时入锅，合理摆放。灭菌时要做到勤看火及时加煤，勤加水防止干锅，勤看温度防止掉温。烧火时要做到强攻头、保中间、后彻底。④接种：将灭菌完的袋检查是否破孔后，运到接种室冷却到 20℃ 以下进行无菌接种，接种空间消毒采用气雾盒消毒。接种时要做到取菌块的手要干净无杂菌；掰下菌块要掰成锥形体；取下的菌块要堵实菌穴，并略偏大些为好；每次要将打孔棒用 75% 酒精消毒；特别注意接种时间不宜过长，要保持在 4 小时以内，防止杂菌感染。⑤发菌：发菌期管理的主要任务就是创造适宜的生活条件，促使菌丝加快萌发，定植、蔓延生长，50~70 天内长满全袋，并有一定程度的转色，为出菇打下基础。⑥培养室条件控制：培养室温度的控制要以袋温来调节，袋温控制在 10~15℃，滑子菇菌丝生长快、健壮。空气相对湿度应控制在 60%~70%；注意通风换气，保持室内空气新鲜，有充足的氧气；暗光发菌，菌丝洁白，长势旺。菌袋在培养室内呈"井"字形堆放。⑦管理措施：滑子菇菌丝生长发育的整个过程中，表现出不同的阶段性特点，每阶段需要时间，菌落形态与生理特点均有差异，应根据每个时期的特点进行管理。菌丝萌发定植期，调节室内温度 10~15℃ 为宜，空气相对湿度 60% 左右，并且结合通风管理。尽量做到恒温养菌，经常检查菌垛，发现有杂菌的菌袋要及时防治；菌丝生长蔓延期，菌丝萌发定植后，进入旺盛生长期，调节室内温度达 15~20℃，加强室内通风管理，发菌期间可根据菌丝生长情况进行刺孔增氧，当菌丝生长缓慢、边缘纤细、颜色发黄时可进行刺孔补氧，在菌丝外边缘向里 1.5cm 处刺 6~8 个，孔深 1~1.5cm。如果菌袋装的较松或含水率偏低的可不刺孔。发菌成熟期管理，当菌袋发满由白逐渐变成浅黄色的菌膜，这表明已达到生理成熟，进入了转色后熟阶段，完成转色需 10 天左右。菌袋发的好坏会直接影响到是否顺利出菇、产量高低、质量好坏。

注意事项　出菇后要减少喷水次数，以少喷水为原则，调节相对空气相对湿度 80% 即可，另外要加强棚内通风，以满足子实体的生长需要。采收应以不留菇柄在培养料上，不伤菇袋为宜。

适宜区域　华北及东北地区。

技术依托单位　河北师范大学生命科学学院

（八）优质香菇架式栽培技术

技术概况　栽培方式为层架摆放割口或使用保水膜栽培，培养袋经过越夏后，9—10 月及翌年 4—6 月出菇，采用人工向袋注水来补充水分，出菇品种为 808、168 品种，产品以花菇、光面菇等高档出口香菇为主，此方式生产周期为一年半时间，菌袋经过越夏、越冬两个重要时期，管理上与地栽香菇有较大区别。

增产增效情况 按生产技术规程要求进行生产，生产效益比地栽香菇提高10%以上。

技术要点 ①配方：木屑80%、麦麸20%、石膏1%、糖1%，含水率55%～60%。一般北方地区架式香菇栽培时间为3—4月，平均气温稳定在5℃以上时进行。②发菌：发菌期管理的主要任务就是创造适宜的生活条件，促使香菇菌丝顺利萌发、定植、蔓延生长，至长满全袋，并完成转色，为出菇打下基础。菌袋堆放管理中应将接种后的菌袋采用双排顺式摆放，垛高10～12层，排与排间留10～40cm通道，有利于空气流通。随着外界气温升高，当菌丝圈直径长至5～8cm时，可改为"井"字形排放，每垛高为6～8层，排与排间留10～40cm通道。发菌条件控制应调节室温在10～25℃，袋温最高不超过28℃。尽量做到恒温养菌，一般温差不宜超过3～5℃。空气相对湿度控制在60%～65%。注意通风换气，以保持室内空气新鲜。发菌期间一般进行2次刺孔增氧。第一次刺孔在菌穴菌丝基本相连时进行，刺孔位置在菌丝圈内2cm处，孔深2cm，每袋刺孔数为8～12个；第二次刺孔在菌丝全部长满菌棒时进行，刺孔数为30～40个，孔深为3～4cm。如果菌袋含水率偏低的可适当少刺孔，反之相反。适量的散射光可以促进菌丝生长，强光会抵制菌丝生长。③转色管理：菌丝生长发育到一定程度，进入生理成熟期，表面形成隆起的瘤状物，瘤状物形成后，逐渐由硬变软，并伴随着转色，在一定条件下，逐渐变成棕褐色的一层菌膜，完成转色大约需30天。转色时棚温控制在18～24℃，空气相对湿度60%～70%，适当通风，给予一定的散射光照。④越夏管理：春季栽培香菇，采用室内越夏和室外遮阴越夏均可。越夏要在遮阴、通风较好的条件下进行，袋内温度控制在28℃以下，空气相对湿度60%左右，不能过多翻动菌袋。菌袋吐黄水过多时，可通过刺孔，放出黄水，但刺孔时不要刺伤原基。⑤拌料：按照选用的配方，准确称量各种原料，采用拌料机拌料，要求拌料均匀，含水率达到55%～60%。⑥装袋：菌袋通常采用15.3cm×55cm的高密度低压聚乙烯塑料袋，装袋时应注意拌好的料应尽早装完，以免放置时间过长培养料发酵变酸；装好的料袋要求密实、不松软；装袋时不能蹾，不能摔，不能揉，要轻拿轻放，保护好菌袋；将装好的料袋逐袋检查，发现破口或微孔立即用胶带纸粘上。⑦灭菌：采用蒸汽锅炉充气式灭菌方法，底层袋内料温度达到100℃保持24小时，前期注意冷气排放，做到灭菌彻底，每台锅炉适宜灭菌量为4 000～5 000袋。灭菌时要求做到以下几点：将装好的菌袋及时入锅，合理摆放。灭菌时要做到勤看火及时加煤，勤加水防止干锅，勤看温度防止掉温。烧火时要做到强攻头、保中间、后彻底。⑧秋季出菇管理：香菇出菇采用高棚层架式出菇方式，当棚内气温稳定在22℃以下时进行上架管理，选择晴天将菇袋搬入菇棚，通过振动和温差刺激，促使菇蕾发生。为了培养优质花菇，每袋菇蕾不宜超过 6 朵，尽量分布均匀，菇蕾直径 1~1.5cm 进行割袋较适宜，可用锋利的小刀或刀片进行割口，让菇蕾从割口处伸出袋外。菇棚温度在 8~18℃ 范围内菇蕾容易形成花菇。当棚内温度超过 18℃ 时，应适当掀起塑料薄膜，加大通风，降低温度，降低湿度；温度高花菇肉薄柄长质量差；棚内温度保持在 10~15℃，适量通风及温差，花菇质量好，产量也高。如棚内温度低于 8℃ 时，要适当减少棚顶遮阴物，使阳光透入棚内提高温度，促进花菇形成。第一潮花菇采收结束，要让其"休息养菌"，积累营养为下批香菇生长提供养分，主要措施包括适当提高棚内温度，减少温差刺激，保持通风，减少喷水量，保持适量空气湿度及出菇袋表面湿度，时间在 7~10 天，转色袋标准是有一定弹性，菌丝健壮，菇脚坑转色，有 10% 左右的袋现蕾后即可进入下一潮出菇管理。菇长至 6~7 成熟时，菌盖边缘内卷，不开伞就应采摘。采时切不可把菇脚残留在菇棒上，以免引起腐烂，造成损失。菌棒越冬时袋内水分不能过低，集中起来，避免北风吹和阳光直射。用塑料膜盖住，遮上玉米秸，第二年按出菇管理和转潮管理办法继续管理，4—6 月还可出 2~3 潮菇。

注意事项 第二年春季出菇管理时清理掉菇棒上的残留菇体、畸形菇蕾，特别是菇棒上残留的已经感染绿霉的死菇；清除污染菇棒，使其远离菇棚。做好菇棚清理及消毒工作并进行适量通风管理，增加菌棒氧气量。

适宜区域 华北及东北地区。

技术依托单位 河北师范大学生命科学学院

（九）香菇周年生产栽培技术

技术概况 通过多年的生产实践，通过确定适宜栽培期，选育优良适宜品种，合理配方，加强水分管理等技术措施，推行两区制栽培、两棚式出菇形式，成功地解决了夏季高温和冬季严寒出菇难的问题，实现了香菇周年生产、四季出菇。

增产增效情况 推广"北方香菇周年规模化生产技术"，利用微喷节水灌溉技术、采取地栽（覆土栽培）和立式栽培等方式出菇，推广先进实用技术，使污染率降低到 3% 以下，单袋产量提高 0.1kg，效益提高 10% 以上。

技术要点 ①确定适宜栽培时期，实现香菇周年生产。夏秋季生产香菇 1—3 月装袋接种，6—10 月出菇；冬春季生产香菇 8—9 月装袋接种，10 月至翌年 5 月出菇。采取室内发菌，室外出菇即冬季日光温室出菇，夏季凉棚出菇的"两区制栽培，两棚式出菇"的管理模式，达到周年生产。②选择适宜的香菇品种：夏秋季选用兴香 1 号、18 等中高温品种，该菌株出菇温度在 15~33℃，发菌期 90 天，子实体肥大、肉厚、菇型圆正、浅褐色、产量高、品质好。冬春季选用耐低温出菇的品种，经筛选 939、808 用于冬春季栽培。③常用配方为：木屑 79%、麸皮20%、石膏1%。木屑要过筛去除硬质带刺杂物。④出菇棚建造：夏秋季栽培香菇，采用凉棚出菇，棚高要求在2.8m以上，以利栽培场通风降温，棚顶盖棚膜和遮阳网遮盖，保持棚内"二分阳八分阴"的散射光。采用覆土栽培或站立式栽培。冬春季栽培香菇，采用日光温室出菇，温室要求高3.8～4.1m，上盖2层厚的保温被，棚内最适温度7～20℃，温室内做菇床，床宽1.3～1.5m，采用站立式栽培，设拉绳供斜立排放菌棒。⑤脱袋、转色：一般接种后经过80～90天的培养，菌丝由白转为淡黄色，局部成褐色；手抓菌袋有松软弹性感；菌袋内分泌出褐色色素便可以脱袋。脱袋后1～4天盖好薄膜，只要温度不超过25℃，不揭膜通风，创造高湿环境，促使菌丝恢复生长。转色在香菇管理各环节中最为重要，转色结束所形成的褐色菌膜不仅起到保护菌棒的作用，而且还具有催蕾促菌的功效。⑥出菇管理：夏秋季出菇管理管理要保持昼夜温差在10℃以上，连续3天以上，以刺激出菇；空气湿度90%左右，变温同时进行干湿差刺激；给予散射光照增加通风、防止畸形菇。冬春季出菇管理的适宜湿度85%，光线以散射光为主。出菇时，早冬、初春在上午通风；深冬在12：00～16：00通风。温度高时，通风时间要长；温度低时，时间稍短，棚内要保持空气新鲜和湿度。⑦合理选用栽培季节与场地：尽量选择清洁的栽培场所，清除栽培场所周围50m范围内积水、腐烂堆积物、杂草，减少污染源。采用防虫网＋黄板诱杀等绿色防控技术，生产园区全部应用了微喷节水技术。

注意事项　防虫网要全棚覆盖，悬挂的黄板定时更换。

适宜区域　北方食用菌产区。

技术依托单位　河北农业大学；承德市农业环保站

（十）香菇菌糠栽培平菇生产技术

技术概况　河北省兴隆县农牧局技术员通过与菇农联合生产试验，总结出一套利用香菇菌糠栽培平菇的生产技术。通过香菇菌糠栽培平菇技术的推广应用，实现了资源循环利用。

增效情况　用香菇菌糠栽培平菇每棒成本1.2元，比常规栽培平菇每棒节省成本0.8元，降低了栽培平菇的生产成本，生产效益提高40%以上。

技术要点　①栽培季节：生产装袋时间为2-3月为宜，3月上旬至5月上旬为发菌阶段，6月至9月底为出菇管理阶段。②菌种选择：按市场要求和栽培季节选择适宜品种，兴隆县平菇栽培品种为唐平26。③常用配方：菌糠45%、玉米芯45%、麸皮6%、石灰3%、石膏1%。④出菇管理：采用墙式栽培，出菇阶段温度控制在13～30℃。适当增加散射光，加强通风换气，拉大温差，促进原基分化。出现菇蕾时，将袋口翻卷，露出菇蕾。垛行间留90cm走道，每条走道留对流通风孔。当出现幼菇时，相对湿度85%，随着菇体长大，湿度提高到

90%。第一茬收完，要及时清理料面，去掉残留的菌柄、烂菇，同时进行喷水保湿，为了提高第二茬的产量，结合喷水管理，10~12天后第二潮菇现蕾。如此反复管理，一般可出3~5潮菇。⑤合理选用栽培季节与场地：尽量选择清洁的栽培场所，清除栽培场所周围50m范围内积水、腐烂堆积物、杂草，减少污染源。防虫网+黄板诱杀等绿色防控技术。生产园区全部应用了微喷节水技术。

注意事项 ①菇棚通风不良。供氧差，二氧化碳浓度过高，不利于出菇，严重缺氧时，会使大批菇蕾萎缩、闷死。②喷水方法不当。喷水时用水过多，或直接往培养料及幼菇上喷，使培养料积水，造成菌丝窒息死亡。一旦发现病害，要立即停水，加强通风，降低温度、湿度，病菇要尽早摘除销毁。防虫网要全棚覆盖，悬挂的黄板定时更换。

适宜区域 冀北食用菌产区。

技术依托单位 河北农业大学园艺学院

（十一）栗蘑大棚生产技术

技术概况 栗蘑又名灰树花。形似珊瑚，肉质脆嫩、营养丰富，味道鲜美，备受消费者青睐。在燕山深处的兴隆县利用自然优势栽培栗蘑，经过几年的探索，栗蘑大棚生产技术取得了成功，获得了可观的经济效益。

增效情况 在栽培过程中选用优良本地野生驯化的菌种，采用标准化生产技术，采取覆土栽培，利用大棚生产平菇，单袋产量平均提高0.1kg，效益提高10%以上。

技术要点 ①栽培季节：根据生产实践，装袋时间为2月下旬至3月中旬为宜，3月上旬至5月上旬为发菌阶段，6月上旬至9月底为出菇管理阶段。②培养料配方：常用的配方是木屑78%、麦麸20%、石膏1%、糖1%，可添加1‰~2‰磷酸二氢钾。③建出菇棚：棚址要求选在开阔、通风、水源方便的地段。棚顶用遮阳网等物遮盖，保持棚内全阴，用于通风的洞口和门口挂上防虫网。④做畦：覆土材料选用沙壤土、山皮土或黄粘土除外的耕地深层土。建畦按不同棚室设施确定畦的大小和走向，根据菌袋大小确定畦的深度，中间留过道以便于操作。⑤菌袋下地管理：做好的畦底部撒石灰粉，将完全成熟、菌丝浓白的菌袋脱袋后紧密横放畦内，每5~6排袋留3~5cm空间，预防连片污染。随排袋随覆土，覆土厚度2~3cm，用木板拍打刮平。覆土后及时浇灌大水，以菌袋不漂起、浇透为度。浇水后1~2天，待表土水完全渗下时用土填平沟缝，第2次浇透水，土层松散时整平畦面，厚度2cm在覆好土的畦面上撒一层沙石粒，沙石粒直径1~3cm，防止浇水时沙土溅到菇体上。⑥出菇管理：菌块上原基没有出土之前，保持拱棚内空气相对湿度70%左右。发现菇蕾后，增加喷水量，保持棚内相对湿度85%~90%。出菇初期，从原基生产到子实体分枝开始放叶之前8

天左右，这是关键阶段。喷水以雾状为宜，减少通风量，控制棚内温度 20～23℃，空气相对湿度90%。菇体开始放叶到成熟时，增加通风时间，延长棚内散射光照射时间，一般在 7：00～8：00 及 16：00～17：00 这段时间内，要保持拱棚内有散射光，以有利于菇体形成灰色或者浅灰色，提高产品质量。⑦合理选用栽培季节与场地：尽量选择清洁的栽培场所，清除栽培场所周围 50m 范围内积水、腐烂堆积物、杂草，减少污染源；防虫网＋黄板诱杀等绿色防控技术；生产园区全部应用了微喷节水技术。

注意事项　防虫网要全棚覆盖，悬挂的黄板定时更换。

适宜区域　冀北食用菌主产区。

技术依托单位　河北农业大学；承德农业环保站

山西省食用菌主要品种与生产技术

一、主要品种

（一）香菇晋香 1 号

品种来源　山西省农业科学院食用菌研究所常规系统选育而成的香菇品种。

特征特性　子实体较大，单生或丛生；菌盖圆整且大，菌肉肥厚，内卷明显，质地致密，口感好，香味浓郁。菌盖褐色，柄粗短，温度高时菌柄较长，成花率高；抗逆性好，转潮较快，产量高，品质好。

产量表现　夏季栽培单棒产量生物学效率 70% ～75%。

栽培要点　该品种属于中高温型香菇品种，耐高温、适应性强，产量高，能在夏秋高温季节出菇。菌丝生长温度范围 5～35℃，最适温度为 23～27℃，出菇适宜温度 15～30℃。菌龄 75 天左右。

适宜区域　近几年已在晋北、晋中、晋南各地试验推广，均取得很好效果，将继续在全省大范围推广栽培，特别适宜气候冷凉、早晚温差大地区进行夏秋反季节拱棚栽培。

选育单位　山西省农业科学院食用菌研究所

（二）香菇 9608

品种来源　河南省西峡县食用菌科研中心常规系统选育而成的香菇品种。

特征特性　子实体单生或丛生，低温结实好，抗逆性强。菌盖褐色，朵型圆整、盖大肉厚、菌肉组织致密、畸形菇少，菌丝抗逆性强、较耐高温，接种期可跨越春夏秋三季，越夏烂筒少，适宜条件下易形成花菇，成花率高，品质优。

产量表现　夏季栽培单棒产量生物学效率 70% ～80%。

栽培要点　属中低温型品种，菌丝生长适宜温度 22～27℃，6～26℃出菇，子实体形成的菌龄期为 70～120 天。适应性强，产量高，既可进行花菇栽培，也适宜普通菇栽培。

适宜区域 近几年来在山西省一直有大面积栽培，主要是春季袋栽，表现良好。

选育单位 山西省农业科学院食用菌研究所

（三）双孢菇 A15

菌株来源 美国 Sylvan（施尔丰）公司。

特征特性 子实体白色，单生，偶有丛生；菇型圆整，菌肉肥厚，菌褶成熟时暗红色；潮次明显，出菇密度大，产量高，产量主要集中在前三潮。

产量表现 工厂化栽培 25~30kg/m²。

栽培要点 该品种产量高，对温湿度、料内水分及管理要求严格，菌丝生长温度 8~28℃，最适高度 22~24℃，低于 8℃生长缓慢，超过 28℃时衰老快。出菇温度 10~20℃，最适温度 13~16℃，低于 12℃时菇长得慢产量低，低于 8℃是子实体停止生长。

适宜模式 工厂化栽培。

引进单位 山西省农业科学院食用菌研究所

（四）双孢菇 192

菌株来源 该菌株是优质菌株与高产菌株的杂交种。福建省农业科学院食用菌研究所培育。

特征特性 子实体白色，单生，偶有丛生；菇型圆整，菌肉肥厚，菌褶成熟时暗红色；适应性较强，产量稳定，潮次较多。

产量表现 简易菇棚栽培 8~10kg/m²；保温菇棚栽培 12~15kg/m²；工厂化栽培 23~28kg/m²。

栽培要点 该品种产量稳定，对温湿度、料内水分及管理要求一般，菌丝生长温度 5~30℃，最适高度 22~24℃，低于 5℃生长缓慢，超过 30℃时衰老快。出菇温度 5~22℃，最适温度 13~16℃，低于 12℃是菇长得慢产量低，低于 5℃是子实体停止生长。

适宜模式 简易菇棚栽培、保温菇棚栽培、工厂化栽培。

引进单位 山西省农业科学院食用菌研究所

（五）双孢菇沐野 1 号

菌株来源 该菌株是由五台山区野生菌分离驯化而来。

特征特性 子实体浅褐色，单生，偶有丛生；菇型圆整，菌肉肥厚，菇柄长，菇味浓郁，抗逆抗病性强；菌褶成熟时暗红色；适应性强，产量高，潮次多。

产量表现　林下栽培 10～15kg/m²；简易菇棚栽培 8～10kg/m²；保温菇棚栽培 12～15kg/m²；工厂化栽培 25～30kg/m²。

栽培要点　该品种产量高，对温湿度、料内水分及管理要求不严格，菌丝生长温度 5～30℃，最适温度 20～26℃，低于 5℃生长缓慢，超过 30℃时衰老快。出菇温度 5～22℃，最适温度 10～20℃，低于 10℃时菇长得慢产量低，低于 5℃子实体停止生长。

适宜模式　林下栽培、简易菇棚栽培、保温菇棚栽培、工厂化栽培。

选育单位　山西省农业科学院食用菌研究所

二、生产技术

（一）香菇栽培主推技术

无公害香菇标准生产技术。

（二）双孢菇主要生产技术

1. 栽培基质配方；适合当地原材料与气候条件的基质配方筛选与优化。
2. 栽培基质自然发酵技术；栽培基质隧道发酵技术。
3. 菇房管理技术，林下栽培管理技术。
4. 病虫害防控技术：双孢菇病虫害提前防控是解决病虫害问题的关键。

内蒙古自治区食用菌主要品种与生产技术

一、主要品种

（一）黑木耳2号（黑29）

品种来源 黑龙江省科学院应用微生物研究所选育而成。

审定情况 2001年2月黑龙江省农作物品种审定委员会审定。

审定编号 黑认2001-16。

特征特性 属秋耳品种，子实体簇生、根细、片大、呈碗状，色黑肉厚，背部有黑色筋，耐低温，菌丝生长温度10~35℃，最适温度24~28℃，子实体生长温度14~35℃，最适温度20~25℃，pH值3.5~11.5范围内均能生长，最适pH值4.5~7.5，培养料水分30%~70%均能生长，最适水分60%；袋栽在标准木屑培养基上，20天后出耳芽，产耳时间不集中，从割口到采收22~25℃两个月结束；木段栽培，接种当年出耳率95%以上，翌年为盛产期。

产量表现 段木栽培一般干耳产量为17.4kg/m³，袋料栽培一般100kg干料产干耳量为13.4kg。

栽培要点 ①段木栽培：木段菌丝发育成熟后起架催耳，平架支柱40~50cm，或摆放成单面向阳起架；冬季可将耳段平铺地面，用雪覆盖，接1次种可连续采耳3年。②袋料栽培：采用聚乙烯塑料袋，24~28℃培养50~55天；出耳后结合天气情况，晴天多浇水，雨天不满簇，早晚浇透，保持相对湿度85%~95%。

适宜区域 内蒙古自治区呼伦贝尔市。

选育单位 黑龙江省科学院应用微生物研究所

（二）黑木耳耳根13-6

品种来源 采集根河地区木材加工场组织分离而成。

审定情况 正在参加国家区试。

特征特性　属担子菌纲木耳目木耳科阔叶木腐菌及少针叶木腐菌（根耳013-6原始种针叶木腐菌）色泽黑褐、子实体胶质、晒干成碗形、鲜品黑褐色、少筋、圆边。

产量表现　产量比原品种提高20%，平均每袋产干耳30g，对照干耳3200g/100袋，2013年根河地区4家专业合作社136万袋栽培平均干耳35g/袋，最高单产可达40g/袋。

栽培要点　常规熟料栽培。菌丝生长对温度适应性很强，5～35℃均可生长繁殖，适宜温度为20～24℃。子实体发生温度范围为15～32℃，最适宜的温度15～25℃。子实体生长期的空气相对湿度80%～90%为宜。光线强度以1000lx以上为宜。菌丝生长的pH值最适宜范围5～6.5。菌丝生长阶段，避光培养，适度通风，培养室空气相对湿度应控制在60%～70%，耳基形成期对空气的湿度相对比较敏感，要求达到80%～90%为宜，耳基生长时需要吸收大量水分，每天要喷数次。菌丝耐旱力很强，在黑木耳人工栽培中，干湿交替的水分管理是提高黑木耳产量和质量的关键。

适宜区域　内蒙古自治区呼伦贝尔市

选育单位　内蒙古自治区根河市农业技术推广站

（三）香菇武香1号

品种来源　国外引进香菇菌种，系统选育而成。

审定情况　1997年通过浙江省品种审定委员会认定。

特征特性　属高温型品种，能在夏秋高温季节出菇。菌丝生长温度范围5～34℃，最适温度为24～27℃，出菇温度5～30℃，偏干管理下子实体质量好，耐高温、出菇早、转潮快、菇质好、高产、稳产。

产量表现　袋料重量以每筒0.8kg干料计，生物学转化率平均达113%，1～2潮菇总产量0.53kg/袋，全生育期产量0.92kg/袋，比其他菌株增产13%～29%；符合鲜香菇出口标准的比例达36%以上。

栽培要点　以代料袋栽香菇模式为主。12月下旬制作母种，1月上旬制作原种，2月中下旬制作栽培种，3月下旬至4月底投料制袋，6月中下旬至7月上旬排场转色，亩排场量1万袋，6月下旬至7月上中旬出菇；适宜出菇温度16～26℃。

注意事项　优化培养基配方；严格把好灭菌关；调节培养室温度；适时排场、转色、脱袋；拉大温差和湿差；防暑降温；合理掌握菌筒含水量；及时防治病虫害；适时采收投售。

适宜区域　适宜在低海拔（100～500m）、半山区、小平原地区高温季节栽培及海拔更高的地区进行夏季栽培。

选育单位 内蒙古自治区科右前旗农业科学研究所

（四）香菇 L808

品种来源 浙江省丽水市大山菇业研究开发有限公司。

特征特性 属中高温型菌株。孢子印白色；菌丝粗壮浓白；子实体单生，中大叶型，半球形；菌盖直径 4.5～7cm，深褐色，菌盖表面丛毛状鳞片明显，呈圆周形辐射分布；菌肉白色，致密结实不易开伞，厚度在 1.5～2.2cm；菌褶直生，宽度 4mm，密度中等；菌柄长 1.5～6cm，粗 1～2.5cm，温度较高时，盖小柄长，菌柄上细下粗，而温度较低时，盖大柄短，菌柄下细上粗，基部圆头状；菇蕾初现时形似"假菇"，子实体发育时，先长菌柄，后长菌盖，同时菌柄变细。

产量表现 每个菌棒可产 0.75kg 鲜香菇。

栽培要点 常规熟料栽培。菌丝生长温度范围为 5～33℃，菌龄 90～120 天，最长可达 210 天。出菇温度为 12～28℃，最适出菇温度为 15～22℃；菇蕾形成期需 6℃以上的昼夜温差刺激。发菌期间，需提供适宜的发菌温度和充足的氧气，暗光培养，自然空气相对湿度，用数显温度计随时测量菌袋温度，适时散堆，避免"烧菌"并注意刺孔通气。秋、春季节以降温管理为主，冬季以升温保温管理为主，同时正确处理温度与通风的关系，确保温度适宜，空气流通。菌丝生理成熟后，可先立摆菌袋，待市场价格合适时，脱袋喷水刺激出菇，每天喷水 1～2 次，使棚内湿度保持在 85%～90%，同时注意通风降温，利用自然温差刺激出菇，第一潮脱袋菇出菇结束后，进行复菌、注水管理。

适宜区域 适宜内蒙古自治区乌海市种植。

技术依托单位 内蒙古自治区乌海市经济作物工作站

（五）滑菇早生 2 号

品种来源 河北省平泉县野生滑菇驯化育成。

审定情况 国品认菌。

审定编号 2010005。

特征特性 属低温型、变温结实性品种。菌丝绒毛状，最初呈白色，逐渐变为奶油色，淡黄色。子实体丛生，菌盖半球形，淡黄到黄褐色，菌盖直径 3～8cm，上有一层黏液。菌柄短粗，中生，呈圆柱形，直径 0.5～1.0cm。目前，市场上商品菇标准为伞径 1.5～2cm，柄长 4cm 以内，伞柄比（0.38～0.5）：1。适宜鲜销、速冻和干制。

产量表现 经多年生产示范，平均生物转化率为 80%～85%。

栽培要点 菌丝在 5～32℃之间均可生长，最适温度 22～25℃。子实体在 5～20℃间都能生长，最适温度 10～18℃，高于 20℃，子实体菌盖薄，菌柄细，开伞早，低于 5℃，生长缓慢，基本不生长。变温条件下子实体生长极好，产菇多、菇体大、肉质厚、质量好、健壮无杂菌。菌丝培养料含水率以 60% ~65%，空气相对湿度 60% ~70% 为宜；子实体形成阶段培养料含水率以 70% ~75% 为最好，空气相对湿度要求 85% ~95%。光线对已生理成熟的滑子菇菌丝有诱导出菇的作用。发菌期避光培养，出菇阶段散射光照，光照度 300 ~800lx；滑子菇也是好氧性菌类，对氧的需求量与呼吸强度有关。第一茬菇采收后，补水至原重，准备第二茬菇生长。

滑子菇属低温变温结实型菌类，与其他菌类不同的是低温接种，中温养菌，低温出菇。一般采用春种秋出，栽培时宜半熟料栽培，最好选择气温在 8℃ 以下的早春季节，最佳播种期为 2 月中旬至 3 月中旬。气候冷凉山区 7 月中旬当气温控制在 18℃ 左右时，滑子菇已达到生理成熟，可进行开盘出菇管理。9 月以后深秋季节，自然温差大，应充分利用自然温差，加强管理，促进多产菇。夜间气温低，出菇室温度不低于 10℃；中午气温高，应注意通风，使出菇室温度不高于 20℃。

适宜区域　内蒙古自治区赤峰市食用菌产区。

选育单位　河北平泉县食用菌研究会

（六）滑菇丹滑 16 号

品种来源　丹东市林业科学研究院。

审定情况　2013 年 12 月，丹东市科技局组织同行专家对该项研究进行了科技成果鉴定。

特征特性　菌丝体健壮，在培养基内发菌快，菌袋栽培 30 ~35 天即可满袋。抗杂菌，抗高温性能极强，正常技术操作前提下，菌袋存活率在 95% 以上；菇棚避光、通风条件下，杂菌感染率在 3% 以下，如遇连续 20 ~30℃ 高温天气，袋内菌丝体仍能保持较强活力。菇质好菇形圆正，菌盖黏液多，外观亮丽，转茬较快，采取保温措施的情况下，可出 3 ~4 茬菇，适合木屑半熟料和全熟料栽培。

产量表现　产量高，采用菌盘栽培方式，5kg 菌盘可产鲜菇 2.5kg 左右，生物转化率可达 120%。

栽培要点　采用春种秋出，栽培时宜半熟料栽培，最好选择气温在 8℃ 以下的早春季节，最佳播种期为 2 月中旬至 3 月中旬。8 月中旬气温稳定在 18℃ 左右，滑子菇已达到生理成熟，可进行开盘出菇管理。9 月以后深秋季节，自然温差大，应充分利用自然温差，加强管理，促进多产菇。夜间气温低，出菇室温度不低于 10℃；中午气温高，应注意通风，使出菇室温度不高于 20℃。

水分是滑子菇高产的重要条件之一，为保证滑子菇子实体生长发育对水分的需要，应适当喷水，增加菌块水分（70% 左右）和空气湿度（90% 左右），每天至少喷水 2 次，施水量应根据室内湿度高低和子实体生长情况决定。空气湿度要保持在 85% ~95%，天气干燥，风流过大，可适当增加喷水次数，子实体发生越多，菇体生长越旺盛，代谢能力越大，越需加大施水量。

适宜区域 内蒙古自治区通辽市食用菌产区。

技术依托单位 内蒙古自治区通辽市设施农业技术服务中心

（七）杏鲍菇 ZX-1

品种来源 福建漳州九湖食用菌研究所。

特征特性 属中低温型品种。出菇温度 8 ~20℃，以 12 ~16℃最佳，菌柄棒状，菇体肉质紧实，菌盖灰色略大于菌柄，菌丝浓白，绒毛状。子实体单生或小丛生，菇体单个高度 25 ~35cm，单个最大重在 500 ~1 000g，总产较高，转化率100% 左右，是工厂化栽培的最佳品种。

产量表现 2013—2015 年，平均生物转化率为 80%，单袋产量 700 ~800g。

栽培要点 熟料栽培。菌丝最适生长温度为 22 ~25℃，子实体生长温度范围为 8 ~20℃，适宜温度为 12 ~16℃。子实体生长期的空气相对湿度 85% ~90%，光线 500lx。发菌期料温控制在 22 ~25℃，避光培养，适度通风，空气相对湿度70% 以下；出菇期温度控制在 10 ~16℃，空气相对湿度 90%。

适宜区域 作为适宜鲜销品种，在具备工厂化生产条件的产区适用。

技术依托单位 辽宁省微生物研究院；内蒙古民族大学农学院

（八）双孢菇 As3003

品种来源 双孢菇 As2000 与野生双孢菇（湖北远安）杂交选育而成。

审定情况 2009 年山东省审定。

审定编号 鲁农审 20090723 号。

特征特性 属中温型品种。在 PDA 培养基上菌丝生长稀疏，灰白色，紧贴培养基表面呈扇形放射状生长，菌丝尖端稍有气生性，易聚集成线束状。基内菌丝较多而深。从播种到出菇一般需 35 ~40 天。子实体菌盖顶部扁平，略有下凹。肥水不足时，下凹较明显，有鳞片，风味较淡。耐肥、耐温、耐水性及抗病力较强，出菇整齐，转潮快，单产较高。

产量表现 2012 年秋季、2013 年春季香菇品种区域试验中，两季平均生物转化率为 92.01%，比对照品种 As2796 高 7.96%；在 2012 年春季生产试验中，平均生物转化率 100%，比 As2796 高 22.50%。

栽培要点 常规熟料栽培。菌丝最适生长温度为 23 ~25℃，子实体生长温度范围为 5 ~23℃，适宜温度为 10 ~17℃。子实体生长期的空气相对湿度 85% ~90%，光线 500lx。发菌期料温控制在 16℃左右，避光培养，适度通风，空气相对湿度 90% 以下；出菇期温度控制在 7～22℃，空气相对湿度 80%。第一茬菇采收后，补水至原重，准备第二茬菇生长。

适宜区域 作为适宜鲜销品种，在双孢菇产区适用。

技术依托单位 山东省农业科学院农业资源与环境研究所

（九）双孢菇英秀一号

品种来源 国外引进的双孢菇 A737，单孢选育而成。

特征特性 子实体散生、少量丛生，近半球形，不凹顶。商品菇菌盖白色，平均直径 4.1cm，菌盖平均厚 1.7cm，表面光洁，环境干燥时表面有鳞片；菌柄白色，粗短近圆柱形，基部膨大明显，平均长 2.6cm，中部平均直径 1.5cm。子实体组织致密结实。发菌适温 22～26℃，原基形成不需温差刺激，子实体生长发育温度范围 4～23℃，最适温度 16～18℃；低温结实能力强。菇潮间隔期 7～10 天。

产量表现 产量为 9.1～15.7kg/m²。

栽培要点 堆肥适宜含氮量为 1.5%～1.7%，合成堆肥发酵前的适宜含氮量为 1.6%～1.8%，二次发酵后的培养料适宜含水率为 65% 左右，pH 值为7.2～7.5。出菇期适宜室温 13～18℃，温度高于 20℃时禁止喷水，加强通风。自然气候条件下秋冬季播种，春季结束，跨年度栽培。适当提高培养基含水量有利于提高产量。注意预防高温烧菌和死菇；出菇期应保持覆土良好的湿度和空气相对湿度，以免菇盖产生鳞片。

选育单位 包头市农业技术推广站；浙江省农业科学院园艺研究所

（十）双孢菇风水梁一号

品种来源 由从鄂尔多斯市、包头市、呼和浩特市、赤峰市、兴安盟等多点采集的双孢菇种菇选育而成。

审定情况 2015 年内蒙古自治区农作物品种审定委员会认定。

审定编号 蒙认菌 2012001 号。

特征特性 子实体扁圆形，白色，个体大小 3.7cm×5.3cm，柄短粗 1.7cm×2.3cm，伞片厚 1.6cm，菌褶乳黄色，菇质地较硬，不开伞。2011 年内蒙古自治区农产品质量安全综合检测中心测定，粗蛋白 39.5%，灰分 10.4%。高抗木霉病。

产量表现 2009 年区域试验，平均产菇 12.8kg/m²，比对照 2796 增产 18.8%。2010 年区域试验，平均产菇 12.4kg/m²，比对照 2796 增产 17.4%。2011 年生产试验，平均产菇 12.2kg/m²，比对照 2796 增产 16.7%。

栽培要点 配料用干玉米秸丝 60%，干奶牛粪 30%，干兔粪 7%，豆粕粉

— 41 —

2%，复合肥 1.2%，石膏粉 2%，与水充分拌匀。pH 值 8.5，含水率 70%。建堆发酵 22 天左右，二次发酵温度 48~60℃，保持 3~5 天，待氨气散尽后，于第二天早上撒种。

9 月上旬播种，密度 1cm×1cm，菌种用量 0.75kg/m²，温度 22~27℃，湿度 60% 以下，避光，前 7 天内不能通风，之后逐渐增加通风量。待培养料面已全部长满白色菌丝体覆土，厚度 3.5~5cm。覆土后出菇管理，温度 18~24℃，适度增加光照，保持覆土湿润。约 30 天后，增加喷水量，适度增加光照，温度 15~20℃。出菇期间，相对湿度保持在 80% 以上，早晚及时采菇。

注意事项 一定将培养料充分吸水，否则不能正常发酵，发酵时要有防雨措施。播种时玉米秸培养料的 pH 值不能低于 7.2。

适宜地区 具备保温（12~27℃）保湿（50%~95%）和适度避光的保护地条件种植。

选育单位 内蒙古经济作物工作站；内蒙古东达生物科技有限公司

（十一）双孢菇经玉 1 号

品种来源 从野生种分离驯化而来。

审定情况 2015 年内蒙古自治区农作物品种审定委员会认定。

审定编号 蒙认菌 2015001 号。

特征特性 子实体扁圆形，白色，伞径 3.3~5.8cm，柄长 1.7~2.3cm，柄粗 2.4~2.7cm，菌肉白色、厚 1.6cm，菌褶初期浅灰色，后黑褐色，伤变乳黄色，耐低温，丛生菇较少。菌丝体阶段生长温度在 12~28℃，子实体阶段生长温度在 10~25℃。弱光条件 30~60lx 下有利于子实体原基形成。田间表现未发现绿色木霉病和脉孢霉病。

产量表现 2012 年区域试验，平均产菇 20.6kg/m²，比对照 "2796" 增产 14.8%。2013 年区域试验，平均产菇 16.4kg/m²，比对照 "2796" 增产 16.4%。2014 年生产试验，平均产菇 14.2kg/m²，比对照 "2796" 增产 14.7%。出菇期 38 天，比对照早 7 天。

栽培要点 ①播期：9 月上旬播种，菌种用量 0.75kg/m²。②配料：以玉米秸、玉米芯、牛羊粪为主要基质材料。③发酵：建堆发酵 20 天左右，温度控制在 55~65℃。④覆土：按 1：1 配比草炭土和沙壤土，经甲醛消毒后进行覆土。⑤出菇管理：加强通风，温度控制在 18~24℃，适度增加光照度，保持覆土湿润。

注意事项 尽量使用新鲜无霉变的材料，播种时玉米秸培养料的 pH 值不能低于 7.2。

适宜地区 内蒙古自治区具备保温（14~26℃）保湿（50%~90%）和适

度避光的保护地种植。

选育单位 内蒙古自治区经济作物工作站

（十二）平菇 SD-1

品种来源 山东省农业科学院土壤肥料研究所。

特征特性 属中低温型品种。菌丝体浓密、洁白、粗壮、生长整齐，气生菌丝较多。子实体丛生，菌盖扇形、平展，直径 10～15cm，较大，厚度 1～1.4cm，肉质厚、有韧性，不易破碎。菌盖在 4～15℃时黑色，15℃以上时灰黑色，菌柄原白色，实心，长 1.0～2.5cm，直径 1.1～1.8cm，菌褶白色；孢子印灰白色。

产量表现 在 2009 年春季生产试验中，生物转化率 130.36%。

栽培要点 适宜秋、冬季栽培，选用棉籽壳、玉米芯等原料生料或发酵料栽培。菌丝适宜生长温度 22～25℃，子实体生长温度范围 3～25℃，适宜生长温度 10～18℃。发菌期料温控制在 22～25℃，避光，适度通风，25 天左右菌丝发满，发满菌后 5～8℃温差刺激，散射光照，提高空气相对湿度到 80%，适量通风进行催菇处理。出菇期温度控制在 8～22℃，空气相对湿度控制在 90%，适度光照，定期通风。第一茬菇采收后，停水 2～3 天，少量通风，准备第二茬菇生长。

技术依托单位 内蒙古自治区包头市农业技术推广站

（十三）平菇德丰 5 号

品种来源 中国农业科学院。

特征特性 广温型灰黑色平菇品种。该品种出菇温度 2～31℃，菇体灰至灰黑色，大朵丛生，叶片整齐肥厚，菇形紧凑自然合体，尤其色质极为美观漂亮，菇盖乌黑发亮，菌褶细密白色，菇体肥大，温度越低菇色越深，菇体越大越厚实，后劲足。该品种菌丝生长抗霉能力强，菇体生长抗病能力强，春季、早秋和秋冬出菇无论新老菇棚直到产菇结束菇体不发生黄菇、死菇现象，表现出特有的抗病能力。

产量表现 每个菌棒可产 0.75kg 鲜菇。

栽培要点 常规熟料堆叠式栽培。在平菇栽培中，菌丝生长的最适温度 23～27℃，所以温度管理应尽可能达到或接近这个范围。密切注意料温变化，采取相应散热措施，降低培养室的温度。空气相对湿度要求控制在 80% 以下。避光培养，适度通风。平菇子实体生育阶段需要低温，将温度控制在 7～20℃范围之内，最适温度 13～17℃。原基分化阶段尽可能扩大温差。子实体发育阶段要满足出菇对水分的需要，把空气相对湿度提高到 85% 左右。第 1 潮菇采收之后 10～15 天，就会出现第 2 潮菇，共可收 4～5 潮，其中主要产量集中在前三潮。清理室内杂物，保持卫生。

适宜区域 内蒙古自治区乌海市的海勃湾区、乌达区、海南区种植。

技术依托单位 内蒙古自治区乌海市经济作物工作站

（十四）白灵菇东达一号

品种来源 白灵菇变异株经分离后选育而成。

审定情况 2012年内蒙古自治区农作物品种审定委员会认定。

审定编号 蒙认菌2012002号。

特征特性 子实体扇贝形—鲍鱼形，乳白色，个体大小14.7cm×18.3cm，柄短粗3.7cm×4.3cm，伞片厚1.2～6.3cm，菌褶乳白色。2011年内蒙古自治区农产品质量安全综合检测中心测定，粗蛋白15.4%，灰分5.5%。高抗木霉病。

产量表现 2009年区域试验，平均1kg干料产菇0.468kg，比对照田吉龙增产14.9%。2010年区域试验，平均1kg干料产菇0.488kg，比对照田吉龙增产16.7%。2011年生产试验，平均1kg干料产菇0.442kg，比对照田吉龙增产13.9%。

栽培要点 配料用干玉米芯30%，干沙柳木渣30%，棉籽皮30%，麸皮7%，豆粕粉2%，复合肥1.0%，石膏粉2%与水充分拌匀，pH值8.5，含水率70%。播种时培养料的pH值不能低于7.5。

发菌温度22～28℃，后熟阶段，温度20～22℃，后熟以后，温度8～11℃，低温刺激8天，促使菌棒中的菌丝体生殖生长。出菇环境温度13～18℃，增加喷水量和通风量（分3次通风2～3小时），适度增加光照度600lx条件下4～6小时。以后温度控制在15～18℃内，出菇期间，相对湿度保持在85%以上，早晚及时采菇，采大留小。

适宜地区 具备保温（12～27℃）保湿（50%～95%）和适度避光的保护地条件种植。

选育单位 内蒙古自治区经济作物工作站；内蒙古东达生物科技有限公司

（十五）灰树花

品种来源 内蒙古蒙根花农牧科学研究院生物工程技术研发中心杂交选育而成。

审定情况 2015年内蒙古自治区审定。

审定编号 蒙农审2015078号。

特征特性 属中温型、好氧、喜光的木腐菌，子实体肉质，短柄，呈珊瑚状分枝，末端生扇形至匙形菌盖，重叠成丛，大的丛宽40～60cm，重3～4kg；菌盖直径 2~7cm，灰色至浅褐色。表面有细毛，老后光滑，有反射性条纹，边缘薄，内卷。菌肉白，厚 2~7mm。菌管长 1~4mm，管孔延生，孔面白色至淡黄色，管口多角形，平均每 mm1~3 个。孢子无色，光滑，卵圆形至椭圆形。菌丝壁薄，分枝，有横隔，无锁状联合。灰树花在不良环境中形成菌核，菌核外形不规则，长块状，表面凹凸不平，棕褐色，坚硬，断面外表 3~5mm 呈棕褐色，半木质化，内为白色。子实体由当年菌核的顶端长出。

产量表现 2015 年 6—7 月灰树花品种区域实验中，两月平均生物转化率为 30%，比对照品种庆灰高 8.84%；2015 年 7 月份生产实验中，平均生物转化率 45%，比庆灰高 21.44%。

栽培要点 常规高压灭菌。菌丝最适生长温度为 22~25℃，子实生长温度范围为 7~22℃，适宜温度为 10~17℃、子实体生长期的空气相对湿度 85%~90%，光线 500lx。发菌期料温控制在 22~25℃，避光培养，适度通风，空气相对湿度 70% 以下；转色期温度控制在 18~25℃，空气相对湿度 85%，散射光照；转色后加大温差刺激催蕾；出菇期温度控制在 7~22℃，空气相对湿度 90%。第一茬采收后，补水至原重，准备第二茬菇生长。

适宜区域 作为适宜鲜销品种，在灰树花产区适用。

技术依托单位 中国农业科学院农业资源与农业区域研究所

（十六）金针菇

品种来源 内蒙古农牧业科学院。

审定情况 2010 年内蒙古自治区审定。

审定编号 内农审 2010009 号。

特征特性 属中温型品种。菌丝浓白，绒毛状。子实体丛生，菌盖白色，覆有少量鳞片，直径 0.6~0.8cm，厚度 0.2~0.4cm；菌柄白色，中生，柄长 12~16cm，菌褶细白。

产量表现 工厂化生产条件下，平均生物转化率为 100%，比对照品种高 6.2%。

栽培要点 常规熟料栽培。菌丝最适生长温度为 22~25℃，子实体生长温度范围为 7~22℃，适宜温度为 10~17℃。子实体生长期的空气相对湿度 85%~90%，光线 500lx。发菌期料温控制在 22~25℃，避光培养，适度通风，空气相对湿度 70% 以下；转色期温度控制在 18~25℃，空气相对湿度 85%，散射光照；转色后加大温差刺激催蕾；出菇期温度控制在 7~22℃，空气相对湿度 90%。

适宜区域 作为适宜鲜销品种，在金针菇产区适用。

选育单位 内蒙古自治区农牧业科学院

（十七）北虫草

品种来源 河北省平泉县食用菌研究会引进。

特征特性 北虫草属中低温型菌类，子座单生或分枝状发生，子座顶部长 0.3~1.2cm，粗 0.2~0.5cm，且具有粗短毛刺；下部柄长 3~15cm 不等，柄粗 0.15~0.3cm，通体橘黄至橘红色；其基部料面有气生菌丝蔓延性生长。

产量表现 赤峰地区人工栽培北虫草主要使用小麦做培养基，其中小孢子头品种平均生物转化率为 88.9%，大孢子头品种平均生物转化率为 77.8%。

栽培要点 菌丝生长温度范围为 5~30℃，菌丝最适生长温度为 15~18℃，空气相对湿度 60%~80%，保证培养室内空气清新，菌丝生长不需要光照。转色时，每天需光照 12~14 小时的散射光照射，强度 200~400lx。出草期最适生长温度为 16~21℃，空气相对湿度在 55%~70%，保持空气清新，每床架间隔给散射光 24 小时，期间不能停光。当子座呈红色或橘黄色草顶膜时，根据商品性适时采收。

适宜区域 内蒙古自治区赤峰市食用菌产区。

技术依托单位 内蒙古自治区赤峰市农业多种经营管理站

二、生产技术

（一）黑木耳天然林下地摆栽培技术

技术概况 天然针叶林下黑木耳地摆栽培是在温度适宜时，在兴安落叶松（针叶）林内，营造有利于黑木耳生长的小环境，根据国家绿色有机黑木耳生产标准，进行黑木耳栽培的一种新方法。

增产增效情况 根河市、鄂伦春旗从 2005 年开始推广实施"天然针叶林下黑木耳地摆栽培技术"，通过此项技术的应用，每 100 袋黑木耳产量提高了 0.5kg，1kg 销售价格提高了 10 元，每 100 袋生产投入降低了 7.71 元。2006—2008 年 3 年累计推广 2440 万袋，总产黑木耳（干重）85.4 万 kg，增产 12.2 万 kg，总产值 5636.4 万元，新增利润 1659.2 元，节支金额 188.12 万元。

技术要点 ① 核心技术。天然林下黑木耳地摆栽培的核心技术是以阔叶树木屑为主要原料，经过高温灭菌后，人工接进黑木耳菌种，室内养满菌，在温度适宜时摆放在兴安落叶松（针叶）林内，利用兴安落叶松（针叶）林内有利于黑木耳生长的小环境进行出耳。② 选择和使用抗逆性和抗杂性强的品种，如黑29、耳根 3~16。抗逆性强是指对环境适应性强，栽培管理水平要求较低，易于栽培和获得成功，抗杂性强是指抵抗多种有害微生物侵染力或抗污染能力较强。③ 选择优良菌种。菌种的纯度高，色泽正，菌丝生长健壮，菌龄适中，产量高，具有品种特有的性状。④ 要定期对菌种进行提纯、复壮和轮换。

注意事项 ① 养菌房要远离饲养场、垃圾堆、粪便场所，最好接近水源，通风良好、向阳，有水泥地面。② 摆菌袋前，养菌房内外及周围环境要进行一次彻底清理和消毒。床架及用具要用2%石灰水洗干净，然后在阳光下曝晒2天。③ 低温养菌：黑木耳一般养菌的温度，前一周控制在25~27℃，一周后温度控制在20~22℃。④ 适时采收：采收应在孢子未散落时进行。过早，产量低，过晚，质量差。⑤ 合理轮作：严禁多年在同一片林地摆放菌袋，多年在同一片林地摆放菌袋污病虫害严重，染率高。

适宜区域 内蒙古自治区呼伦贝尔市。

技术依托单位 内蒙古自治区呼伦贝尔市农业技术推广服务中心

（二）黑木耳全光地摆栽培技术

技术概况 通风良好，减少杂菌产生，提高抵抗能力，减少污染，同时利用喷灌设施，形成良好的生长发育条件，以更好促进木耳芽迅速形成和子实体正常生长发育。本项技术投入少，管理方便，污染减轻，而且木耳产量高、质量好，具有较强的推广应用价值。

增产增效情况 本项技术通过对黑木耳生产程序的科学规范操作，栽培过程中重视病虫害综合防控，实现无公害和绿色标准生产，切实提高产品质量和安全水平。产量可提高15%~20%，生产效益提高15%以上。

技术要点 ①场地准备及催芽：选择靠近水源，环境清洁，不积水、排水良好的空闲地块进行栽培。平整场地，挖排水沟，顺水流方向做菌床。菌床宽大约在1.6m左右，床间留有30cm左右的作业道（排水沟），床的长度可根据需要而定，同时安装喷灌设施。在菌袋地摆前1m²撒石灰粉50~100g做床面消毒，如床面有害虫、蚂蚁等可用敌敌畏、敌杀死等杀虫剂进行床面杀虫。然后把划好口的菌袋间距1cm摆在菌床上，上覆盖薄膜（气温低于10℃），或直接覆盖遮阳网，进行催芽，每2~3天适当通风，15天左右耳芽可出齐。催芽后床面覆盖有眼薄膜或稻草、树叶后摆袋栽培。袋间距5cm左右，1m²可摆25袋。②菌袋开口出耳方式：栽培菌袋达到成熟后到5月中下旬可以开口地摆栽培，将菌袋运到栽培场地，然后将菌袋用0.1%高锰酸钾溶液或0.1%新洁尔灭药液进行浸袋消毒，晾干后用消过毒的专用开口器给菌袋开口。以小孔无根木耳生产技术产品质量较好，每袋扎80~100个口，品字形排列，孔深1cm左右。③子实体发育管理：菌袋摆放按每袋5cm的间距，每行可按12~14个菌袋均匀的摆放在床面上，1m²摆25个菌袋，摆出的菌袋晾晒1~2天后再浇水，让阳光充分照射灭菌25小时（1~2天），促使菌丝很好积累营养。这时不宜多浇水，把水喷向空中形成降雨状。木耳（幼耳）成长7~10天后，每天可早晚各喷水1~2次，每次喷水

0.5 小时，中午、雨天不浇水，大风天和阴天少浇水，保持空气湿润，以利木耳片的生长。防治线虫、细菌性流耳可用 0.5% 食盐水喷洒，待木耳成熟时，停水1~2 天做好准备，及时采收。出现青苔病可喷洒青苔一次净，绿霉可喷撒高效绿霉净，污染严重的菌袋可捡出阳光暴晒 3 天，放在阴凉处自然出耳。④杂菌防治：袋料栽培黑木耳防治杂菌污染，必须采取综合防治措施才能取得良好效果。首先选用优良菌种，不用霉变的培养料，培养料中的麦麸不超过 10%，并加入1% 的石灰粉，1% 的石膏粉来提高其碱性程度；其次要搞好栽培场地的环境卫生，并在栽培场地定期撒放石灰粉，创造不利于杂菌生长的碱性环境。

发现有少量菌袋污染，可用 5% 石灰水、75% 酒精、黑木耳绿霉净、50% 多菌灵 1200 倍液、75% 甲基托布津溶液等药液浸透菌斑。菌袋污染比较轻，可用75% 甲基托布津可湿性粉剂 1500 倍液，50% 多菌灵可湿性粉剂 1500 倍液或波尔多液喷雾。喷药期间应停止喷水，喷药后 2~3 天可再进行浇水。杂菌污染特别严重的菌袋要及时深埋或烧毁，防止再度浸染。

注意事项　一是尽量配置适宜的喷灌设施；二是严格注意病虫害的综合防治，注重农业防治和物理防治，辅以化学药剂防治；三是掌握好摆袋适宜时期。

适宜区域　内蒙古自治区呼伦贝尔市

技术依托单位　内蒙古自治区呼伦贝尔市农业技术推广服务中心

（三）香菇反季节覆土地栽管理技术

技术概况　反季节覆土地栽香菇主要安排夏季出菇，通过地栽降温保湿，改善菌丝生长环境，创造出菇条件，产出的菇形圆下，盖厚，柄短，含水率低，标准菇多，具有很好的推广前景。

增产增效情况　袋料香菇栽培一直采用春栽秋、冬菇模式，出菇期主要集中在 10 月至翌年 5 月，而 6—9 月为产菇空白期，菇价高，1kg 能比正常生长季节增收 2.4 元，经济效益可观。另外，反季节地栽香菇，不仅菌棒覆土后能自然转色，不易感染杂菌，能充分吸收土壤中的水分和营养，减少菌棒补水的繁琐工序，而且解决了北方夏季高温季节不产鲜品香菇问题。

技术要点　①品种选择与季节安排：于反季节覆土栽培的香菇品种有武香 1号、L26、931 等。栽培季节一般安排在冬春季，即 1—2 月制作菌段，6—7 月覆土，7—11 月出菇。②出菇场地选择与菇棚的搭建：出菇场地应选择在地势平坦，水源充足、水质好、水温较低、排灌方便，周围环境卫生，太阳辐射时间短、日夜温差大的温室、大棚，菇棚高 2.5m，用棉被、草帘、遮阳网等围实，创造出一个光照少、阴凉、通气性好的菇棚环境。③整畦及畦面处理：畦宽一般在 1.2~1.3m，可平行排放 3 段菌棒，畦沟宽 0.5m，沟深 30~40cm，畦面整平或者稍有龟背状，四周要挖好排水沟，以利雨天排水。整好干畦后，畦面先撒上一层生石灰，在石灰上再铺一层薄的细沙，并在畦面及菇棚四周用80%敌敌畏600倍液杀虫（此项工作在排放菌棒前7~10天进行）。畦面上盖好拱形塑料薄膜后（或采用拱形塑料大棚），用福尔马林或者气雾消毒剂进行消毒，密封7天后即可用于摆放菌棒。④土壤准备及处理：覆盖用的土壤要求土质疏松、无虫卵、不结块、保湿性好，宜采用半沙性的山表土，用火烧土则最优，一般每千段的用土量为8担左右。覆土前应做好土壤处理工作，这是非常关键的技术环节，在准备覆土前的7~10天，根据自己的菌棒量备足覆盖用土，并拌入土量1%~2%的石灰，堆成一堆，喷上敌敌畏，盖好塑料膜后用福尔马林或气雾消毒剂消毒，密封7天，进行除虫灭菌。⑤菌棒转色管理：当菌丝长满全袋半个月左右，即可选择晴天陆续搬入预先准备好的荫棚内养菌与"炼筒"。"炼筒"10天后，选择气温20~25℃时用锋利刀片划破脱袋，一袋紧靠一袋平卧于畦面上，畦面上盖塑料膜，以利菌棒在适温条件下自然转色，操作时轻拿轻放，以免损坏菌丝或造成过早出菇，菌棒转色期间，对长于菌棒下面的香菇要全部采摘干净，以免覆土后发生霉烂。⑥覆土：菌棒自然转色后，用预先准备好的表土填满菌棒间的缝隙，菌棒上面约占整菌棒面积的1/4不必覆土。注意如有菇蕾发生的菌棒应将菇蕾朝上方露出畦面或摘除干净后再覆土；有霉烂的菌棒应及时处理。⑦出菇管理：覆土后盖膜2~3天，以刺激菌棒完全转色，气温高时可在中午掀膜通风1次。之后，就一直不盖膜，但为了防止雨淋，应将塑料膜固定在畦面上，而将其四周掀起，5~20天后即可见大量菇蕾形成。现蕾后应加强通风，并保持土壤湿润，一般可隔天喷1次水，为防止土壤粘到菇体，喷水以喷雾状水为佳，所用的水要求卫生清洁，严禁泼喷污水、泥水，防止泥沙、杂质等污染香菇，影响品质。畦沟内一般保持有少量水，但当气温在28℃以上时，可用白天灌水、夜间排水的方法来进行降温和拉大温差。头潮菇采收完后停止喷水4天，盖膜养菌。7天后，应加大喷水量，进行温差刺激、干湿交替管理，结合调控光照、通风，促进菇蕾的再次发生，一般整个栽培期可采收4~6潮菇。

有条件的菇棚提倡采用简易微喷管自动喷淋系统代替人工喷水作业。

注意事项 ①反季节覆土栽培香菇场地条件：以土地资源丰富、土质肥沃，地势平坦，地下水源条件好，无污染，具有一定的农田建设基础，气候条件适宜。②反季节栽培香菇品种选择：品种选择上应以中温型或高温型菌株为佳，而且必须具备产量高、肉厚、柄短、适应性广、抗逆性强等特点。香菇覆土栽培品种推荐选用武香一号、236、8001。③菌棒生产料配方：杂木屑78%，麸皮20%，生石灰1%，石膏粉1%，拌料前6小时先对主料进行预湿使其吃透水并拌匀，再将辅料撒入其中搅拌多次，使其混合均匀，使含水率达到60%~65%，即用手使劲握料时手指缝有水珠渗出而不滴下为宜，灭菌前pH值为7.5~8.5，灭菌后pH值为6.5~7.0。

适宜区域 全国食用菌产区。

技术依托单位 内蒙古自治区科右前旗农业科学研究所

（四）滑子菇霉菌污染综合防治技术

技术概况 滑子菇栽培，常见污染霉菌有木霉、青霉、链孢霉和曲霉。这类霉菌在高温、高湿和通风不良的条件下迅速繁殖蔓延，后期在培养料表面形成绿色、青绿色、橘红色、黄色或黑色霉状物。此时霉菌与滑菇菌丝争夺营养，有的分泌毒素，影响滑菇的生长和发育，其中以木霉菌为害最为严重。

技术要点 确保滑子菇正常生长发育，达到优质高产目的，应预防为主，综合防治。①正确选用和处理培养料：拌料前应使原料在烈日下曝晒 3~4 天，以减少料中杂菌。拌料时用 0.2% 的多菌灵杀菌，也可用 0.1% 甲基托布津，0.1% 的克霉灵拌料。②严把接种关：优质、适宜菌种是栽培成功的基础。选种时以菌龄 25~35 天，菌丝浓密洁白，无积水或脱壁现象，无子实体原基形成，无污染为宜。保持接种场所、工具和接种人员的清洁卫生，以防传递感染。③保护好栽培袋：栽培用塑料袋质量要好，且厚薄要均匀。避免使用坚利物品，装袋接触到的地面要平滑，搬动时要轻拿轻放，搬运用的器具要光滑或有垫衬。搬运时工具与手均需消毒。④正确培养管理：菌丝培养期间要经常通风换气，保持正常温湿度，确保菌丝正常生长。⑤科学用药：经常检查菌袋，霉菌污染的要及时处理，以免蔓延。要保持菇房内环境卫生，要定期用 1%~2% 石灰水喷洒整个棚内空间，然后用甲基托布津 1 000 倍稀释液喷雾。⑥老菇房处理一般采用喷杀菌剂和烟雾熏蒸的办法，常用的喷雾剂有辛硫合剂、漂白粉、火碱等；烟雾剂有消毒盒、高锰酸钾、氯化苦等。

注意事项 培养基发育时出现红、黑、青等杂菌感染要及时通大风管理，出现绿霉时要及时用多菌灵、克霉灵和白灰粉处理感染处。出现粘菌要降低棚内湿度，并将感染盘清除。妥善处理被污染的菌袋和废弃的污染块。

适宜区域 内蒙古自治区赤峰市食用菌产区。

技术依托单位 内蒙古自治区平泉县食用菌研究会

（五）滑子菇标准化栽培技术

技术概况 该技术主要通过推广应用抗病品种 + 合理轮作 + 生产全过程消毒 + 集约化培育滑子菇栽培袋措施，减少病菌感染源，实现食用菌产业的可持续发展。

增产增效情况 集成技术是确保滑子菇生产安全、优质、高效的重要措施，增产幅度可达 30% 以上。

技术要点 ①优良菌种应用技术：选用无病害、生活力强、抗逆性强的优良品种。经过多年的引进示范，滑子菇早生 2 号产量高、质量好，适宜年均气温 4~6℃，有效积温 1 900~3 200℃·d 地区发展。②合理轮作技术：滑子菇与平菇轮作或滑子菇与粮食作物轮作。③棚室消毒技术：接种室消毒，5~8g/m³ 消毒盒重点消毒；操作者应按操作要求做好接种前的准备工作，用 5% 来苏尔喷洒培养盘和搬运、接种工具。老棚一般采用喷杀菌剂和烟雾熏蒸的办法，常用的喷雾剂有生石灰、辛硫合剂等，烟雾剂有消毒盒、高锰酸钾、菇虫一遍净等。④适期早播：滑子菇属低温菌类，适期早播、低温发菌是控制杂菌侵染，提高成功率的关键措施。⑤适时开袋：经过前期 40 天低温培养，后期 40 天高温培养后，降低棚内温度在 15~18℃ 开袋。开袋前分别喷杀菌剂、杀虫剂预防病虫害发生。常用苦参碱防菇蝇蚊，绿霉净防黄黏菌的发生。⑥无菌接种：接种应选择新建棚，培养基搬入后喷雾或熏蒸后接种，垛高 8~10 层，每 7 天倒垛 1 次。⑦接种方法：穴栽，打孔定植，每袋播 4 点。当料温降至 25℃ 左右时，即可按无菌操作要求接种。生产实践证明，接种量适当加大些，菌丝生长迅速，可以防止杂菌早期发生。⑧科学用药，经常检查：发现霉菌污染的要及时处理，以免蔓延。霉菌点片发生时，向患处注射高效绿霉净或注射 1% 克霉灵，即可杀灭杂菌，又不会影响菌丝生长，污染较重呈局部片状时，可先挖出霉菌，并在患处喷洒 5% 石灰水，污染严重的要及时清理并挖坑深埋。

注意事项　不可在旧菇棚接种；培养基发育时出现红、黑、青等杂菌感染要及时通大风管理，出现绿霉时要及时用多菌灵、克霉灵和白灰粉处理感染处；出现粘菌要降低棚内湿度并将感染盘清除。

适宜区域　内蒙古自治区赤峰市食用菌产区。

技术依托单位　内蒙古自治区平泉食用菌研究会

（六）食用菌棚室栽培合理温湿度调控技术

技术概况　该技术通过优化棚室结构 + 双层膜覆盖 + 草帘（棉被）+ 遮阳网 + 内外喷淋系统措施，达到合理进行棚室温度湿度调控能力，实现正季与错季的产品供应，提高产品质量和产量水平。

增产增效情况　通过变温调控措施，养菌期可增温 5~8℃，出菇后期（霜降前）温度可增加 2~3℃，产量及效益均可提高产量 30% 以上。

技术要点　通过增加覆盖物和微喷系统，实现"三提三降"。覆盖物主要包括 2 层 PVC 塑料薄膜 +1 层草帘或棉被（草帘优于棉被）+1 层遮阳网。草帘在发菌期保温效果好，出菇期散射光适中。双层膜利于提早和延晚出菇，提高产量和效益。遮阳网降温同时，防直射光。①"三提"技术：喀喇沁旗滑子菇接种一般安排在 2 月中旬至 3 月中旬完成，此时日平均温度在 -6~5℃，未达到菌丝生长所需的最低温度 5℃ 以上，这时需人为提温。核心就是通过多层覆盖措施，实现"棚中棚"。其中,养菌期提温采用四层覆盖,即钢架上双层塑料薄膜,中间加一层草帘或棉毡,为了提温,草帘采取放花帘方式,菌垛上放一层遮阳网;出菇后期提温,采用双层塑料薄膜覆盖,草帘采取棚室底部扒缝方式增温。②"三降"技术:7—8月高温季节,滑子菇已形成一层黄褐色蜡质层,菌块富有弹性,对不良环境抵抗能力增强,但如温度超过30℃以上,菌块内菌丝会由于受高温及氧气供应不足而死亡,因此,此阶段应加强遮光度。主要有遮阳网覆盖降温、棚内外安装微喷灌系统降温降湿、通风降温降湿。③合理选用覆盖材料:塑料薄膜多采用PVC膜,草帘厚度在3cm左右,能够有散射光投射到棚内。散射光度以能在棚内看报纸为宜。④优化棚室结构:以钢架结构塑料大棚为主,跨度8m,举架高度3~3.3m,有利于通风透光。选用遮光率70%以上的遮阳网,即可满足食用菌对散射光需求,还可降温。⑤水分调控:少浇勤浇。施水量应根据室内湿度高低和子实体生长情况决定。菌块水分70%左右,空气湿度在85%~95%。开袋后2天不喷水,而后浇5天小水(每次5分钟),再浇大水(每次15~20分钟)。出菇前每天至少喷6次水,出菇后每天至少喷水3次。天气干燥,风流过大,可适当增加喷水次数,子实体发生越多,菇体生长越旺盛,代谢能力越大,越需加大施水量。⑥棚内外微喷系统应用:越夏季节,通过双喷系统降温、降湿。

注意事项 以草帘为覆盖物的棚室要注意防火灾;每天都要看天气预报,高温时节要提前采取降温措施,否则降不下来;微喷系统要从正规厂家购买,喷出的水要雾化效果好,使水缓慢通过表面渗入菌块;出菇期如自然温度较高,室内通风不好,会造成不出菇或畸形菇增多;滑子菇子实体生长时需要散射光,菌块不能摆得太密,室内不能太暗,如没有足够的散射光,菇体色浅,柄细长。

适宜区域 内蒙古自治区赤峰市食用菌产区。

技术依托单位 内蒙古自治区喀喇沁旗房香食用菌专业合作社

(七)杏鲍菇工厂化栽培技术

技术概况 由于杏鲍菇属于中低温型的恒温结实型菇类。传统的农家栽培只能根据自然气候条件选择在秋末冬初进行栽培,无法满足市民的周年消费需求。而工厂化栽培中,利用制冷机组等设备创造适宜的温度、光照、湿度、空气等环境条件,可以周年生产杏鲍菇,供应不同季节市场需求。

增产增效情况 工厂化栽培一般只采收1潮菇,生物转化率可达60%~80%,在春秋季外界气温低于20℃时,2潮菇可安排在大棚脱袋覆土出菇,总转化率在100%以上。

技术要点 ①选择优良菌种:菌种的生产和使用严格遵循《杏鲍菇和白灵菇菌种》(NY/T 862—2004)和《食用菌菌种生产技术规程》(NY/T 528—2002)。

②栽培场所的设置：杏鲍菇工厂化栽培必须建筑专用的培养室和出菇房，建筑材料如彩钢板、砖墙加聚氨酯泡沫板等。培养室设置 7 层培养架供接种后培养菌丝使用，层架间距 38cm，层架横向宽度 120cm，层架上可以铺设木条或铁丝网格，以便上下空气流通，长度控制在 7～9m 为宜，培养室、出菇房面积以 60～70m^2 为宜。③栽培工艺：杏鲍菇栽培工艺与金针菇等大多数木腐菌相似，即培养料配制→搅拌→装袋→灭菌→冷却→接种→培养→出菇管理→采收。④配方：常用配方为棉籽壳 25%，杂木屑 30%，玉米芯 18%，麸皮 20%，玉米粉 5%，石膏 1%，过磷酸钙 1%，装袋前含水率控制在 64%～68%，pH 值 7.5～8。⑤将灭菌后的菌包放置于冷却室内进行自然冷却或强制冷，待灭菌后料包温度冷却至 25℃ 左右时及时进行无菌接种。接种量要求能将预留孔穴填平，每袋接种量为 15g，即每袋原种接 20 包。⑥培养室通风口处应安装防鼠、防虫装置，使用前用高锰酸钾熏蒸 24 小时消毒，菌包培养过程中定期消毒。接种后将菌包置于恒温 22～24℃，空气相对湿度控制 60%～70% 的培养室内进行避光培养，每天早晚进行半小时通风换气。菌包间应留少许空隙，以避免菌包发热时引起"烧菌"。菌丝封面后及时挑除污染菌包，特别是高温高湿季节，做到早发现、早处理、早预防。⑦菌包经过 23～25 天的培养，菌丝可满袋，再进行 10 天的后熟培养，移入栽培房催蕾出菇，出菇房温度设置为 14～16℃，保证 10℃ 温差。栽培房提前 24 小时消毒。将生理成熟的菌包搬入出菇房，先"练包"2 天，拔出棉花塞和套环，使料中心温度降至 14～16℃，保持空气相对湿度至 90%～95%，每天光照 10 小时，CO_2 维持在 0.3% 以下，7～10 天就可看见半圆形的小突起（菇蕾原基）。菇蕾形成期 CO_2 维持在 0.4%，每天光照 2 小时，利用干湿交替、高浓度 CO_2 来控制菇蕾的形成数量，为提高杏鲍菇的商品性状，待菇蕾长至 3～5cm 时进行集中"疏蕾"，每袋留 2～3 个健壮、菇形好、无损伤的菇蕾，切除多余的菇蕾。10～11 天后待菇蕾长到指头大时，维持空气相对湿度在 85%～95%，CO_2 浓度控制在 0.5% 左右，适当高浓度的 CO_2 有利于增加菇柄长度，抑制菇帽长大开伞。⑧采收：当菇柄伸长至 12cm 左右，上下粗细比较一致、菇盖呈半圆球形时，开始转入成熟期管理，此时为促进菌盖适当开展，将 CO_2 浓度降低至 0.2% 左右，空气相对湿度降至 85%～90%，2～3 天后菇柄伸长至 12～15cm 开始采收。

技术依托单位 内蒙古大成农牧科技发展有限公司

（八）北虫草病虫害防治技术

技术概况 北虫草常感染的杂菌主要有绿霉和链孢霉等，虫害有螨类、跳虫、苍蝇等。目前赤峰地区北虫草病虫害主要以预防为主，严格按着标准化栽培进行操作，基本上不使用农药。

技术要点 通过使用优良菌种、环境调控、合理配料比，以及无菌化操作，做到物理预防和生态预防，真实现真正的无公害和绿色标准生产。①合理选用场地：选地势开阔，通风良好的地块搭建菇房，并搞好周围卫生。②选用优良菌种、合理调配料液比：菌种不携带病菌、抗性好，培养基中的麦粒与营养液配比适宜，既能减少杂菌感染，又能提高产量、缩短培养周期、提升北虫草子实体的经济性状，为栽培者带来更大的收益。③彻底灭菌，严格遵守无菌操作，严格培养。培养料要做到彻底灭菌，接种室、培养室要严格消毒，同时接种的整个过程要无菌操作。④细心管理，注意通风换气，保持空气新鲜。发现杂菌感染，及时清理，防止蔓延。一般不使用农药，而是直接拿到棚外进行处理掉。因为病害去除的同时，也杀伤了北虫草，同时也易使北虫草沾染药害。如果发生虫害，一般使用杀虫灯和粘虫板进行诱杀。

适宜区域 内蒙古自治区赤峰市食用菌产区。

技术依托单位 内蒙古自治区赤峰市农业多种经营管理站

（九）秀珍菇无公害高效栽培技术

技术概况 该技术通过品种选择、场地选择、营养配方、发菌管理、出菇管理、病虫害预防和综合防治等技术措施，对秀珍菇进行无公害生产，确保生产出的秀珍菇优质、绿色、无公害，具有较高的推广应用价值。

增产增效情况 通过对秀珍菇生产程序的科学规范操作，使秀珍菇产量和品质明显提升，实现无公害和绿色标准生产，产量提高 15% 以上，生产效益提高 10% 以上。

技术要点 ①品种选择：选择菇形优美，抗病性强的品种，如秀珍菇880、新秀169等。②菌种：一般50kg干料要备足菌种12.5kg，最好是谷粒种或棉籽壳种，菌龄适中，生命力强。③配料要求：必须用无霉变棉籽壳、稻草、玉米芯、杂木屑，拌料前最好在太阳光下晒两天；配方为棉籽壳50kg、磷肥0.5kg、尿素0.15kg、石灰1kg、水60~70kg，pH值为8左右。④装袋播种：这一环节是成功的关键。先将口宽22cm的袋裁成45cm长，然后在缝纫机上竖着扎两道眼形成四道漏气孔（这是其独特之处）。扎上一头备用，菌种袋或瓶用消毒液洗一下，然后取出菌种放在消毒的盆中并将其掰成蚕豆大小块状（切勿揉碎）备用。装袋时，先在袋底放一层菌种然后装料，边装边压实约5cm高，再沿袋边放一圈菌种，如此中间放五层种，然后用光滑的木棒或铁棒（2~3cm直径）在袋中心向下打一眼到袋底，袋面上再撒一层种，扎上袋口即成（通气孔及多层播种是其独到之处也是成功的关键）。⑤发菌管理：生料栽培前7天的管理要特别小心，防止烧袋而造成杂菌感染，播种后袋与袋间距5cm排放。排一层后在上面放3~4根麻秆再在上面放一层，视气温高低而放2~4层，并在中层、上层各选一袋插入温度计，每天早中晚观察温度，超过32℃要立即倒堆，降低堆高降温。一般经5～7天若不烧堆，菌丝就布满料面，料温也已稳定，发菌基本上成功。经18～20天菌丝发满全袋，一般20～30天就可出菇。注意发菌室卫生，常撒石灰粉；发菌期间常喷敌敌畏以防虫害。⑥出菇管理：发透的菌袋，菌丝吐黄水并开始现蕾，就要转入出菇管理。将发好的菌袋视菇棚大小排5～10层高，要排牢防倒垛。用刀片将两头袋环割掉使两头料面全露，这时候管理主要增加光照、通风、温度和温差，进行刺激出菇。提高棚内温度至90%以上，很快料面就会现出原基，原基出现千万不能喷水，不能通大风，随着幼菇出现，逐步增大湿度、通风量。根据市场需要进行采摘，一般采收1茬菇后清理料面，几天后又可出2茬，管理同上。连续可出4～6茬。⑦补水：出菇2～3茬以后，袋内已失水严重，这时要补充营养水，可大幅度提高产量。营养液配方为每50kg水加磷酸二氢钾0.1kg、硫酸镁0.05kg、糖0.5kg、石灰0.25～0.5kg。先做补水器，把喷雾器杆截去喷头，封住顶部并封成尖头，把油桶置于高于料袋2m处，用胶管连上补水器及水桶，把补水器管插入袋中打开阀门补至袋重恢复到原重为止。补水一定要注意一是补水时机要选准，一定要在上茬菇采后，菌丝已恢复将要出菇时进行；二是一定要注意补水量，补水量太小达不到产量，过大易烂筒；三是补水后由于菌丝要恢复生长产热，一定要注意观察温度变化，防止升温烧袋而烂筒。⑧病虫害预防和防治：菇房和床架严格灭菌杀虫，种菇期间做好保温保湿和通风透气工作。杜绝使用被雨淋过的、霉烂的和发酵的培养料原料，掌握好培养料的pH值在日常管理工作认真细致，多检查、勤观察，及时发现病虫害，并把它消灭在初发阶段。

霉菌发生，可用镊子夹除长有霉菌的培养料，也可用石灰粉薄薄撒在霉菌上，以杀灭霉菌；产生鬼伞菌及时拔除。及时清除菇棚内的秀珍菇菌包、菇根等残留物及各种垃圾，在菇棚内均匀撒施石灰粉，进行消毒处理，杜绝菇蚊、菇蝇等病虫害的滋生；冬季将菇棚四周覆盖的塑料薄膜、遮阳网等覆盖物卷起，敞开门窗，利用低温杀灭菇蚊、菇蝇等残留病虫害。

注意事项 ①提高秀珍菇菌孢自身抵抗力，培养健康的菌包，不断增强其抗病能力。②定期做好菇房的消毒工作。③注意喷水用的水质，每次用水，每50kg水中加入20～25g的漂白粉。同时防止人工操作过程中传播病菌。④适当增加通风换气，特别对棚与棚之间间隔小，地势低洼，200m²以上的大菇棚，更要加强通风。气温高、无风、下雨天，要进行大通风。

适宜区域 鄂尔多斯市行政区内开春栽培；出菇季节5—10月最适合

技术依托单位 内蒙古自治区鄂尔多斯市达拉特旗国山菌业种植专业合作社

（十）灰树花人工栽培病虫害防治技术

技术概况 灰树花（栗蘑）主要有生理性、细菌性和机械损伤等病害以及跳虫、线虫、菇蚊蝇等虫害。

技术要点 ①原基不分化，干燥、腐烂：症状原基表面没有分泌的水珠，表面干燥变黄或腐烂。病因为"四大因素"失调所致，即菌袋失水过多，空气湿度不足。没有调整好通风与湿度关系，顾此失彼，或矫枉过正。掌握湿度大小的时机不对。光照强度时间不适，原基受到灼烤干枯死亡。防治在查清病因后，要有针对性地调整好"四大要素"的相互关系。仰大过，补不足，使之相对平衡。②"小老菇"：小老菇指原基刚分化，菇体就老化而不能生长。症状是菇体过小，多为白色，生长缓慢，叶片小而少，内卷，边钝圆，内外均有白色的多孔层、菌孔，呈现一种严重的老化现象，6—8月高温季节多见。病因菌袋内原基直接分化而来，总体效应还未形成，营养来源工供应还未形成，营养来源供应不足；通风不良菇体缺氧；未掌握成熟标准及时采摘，人为造成老化。防治应加强通风，降低温度，适当增厚覆土，及时采摘。③"鹿角菇"和"拳形菇"：症状是菇体白色，形似鹿角，有枝无叶如甲，或紧握如拳，这类极老化，味气差，商品价值低。病因光照不足。不仅影响菇体的颜色，而且直接影响味气的浓淡和菇体的形态及生长速度。通风不良，氧气供应不足。不良气味影响。防治应根据出菇场地和菇体形状适当增加光照时间和强度。炎热天气早晚要延长通风时间，尽可能地避开特殊气味的刺激。④"白色菇""黄尖（面）菇"：症状是菇体完全白色，质脆，味淡。"黄尖菇"菇体叶片的正面黄色边缘上卷，病症主要是因为光照时间强度不当所致。另外就是温度过高。此症易防难治。根据症状不同可以白者补其光，黄者增其阴，叶少多通风，尖黄喷其水。⑤烂菇，包括原基和成菇腐烂：症状是原基或菇体部分变黄、变软，进而腐烂如泥，并有特殊臭味，多发生在高温高湿多雨季节。病因是干湿不济，通风不良，感染病虫害或机械损伤所致，老出菇生产场地。防治应选择通风向阳，离杂菌源远的新出菇场地。适时补水通风。发现病原组织，及早无害化处理，对其他病虫害要及早处理，清除畦内杂物和碎菇片根等。⑥病害防治：灰树花出菇期较长，特别是贯穿整个高温夏季，时常发生病虫侵害，在坚持以防为主综合防治的同时，通常还采用如下应急防治措施：一是发现局部杂菌感染时，通常用铁锨将感染部位挖掉，并撒少量石灰水盖面，添湿润新土，搂平畦面，感染部位较多时，可用5%草木灰水浇畦面一次。二是发现虫害，用敌百虫粉撒到畦面无菇处。用低毒高效农药杀虫，尽量避免残毒危害。三是在7—8月高温季节，当畦面有黏液状菌棒出现时，用1%漂白粉液喷床面以抑制细菌。⑦虫害防治：目前，为害灰树花子实体的主要害虫是跳虫、线虫、菇蛆虫等。跳虫、线虫主要是为害幼小的菇蕾，菇蛆虫主要为害成熟期的菇体，这些虫害对灰树花子实体的生长和产品质量有着重要影响，是栽培管理中不可忽视的一个重要问题。跳虫是栽培环境过于潮湿，卫生条件极差的指示性害虫。原因明了，较易防治。栽培场地必须选择卫生、通风，水源条件比较好的地方，避开低洼圈厕和垃圾场所，减少污染机会。栽培畦内没有长出子实体之前，可在畦内表面围边环境喷洒0.1%的低毒的辛硫磷1~2次进行预防。如果发现虫体后也可用同样方法进行防治。线虫种类较多，常见有血线虫、菇蛆、节节虫等。防治可局部地表喷洒0.3%~0.5%的敌百虫水，周边喷洒速灭杀酊。

综合防治应清洁周边环境卫生，保持清洁水源，发现病虫害及时进行处理，防治传播。

注意事项　生物制剂的使用时期要选择病虫害初期、蘑菇覆土前或刚开袋时、每茬菇采完后等关键时期。

适宜区域　全国食用菌产区。

技术依托单位　内蒙古漠菇生物科技有限公司

辽宁省食用菌主要品种与生产技术

一、主要品种

（一）香菇辽抚4号

品种来源　L808×0517。

审定情况　2013年辽宁省种子管理局品种备案。

审定编号　辽备菌2013003。

特征特性　子实体菌伞直径7.5cm，菌伞厚度1.9cm，菌柄长度4.4cm，菌柄直径1.4cm。百菇鲜重6543g，百菇干重1168g，鲜干比率5.6∶1。出菇温度10~29℃，初步确认属广温类型。木屑培养基菌丝生长速度特快，24℃时达4.9mm/日，抗病性强，出菇期耐高温。孢子印白色。

产量表现　辽抚4号具有出菇早，从接种到第一潮出菇90天左右。产量高，全熟料菌袋栽培生物转化率85%以上，平均比对照937增产8.8%。菇体质量好，保鲜优质菇率96%以上。该菌株表现为菌丝生长速度特快，大型菇叶，菇型圆正，柄短叶厚，质地坚实，优质菇率特高，耐储运等特点。

产量表现　全熟料菌袋栽培生物转化率85%以上，平均比对照937增产8.8%。扁径15cm，长55cm标准菌袋产鲜菇0.8kg。高产稳产性好。

栽培要点　适合木屑、棉籽皮、玉米芯等主料培养基全熟料栽培；适合东北地区木屑麦麸半熟料栽培；北方地区冬季生产菌袋，早春易边转色边出菇，要及时分棚、脱袋、排场进入转色与出菇管理。其他管理参照937品种。

适宜地区　适合全国北方地区、南方高海拔地区春夏秋季节栽培和南方地区冬季栽培。

选育单位　抚顺市农业科学研究院；辽宁省农业科学研究院

（二）平菇辽平8号

品质来源　野生菌株自然选育。

审定情况　2013 年辽宁省审定。

审定编号　辽备菌 2013011。

特征特性　适宜夏季栽培的耐高温型平菇品种。菌丝洁白、浓密、长而粗壮，不产生色素。菌丝生长速度较快，23～25℃温度条件下，18mm×180mm 试管 10 天即可长满整个试管。子实体呈覆瓦状丛生，菌盖扁半球形，长径 8～12cm，初期黑灰色，后期变淡，成熟时呈深灰色至灰色。菌肉白色、肥厚、有菌香味。菌柄短，长 2～4cm、白色、光滑、侧生，内实，基部相连，使菌盖重叠。菌株菇型美观，子实体肉厚，朵大，颜色深灰色至灰色，抗高温能力强，抗杂、抗病力强。耐储运。子实体耐高温能力强，且生物学效率较高。

产量表现　2010—2011 年两年区域试验平均生物学效率为 148%；2012—2013 年生产试验及推广中平均生物学效率达到 153%；生育期为 40 天，成品率达到 98%，比川 2 等常规高温品种子实体肥厚，菇型紧凑，耐运输，生物学效率增加 15%～20%，适宜夏季高温季节栽培。目前已在东北地区累计推广超过 800 万袋。

栽培要点　辽宁地区 5 月初开始生产，熟料栽培。菌丝生长期间需要恒温避光培养，最适温度 22～24℃之间，培养料含水率在 60%～65%，空气相对湿度为 65%～70%。子实体发育时期，相对湿度为 85%～95%，整个生长时期需通风良好，菌丝生长阶段要保持培养室空气新鲜，适时适量通风换气，子实体生产期间要加强通风，空气中 CO_2 含量不宜高于 0.1%，否则有碍生长发育，容易产生畸形菇。此外，由于夏季温度高湿度大，要控制喷水量和喷水时间，结合环境内的温度，以免发生细菌性病害，同时做好防虫措施。

适宜区域　适宜辽宁、吉林、黑龙江、北京、河北、山东、内蒙古等省（市、自治区）。

选育单位　辽宁省农业科学院蔬菜所

（三）香菇沈香 1 号

品种来源　937 变异株筛选获得。

审定编号　辽备菌 2013004。

特征特性　沈香 1 号属软质菇类型，子实体单生，形状圆整，菌盖中等偏大、菌肉厚、浅褐色、表面平整、边缘内卷，组织较致密、直径 3～8cm，厚度 2～3cm；菌柄偏生至中生，实心，似圆柱，柄粗 1～1.7cm、柄长 3～5cm。营养生长期 90 天左右。中温型，菌丝生长最适温度 22～25℃。子实体生长温度 5～28℃，最适生长温度 12～18℃；菌丝生长期空气相对湿度 70% 以内，子实体生长期空气相对湿度 80%～90%；菌丝最适生长 pH 值 4.5～6。子实体分化时期需要散射光，光照强度 400～800lx；沈香 1 号是好气性菌类，在整个生育期均需通风良好。氧气不足，对菌丝的生长和子实体形成有抑制作用。沈香 1 号菌丝健壮、抗杂抗逆能力较强。

产量表现 该品种生物转化率能稳定在 100% 左右，高产者可达 120%，优质菇率达 75% 以上。

栽培要点 ①培养料配方：木屑 78kg，麦麸 20kg，糖 1kg，石膏 1kg；②栽培方式：沈香 1 号栽培以熟料栽培为主，栽培袋一般以（15 ~ 17）cm × 55cm ×（0.004 ~ 0.005）cm，采用装袋机装袋，袋的松紧度要适宜；装完料袋后，袋口扎紧，避免漏气，常压灭菌，灭菌温度 100℃，灭菌时间 20 小时以上，料温降至 80℃ 以下时出锅冷却。接种：待料温降到 25℃ 以下进行接种，接种前将接种工具及接种时穿的衣服等都放入接种帐中消毒，严格保证无菌环境。接种操作时，一次接种应在 4 ~ 5 小时以内完成，一般 6 ~ 8 人/组。每个菌棒上打 4 个孔，打孔时不能过深，为料袋厚度的 1/3 左右，在菌袋外再套一个塑料袋。接种后的菌袋堆垛发菌，接种点朝上，摆成马蔺垛，最上层接种点朝下，一般是 4×4 或 4×3 摆放，可以摆 8 ~ 10 层高。最好在接种的同时码好垛，减少搬运的次数，减少杂菌污染几率。③栽培管理：接种后 15 天内为菌丝定植期，前期室温应控制在 20 ~ 25℃，接种后 7 天内菌袋一般不要搬动，以免影响菌丝的萌发，造成污染。当菌丝长至接种点相连时，堆垛的温度控制在 20℃ 以下。光线要暗，用草帘或遮阳网遮光。待 4 个接种点都连成片时，加强培养空间通气量，同时去掉外套袋，在距菌丝生长点 1cm 处扎小孔通气。空气相对湿度 70% 以内。一般接种后 50 ~ 60 天菌丝即可发满菌袋。发满菌后，当菌袋表面形成瘤状物后，且出现吐黄水现象，进行脱袋转色。此时应将温度控制在 20 ~ 22℃，要有充足的散射光 600 ~ 800lx，光照强弱影响菌棒转色的速度和颜色的深浅。菌棒表面长满浓白的绒毛状气生菌丝时，要加强通风的次数，每天 2 ~ 3 次，每次 20 ~ 30 分钟，增加氧气、拉大菌棒表面的干湿差。空气相对湿度 80% ~ 90%，加强通风，适当喷水。15 天左右形成棕红色的菌皮，转色结束。进行原基分化期，原基分化温度范围为 8 ~ 21℃，适宜温度为 12 ~ 16℃，原基分化要求 10℃ 以上温差刺激。生产上常用滴注法或浸水法等人为创造昼夜 10℃ 以上温差刺激，维持 3 ~ 4 天，就有大量原基出现。子实体生长阶段要求温度在 5 ~ 24℃ 之间，子实体生长最适温度 12 ~ 18℃ 为最佳。香菇为好氧性真菌，出菇期须加强通风管理，菇棚内通气量差时，会出现菌柄过长，菌盖颜色过浅的现象。出菇期水分管理以保湿为主，确保菌棒含水率 60% 左右，空气相对湿度 80% ~ 90%，创造适宜的干湿差，保证菇质。一般 7 ~ 10 天可出一潮菇。第一批菇采收后，停止喷水，使菌丝恢复 2 ~ 3 天，补水后，再进行下潮菇管理。菌袋补水可采用浸水法和注水法两种，以菌袋含水率达到 55% ~ 60% 为宜。

适宜地区 适宜辽宁各地设施栽培。

选育单位 沈阳农业大学

（四）北虫草沈草 1 号

品种来源 杂交选育。由沈阳野生分离纯化菌株与中国农大 Cs-3 为亲本，采用单孢杂交育种技术选育出的优良北虫草新品种。

审定编号 辽备菌 201218 号。

特征特性 该品种子座金黄色，头部膨大带有绒毛刺，头部平均直径 0.61cm、长 2.7cm，子座柄长 11.7cm、直径 0.36cm，出草整齐紧密。该品种菌丝生长适宜温度 22～24℃，相对湿度 50%～60%，pH 值 5.5～6.0；子实体生长适宜温度 20～22℃，相对湿度 80%～90%。菌丝生长需暗光培养，子实体生长期每天需要 12 小时以上的光照。该品种发菌转色快、抗杂能力强、高产稳产。

产量表现 小麦培养基上生物学转化率达 112%，瓶栽干草平均产量 6.4g/瓶。

栽培要点 生产场地要求远离禽畜设施、通风、透光、光照和氧气充足、地面及四周无灰尘无飞虫，春秋两季，有控温条件可四季生产。环境条件要求温度 20～25℃、空气湿度 60%～70%，光照以见天不见日为好。液体菌种振荡培养适龄为 4～6 天。菌丝培养时要求培养室洁净、空气清新，待菌丝布满料面深入瓶底，开始见光转色，进入子实体培养阶段。子实体培养时要有明亮的散射光，要适当用日光灯补充照明，保持空气湿度到 80%～85%，温度保持在 20～23℃，保持空气清新，适当通风，避免强对流。当子实体长到 7.5～11cm，子实体表面开始呈现子囊壳时即可采收。采收时将子座从根部剪断，按大小、形状分级，烘干、定量包装、储存。

适宜区域 辽宁省各地区。

选育单位 辽宁省沈阳市农业科学院

（五）北虫草沈草 2 号

品种来源 杂交选育。由引进品种东方 9 号与本地主栽品种为亲本，采用单孢杂交育种技术选育出的优良北虫草品种。

审定编号 辽备菌 201219 号。

特征特性 该品种子座橘黄色，头部略圆，柄部平均长度 13.1cm、直径 4.3cm，子座密集整齐度好。菌丝生长适宜温度 20～25℃，相对湿度 50%～60%，pH 值 5.5～6；子实体生长适宜温度 18～22℃，相对湿度 80%～90%。菌丝生长需暗光培养，子实体生长期每天需要 10 小时以上的光照。发菌转色快、抗杂能力强、高产、稳产。

产量表现 以小麦作培养基生物学转化率约 119%，瓶栽干草平均产量

7.1g/瓶。

栽培要点 生产场地要求远离禽畜设施、通风、透光、光照和氧气充足、地面及四周无灰尘无飞虫，春秋两季，有控温条件可四季生产。环境条件要求温度20~25℃，空气湿度60%~70%，光照以见天不见日为好。液体菌种振荡培养适龄为4~6天。菌丝培养时要求培养室洁净、空气清新，待菌丝布满料面深入瓶底，开始见光转色，进入子实体培养阶段，子实体培养时要有明亮的散射光，适当用日光灯补充照明，保持空气湿度到80%~85%，温度保持在20~23℃，保持空气清新，适当通风，避免强对流。当子实体长到7.5~11cm、子实体表面开始呈现子囊壳时即可采收。采收时将子座从根部剪断，按大小、形状分级、烘干、定量包装、储存。

适宜区域 辽宁省各地区。

选育单位 辽宁省沈阳市农业科学院

（六）北虫草棋盘山1号

品种来源 野生菌株分离。

审定编号 辽备菌200908号。

特征特性 由沈阳棋盘山采集野生蛹虫草经组织分离、纯化而得蛹虫草品种。该品种子实体单个或分枝或丛生，棒状、上部膨大，长7.5~11cm，粗0.3~0.5cm，橘黄色或橙黄色。菌丝生长最适温度20~25℃，子实体生长最适温度18~23℃，孢子弹射温度为26~30℃，不能超过32℃。该品种适应性强、出草均称，实心、抗倒伏、品质好、产量高，具有一致性、稳定性、优质、高产、抗倒伏、虫草素、虫草酸等营养和药用成分含量高等特点。

产量表现 具有稳定的丰产优势。每万瓶产量在425kg以上，最高万瓶产量430.26kg，生物学转化效率达110%。

栽培要点 生产场地要求远离禽畜设施、通风、透光、光照和氧气充足、地面及四周无灰尘无飞虫，春秋两季，有控温条件可四季生产。环境条件要求温度20~25℃、空气湿度60%~70%，光照以见天不见日为好。液体菌种振荡培养适龄为4~6天。菌丝培养时要求培养室洁净、空气清新，待菌丝布满料面深入瓶底，开始见光转色，进入子实体培养阶段。子实体培养时要有明亮的散射光，要适当用日光灯补充照明，保持空气湿度到80%~85%，温度保持在20~23℃，保持空气清新，适当通风，避免强对流。当子实体长到7.5~11cm、子实体表面开始呈现子囊壳时即可采收。采收时将子座从根部剪断，按大小、形状分级、烘干、定量包装、储存。

适宜区域 辽宁省各地区。

选育单位 辽宁省沈阳聚鑫北虫草菌业有限公司

二、生产技术

（一）全光下黑木耳露地高效栽培技术

技术概况 该技术以抚顺优质单片黑木耳为栽培对象，通过统一操作规程、配方优化、工厂化生产菌包、场地选择、优化技术管理等技术措施进行生产。此技术通过一系列物理措施的实施，使黑木耳栽培过程中有效地进行病害防治，提高产品产量和品质，具有较强的推广应用价值。

增产增效情况 黑木耳菌包的生产过程是关乎黑木耳产量和质量的关键，配合配套技术更能提高产品产量、质量和附加值，创造出较高的经济效益和社会效益。抚顺地区黑木耳全光下露地高效栽培技术的应用，黑木耳（干品）亩产量达到 400～550kg，每亩纯收入达 4 000 万～10 000 万元。

技术要点 ①菌包制作：春季黑木耳菌包生产时间为 12 月下旬至翌年 3 月初。菌料配方为木屑 86%、麸皮 10%、豆粉 2%、石膏 1%、石灰 1%（根据石灰质量决定投入量），培养料含水率 60%。菌袋采用（16～16.2）cm × 35cm 聚乙烯折角袋，采用机械装袋，装袋高度为 20～21cm；重量约 1.2kg。常压锅灭菌时温度迅速达到 100℃温度下，保持 10 小时以上，闷锅 2 小时以上。接种一般用酒精炉、无菌工作台、离子风、灭菌过的接种室和接种箱，按无菌操作规程进行接种。菌丝培养室要求干燥、通风、清洁、避光。养菌温度 1～7 天，28～30℃；8～15 天，24～26℃；16 天以后 18～22℃。②出耳管理：抚顺地区适宜春耳下地摆袋时间为 4 月上旬至 5 月上旬。抚顺单片黑木耳以全日光下露地栽培为主。一般做床时间为 3 月下旬，早作床有利于提高地温。

春季做床要求床面高 8cm 左右，床宽 1.7m，步道宽 50cm。春季 4 月中下旬，菌包开始下地，菌包按两排墙式堆放养菌，摆一床（子床），空一床（母床），盖上地膜和草帘（温度控制在 23℃以下），待菌包下地 3～5 天后，日最高气温稳定在 10℃就要进行扎孔催芽。即扎小"丫"形口、斜"一"型口及圆钉型口，每袋菌包扎 140～160 个眼，深度 0.5～0.8cm。要在另一空（母床）床面和步道直接覆上带孔黑色膜除草。覆膜后按"品"字形摆袋，袋间距 3cm 为宜，1m² 摆放 50 袋左右（待木耳长到时 1 分硬币大再把一半菌袋分到另一空床上），每亩可摆放 1 万袋，上盖地膜和草帘，做好保温、保湿、通风等催耳工作。

当耳片展开 1 分硬币大小，除去地膜和草帘，把一半菌包分到另一覆盖完地膜的空床（子床）上，间距 10cm 左右，耳片长至 3～3.5cm 时开始采摘。采收要根据气象资料，选择晴天采收，清除杂质，在筛网上晾干。浇水时如低温时，早晚各浇水 2 次，浇水时间不宜过长，浇水间隔时间为 30～60 分钟。温度过高时，早上不浇水，夜间浇水，否则菌包易出现红耳、流耳，并产生"青苔""绿霉菌"感染。

适宜区域　全国黑木耳产区。

技术依托单位　辽宁省农业科学院；抚顺县农村经济发展局

（二）香菇全熟料高产高效栽培及菌糠循环再利用技术

技术概述　该技术通过筛选出最佳品种、搭建标准化的菇棚和层架、基质覆土、微喷补水、菌糠循环再利用等技术措施，有效解决了传统种植模式中单袋生物学效益低、单位面积食用菌生产率低、优质菇出菇率少等问题。同时，有效利用没有完全转化的香菇菌糠，添加一些新料，采用塑料袋栽培平菇、姬菇，变废为宝，保护环境，延长产业链条，是实现循环农业的关键途径之一。

增产增效情况　通过推广该技术，单袋香菇增产 10% 以上，优质菇率达到95% 以上，降低生产成本 30% 左右，提高土地利用 300%，减少用工量 30% 以上。与此同时，保护了生态资源，减少了森林资源消耗量。

技术要点　①香菇全熟料袋栽覆土种植新技术：土和沙比例为 1∶3；5 月待菌袋瘤状物形成 60% 时，脱袋覆土。覆土时将菌袋摆在准备好畦床中，菌袋间距 2~3cm，袋间缝隙用沙土填满，用大水浇灌畦床，菌袋间漏出缝隙处，重新填满沙土；采用微喷进行水分管理，喷水时根据天气灵活掌握；经过 3~5 天的喷水，采用惊蕈技术，具体技术环节含有专利技术，小菇蕾就会长大，应摘去过密、畸形的菇蕾。随着菇蕾的长大，采用微喷技术进行补水，喷水的数量应逐步减少，否则会影响菇的质量。根据出菇的质量进行采摘，每天可以采摘 1~3 次；随着菇数量的减少，增加喷水次数进行补水，使水分充分补充，进行养菌。待菌养好后，进行下茬菇管理。随着出菇数量的增减，菌棒会有不同程度收缩，菌棒之间会产生裂缝，要及时用细沙把裂缝填平。②香菇层架栽培新技术：发菌结束后，菌袋表面有 60% 瘤状物，并达到生理成熟后脱袋和上架，进行转色管理；脱袋后 3~5 天后菌袋表面长出白色绒毛状气生菌丝，接着形成菌膜，开始分泌色素，吐出黄褐色水珠，形成棕褐色菌皮，一般需要 15~20 天结束；温度 15~25℃，空气相对湿度 80%~90%，出菇棚内保持良好的通风条件，光照 600~800lx。出完一茬菇后，停止喷水 5~7 天，有利菌丝恢复，积累营养，再进行注水和出菇管理。注水时，使菌袋达到 50%~55%。③香菇立体悬挂栽培新技术：采用冷棚集中管理，可控性强，产品安全性能高，增强环境条件变换能力，节约水源、节约土地利用率，每平方米提高经济效益 4 倍，技术需进一步试验、示范推广。④菌糠循环再利用技术：利用栽培香菇基础条件，按照香菇菌糠 55%、添加 30% 新料、麦麸 12%、白灰 3% 的比例配干料，之后加水到 65%。采用塑料袋栽培平菇、姬菇。其栽培配方、出菇模式、配套新品种有待于进一步研究与推广。⑤推广优良新品种：建议选用中低温品种早丰 8 号、808、辽抚 4

号和向阳 2 号。特点是菇盖肥厚，优质菇率高，保鲜香菇整齐度 90%。⑥香菇全熟料袋栽常规技术：10—12 月制袋；采用木屑 80%、麦麸 13%、玉米面 3%、豆饼粉 2%、石膏 2% 的配方；将主料和辅料搅拌均匀，加水达到 55%～58%；塑料袋采用 15cm×55cm，用防爆式装袋机装袋，菌袋要尽量紧一些，装完料袋后，用半自动铝扣封口机封口，准备灭菌；采用常压灭菌锅蒸袋，上大气维持加热 16 小时以上，停气后，当料温降至 60℃ 以下时出锅，搬进接种室或接种帐内，准备接种；出锅后料温降到 30℃ 以下，严格按无菌操作规程要求进行接种；菌袋温度维持 18～22℃，10～15 天后翻堆疏袋，保持良好通风条件，空气相对湿度维持在 70% 以下；当菇体达到 7～8 成熟时及时采摘，或根据销售需要进行采摘。⑦培养料发酵堆制技术：梯形料堆上每隔 50cm 扎眼儿透气，两侧通透，既提高生产成功率又加快了生产过程中的进度。⑧三级开放接种技术：采用开放式层播方式接种，四层菌种三层培养料技术，加大菌种量以降低污染率，提高菌棒生产成功率，并加快生产进度。平菇转潮期管理技术创造避光恒温的条件，使袋内的菌丝得到恢复，维持 7～10 天，补水进行下一潮菇的现蕾管理。菇棚、床架、用具等用 2% 的漂白粉消毒，菇房安装纱门、纱窗防虫。覆土材料要进行发酵或消毒。用清洁水源，加强通风，降温降湿，避免菌盖表面长时间存有水膜。发现病菇及时摘除，先清理料面后再喷药，在料面撒一层石灰粉，或用每毫升含 100～200 单位的农用链霉素或 600 倍的漂白粉液每 2 天喷 1 次。

注意事项 随着菇的数量的减少，增加喷水次数进行补水，使水分充分补充，进行养菌。待菌养好后，进行下茬菇管理。随着出菇数量的多少，菌棒会有不同程度的收缩，菌棒之间会产生裂缝，要及时用细沙把裂缝填平。

适宜区域 辽宁省食用菌产区。

技术依托单位 辽宁省农业技术推广总站

（三）蛹虫草工厂化优质高产栽培技术

技术概述 该技术以辽宁特色蛹虫草工厂化栽培为基础，通过优化蛹虫草生产工艺流程、筛选最佳液体培养基及栽培营养基质、选育质量稳定优良菌种，通过安全扩繁技术体系和工厂化生产环境控制体系，解决蛹虫草工厂化生产中污染问题、液体菌种规模化生产的稳定性和栽培稳定性等问题，通过栽培基质及环境调控系统优化配制，提高商品蛹虫草质量及产量。可明显提高菇农经济效益，技术先进成熟，具有较强的推广应用价值。

增产增效情况 通过对蛹虫草生产程序及栽培管理规范操作，在栽培过程中优化无菌操作流程，做到优良菌种选育及防止菌种退化同时进行，环境调控与生理活性成分等质量跟踪，实现蛹虫草的质量安全、生物活性物质含量相对稳定，产量稳定，生物学转化效率稳定在 110% 以上。

　　技术要点　①"液体菌种无菌操作生产工艺＋菌种防退化"技术：蛹虫草生产中液体菌种退化及污染问题是制约蛹虫草产业稳定发展的瓶颈，利用蛹虫草菌种角变表观与子实体发育相结合筛选转色快、转色深、菌丝绒毡状、橘黄色的具有高产潜质的优质菌种，结合最佳无机盐配方，用现代化无菌操作生产工艺进行蛹虫草工厂化栽培，利用高压灭菌方式，快速、无菌、安全完成蛹虫草接种流程，大大提高劳动效率和实际生产效果。②"优化配方＋环境调控＋质量跟踪检测"技术：良方良法是获得优质蛹虫草的关键，碳源是蛹虫草合成碳水化合物和氨基酸的基础，也是重要的能量来源，可以利用苷露醇、葡萄糖、乳糖、蔗糖、麦芽糖、山梨糖、苷露糖、可溶性淀粉等多种碳源物质，葡萄糖、麦芽糖等速效碳源的利用效果明显好于可溶性淀粉等缓效碳源。工厂化生产中多以速效碳源与缓效碳源混合使用；氮元素是蛹虫草自身合成蛋白质和核酸的必需元素。蛹虫草可利用多种氮源，有机氮源有牛肉膏、蛋白胨、豆饼粉、酵母膏、蛹粉等，无机氮源有硝态氮和铵态氮，如硝酸钠、磷酸氢二铵、氯化铵等。生产中有机氮源应用效果明显好于无机氮源，但培养基适宜碳氮比有利于提高商品质量和产量，工厂化生产中适宜 C/N 比为（3～4）∶1。蛹虫草是天然维生素 B_1 缺陷型，在培养基加入富含维生素 B_1 原料，可以明显促进菌丝生长，其需要较大量的磷、镁、钾、硫等，工厂化生产中常以添加硫酸镁、磷酸二氢钾、磷酸钙等作为主要无机营养，以促进菌丝生长。综合环境调控是蛹虫草工厂化栽培关键环节，蛹虫草属中低温型变温结实性菌类。菌丝生长最适温度18～23℃；原基分化适宜温度15～25℃，蛹虫草菌丝长满后需要给5～10℃的温差刺激，促进原基分化；子座生长最适温度18～22℃，不能持续低于10℃，亦不能高于30℃，否则会导致菌丝停滞生长或死亡。10℃以上的较低温度，对菌丝和子座生长的影响仅表现在生产周期延长，25℃以上的较高温度可以缩短生产周期，但污染率会上升，商品品质下降，因此，最高温度应严格控制在25℃以下。蛹虫草工厂化栽培中，温度调控系统是蛹虫草健康生长的关键要素，菇房需要自动检测系统和自动控温系统。

　　蛹虫草是喜湿性菌类，菌丝生长阶段培养基质含水率宜控制在60%～65%，空气相对湿度保持在65%～75%；子座生长阶段，培养基含水率达到65%～70%，空气相对湿度控制在85%～90%为宜，湿度过高也会降低蛹虫草产量。工厂化栽培中，湿度调控系统要求自动检测和自动加湿系统协调工作，常用湿度检测仪和超声波加湿器来实现。

　　蛹虫草是喜光性菌类。孢子萌发不需要光照，在完全黑暗条件下均能正常生长发育，特别要避开强光，强光对菌丝生长有抑制作用，使菌丝生长缓慢，过早进入生殖生长阶段而影响产量、质量。原基分化和子座生长阶段需要较充足的散射光。原期分化期光照强度为100～200lx，光照时间为每天10小时，有利于菌丝转色和原基形成。发菌后期光照强度增加，则易转色，气生菌丝层薄、原基分化早、出草整齐，但不要昼夜连续照光，否则会阻碍原基的形成。子座生长期，光照强度200～1 000lx，蛹虫草子座色泽深，橙黄色，产量高、品质好。但子座生长期光照强度不宜过高，否则子座伸长生长受抑制。

蛹虫草是好气性真菌，孢子萌发和子座生长发育均需要保持良好的通风换气。尤其原基分化时蛹虫草需氧量明显增多，此期若 CO_2 浓度超过10%，子座难以正常分化或分化过多，子座纤细。因此，栽培环境保持空气流通，以保证氧气供应，在原基形成后要破膜打孔通气。

根据栽培环境要素管理，可获得体质蛹虫草的商品，同时利用高效液相色谱法进行虫草素及腺苷的检测，以保证生产商品蛹虫草质量稳定性。

③"环境控制体系＋优良菌种选育"技术：

蛹虫草是环境敏感型菇类，环境要素对蛹虫草的外观品质及活性成分影响均较大，菌种的继代培养的变异也较大，变异导致蛹虫草在菌落形态、生物学特性、子座形成、子座形状发生较大的变化，是生产中的安全隐患。

在工厂化生产中，结合温度、湿度、通气、光照等环境要素的管理，选育适宜工厂化栽培蛹虫草品种势在必行，目前利用沈阳野生虫草已选育出的品种有"沈草1号""沈草2号""棋盘山北虫草1号"等，在此基础上，利用工厂化环境调控技术进行蛹虫草优良菌种选育。

适宜区域 辽宁省各地区。

技术依托单位 沈阳农业大学；辽宁省农业技术推广总站

（四）杏鲍菇工厂化优质高产栽培技术

技术概述 该技术以杏鲍菇工厂化栽培为基础，在北方，通过杏鲍菇菌包集约化生产、工厂化环境调控措施，解决寒冷季节小环境调控，减少畸形菇产生，提高杏鲍菇原基分化质量，控制原基分化的数量，调整杏鲍菇的菇型，提高杏鲍菇的质量和产量。可明显降低劳动力成本，提高菇农经济效益，且有一定的先进性，技术成熟，具有较强的推广应用价值。

增产增效情况 通过对杏鲍菇工厂化栽培及环境管理规范操作，在栽培过程中优化培养基配方，优化加湿系统、温控系统、补换风系统等调控系统，实现杏鲍菇高产稳定，优质菇率提高到80%以上，平均生物学转化效率稳定在80%以上。

技术要点 ①杏鲍菇工厂化生产配方及配制技术：利用北方特色的物料，以玉米芯、木屑、玉米秸秆粉、麦麸子、玉米面、豆饼等为主要原料，培养基含氮量控制在1.5%左右为宜，按照不同物料理化性状以及适宜杏鲍菇生产的 C/N 比进行配制，配制时培养基中含水率65%，通过三级搅拌系统，充分搅拌均匀，利用二次冲压式装袋系统进行装袋，主要采用 15cm×35cm 聚丙炳小袋进行生产，确保杏鲍菇培养基均匀稳定、理化状况一致，填料重量均一，生物学较化效率稳定，为工厂化生产提供优质的菌棒。利用高压灭菌锅程序灭菌，提高灭菌效果和灭菌效率。②杏鲍菇工厂化生产微环境调控技术：北方采用保温式菇房，菇房内以网格式横卧摆放一头出菇为主要栽培模式，但菇房内微环境对对杏鲍菇商品菇的质量、产量及菇型影响均较大，本技术规范北方杏鲍菇工厂化生产中单位体积内杏鲍菇菌棒数量 45 棒/m^3，为更好调控杏鲍菇生长的微环境提供保障。在杏鲍菇发菌期、原基分化期及迅速生长期对温度、湿度、通风换气、光照等环境因子需求不同，工厂化栽培中利用中央调控系统，进行环境要素调控。杏鲍菇菌丝培养和出菇温度范围较窄，稳定栽培环境温度是栽培成功的前提，原基分化期适宜温度为 14~16℃，迅速生长期适宜温度 18~20℃，采收期适宜温度 16~18℃。发菌期适宜空气湿度为 70% 左右。出菇期相对湿度 75%~90%。发菌期菇房 CO_2 浓度控制在 3 000mg/kg 以内。原基分化和子实体生长发育不同时期，控制栽培环境 CO_2 浓度 3 000~8 000mg/kg，才能够获得品质优良、菇型周正的商品菇。杏鲍菇诱导菇蕾形成时需要有间歇式漫射光刺激，子实体发育阶段，要求有一定量的散射光，一般为 200~500lx，杏鲍菇还具有明显的趋光性。

适宜区域 辽宁省区域内。

技术依托单位 沈阳农业大学；辽宁省农业推广总站

（五）滑菇高产栽培技术

技术概述 结合近年来滑菇产业发展的新要求，利用北方特色原料柞树轮伐枝材作为主要栽培原料，在冷凉季节，应用半熟料盘栽或袋或全熟料袋栽工艺进行季节性生产，不仅采收期长，且可获得优质商品菇，在辽宁滑菇产区应用，取得了理想效果，技术成熟，具有较强的推广应用价值。

增产增效情况 利用滑菇半熟料和全熟料高产栽培新技术，不仅在辽宁滑菇产区取得了理想的效果，已推广到吉林、黑龙江、河北、内蒙古自治区、陕西等地，成为出口创汇食用菌品种之一。该技术盘栽平均生物转化率为 100%~110%，袋栽的达到 90%。

技术要点 ①场地选择、菇棚建造及原料选择：栽培场地要求地势平坦、背风向阳、水源充足、水质纯净，远离畜禽圈舍、垃圾场地等污染源，四周有房屋、围墙或高棵作物的场地不宜栽培。菇棚以坐北朝南为宜，以利于菇棚内空气畅通和冬季气温较低时有效采光，保证出菇温度。菇棚顶部覆一层塑料薄膜，然后再覆盖一层厚草帘或 10cm 厚玉米秸，四周用草帘或玉米秸遮挡。原料选用硬杂木（如柞树）的枝、梢粉碎木屑，颗粒大小以（2~4）mm×（5~7）mm 为宜。②品种选择及适宜播种时期：根据市场需求选择品种，如果是用于加工罐头或加工盐渍品，选择中早生或早生、菇体中小型、质地密实、颜色橘红的品种。如果以鲜品形式供应市场，选择中早生、早生或极早生品种均可，也可三者搭配使用。目前生产上使用的品种有滑菇 C3-1 和丹滑 16 号等早生品种。根据各地区气温变化情况，因地制宜确定栽培时间，一般在春季气温回升到 -8~5℃时进行滑菇栽培为宜。辽宁中部、南部地区栽培时间宜选择在 3 月上中旬，东北部地区在 3 月中下旬栽培。全熟料栽培的可将栽培时间放宽到 4 月上旬。③配方一是木屑 80%，麦麸 19%，石膏 1%，含水率 62%~64%；二是木屑 60%，豆秸粉 22%，麦麸 17%，石膏 1%，含水率 62%~64%；三是木屑 60%，玉米芯颗粒 20%，麦麸 19%，石膏 1%，含水率 62%~64%。④按常压灭菌方式，蒸料时以"见气撒料"要求向锅内撒料。满锅后，用一层聚乙烯塑料和一层无纺毡子封锅。料温达 100℃以上时维持 2.5~3.0 小时，停止供热后 20 分钟出料。采用半熟料盘式栽培，48 小时内冷却完毕。⑤接种及栽培管理：接种按表面接种法，培养基重 4.5~5.0kg/盘，接种量 160g/盘；采用混播方式接种，培养基：菌种量 =10：（0.8~1.0）。接种后的菌盘，按 5~7 层高码垛，7~10 天后，在菌袋上按孔距×行距为 3cm×4cm 刺直径 3mm 的微孔。此期间菌盘内温度以 4~7℃为宜，一般发菌前期要倒盘 3~4 次；当菌盘上菌丝相互联接基本布满菌盘表面时，应及时将菌盘摆到培养架上；当菌丝基本长满菌盘时，应加强菇房通风，并适当增加散射光照，促进菌盘表面菌膜的形成。菌膜形成后，标志发菌结束，要保证安全越夏，待秋天出菇。⑥出菇管理：立秋后，菇棚温度稳定在 25℃以下即可开盘划面，即按菌盘纵向每隔 3cm 划浅沟，深度约 0.5cm，保湿，4 天后，划沟内长出新生菌丝，可进行喷水管理，通过连续性喷水，使菌盘内含水率在 20 天内达到 70%，空间相对湿度 85%~95%，同时增强散射光照，加大温差幅度，促进滑菇子实体的形成。

适宜区域　东北地区、内蒙古自治区、河北省。

技术依托单位　辽宁省丹东市林业科学院

黑龙江省食用菌主要品种与生产技术

一、主要品种

（一）滑菇牡滑 1 号

品种来源 2007 年于黑龙江省牡丹江市三道林场施业区张广才岭东坡，安纺山脉之末，野生种质组织分离选育而成。

审定情况 2014 年黑龙江省审定。

审定编号 黑登记 2014043。

特征特性 该品种菌丝体生长整齐、粗壮，菌丝淡黄色、浓密，菌落边缘整齐。菌丝适宜生长温度为 15 ~ 23℃，适宜 pH 值 5.5 ~ 6.5，子实体生长温度 6 ~ 20℃，适宜温度 12℃，培养料含水率以 55% ~ 60% 为宜。子实体生长期相对湿度 85% ~ 90%。子实体丛生，菌盖适中（直径 1.8 ~ 2.5cm），菌柄粗壮（柄长 2 ~ 3.5cm），菌盖橙红色，出菇整齐。田间发病鉴定结果：抗杂能力强。

产量表现 2011—2012 年区域试验平均产鲜菇 371 890kg/hm²，平均每盘产鲜菇 650g 左右，较对照品种西羽增产 8.2%；2013 年生产试验平均产鲜菇 373 380kg/hm²，较对照品种西羽增产 10.1%。

栽培要点 春季栽培接种期为 11 月至翌年 1 月。秋季栽培接种期 3—4 月，立秋前后搔菌出菇。熟料、半熟料墙式栽培和棚架盘（袋）式栽培；栽培密度 50 ~ 60 盘（袋）/m²。散射光情况下，8 ~ 20℃的温度下转色培养 50 天左右。转色后催菇管理，开口（开盘）搔菌，浇水催菇，保持空气相对湿度 85% ~ 95%，待划口处长出新生菌丝后，揭去草帘或薄膜，向盘面喷少量雾状水，为喷轻水阶段，保持湿润状态，第 6 天开始为喷重水阶段，水温低些，使水渗入菌盘，使菌盘内湿度达 70% 左右；当米黄色原基出现时，水分管理应以向空间喷水保湿为主，温度控制在 23℃以下，空气相对湿度 85% ~ 90% 为宜；及时通风，当子实体长到 7 ~ 8 成熟时采收。采收后停水 3 ~ 4 天，清除死菇、菇脚和残余杂物后进行养菌。

注意事项 发菌阶段要严格避光管理；转色阶段注意防止高温、高湿，防止蜡质层过厚。

适应区域 黑龙江省各地。

选育单位 黑龙江省农业科学院牡丹江分院

（二）猴头菇牡育猴头 1 号

品种来源 2007 年春季在黑龙江省牡丹江市三道林场施业区张广才岭东坡，野生种质组织分离选育而成。

审定情况 2014 年黑龙江省审定。

审定编号 黑登记 2014044。

特征特性 该品种菌丝体初期稀疏，后变粗壮浓密，气生菌丝呈粉白绒毛状。菌丝适宜生长温度 22 ~ 26℃，菌丝生长最适 pH 值 3.5 ~ 5.5。子实体生长温度 15 ~ 32℃，最适宜温度 15 ~ 25℃；培养料含水率以 55% ~ 60% 为宜。出菇期需培养料湿度 60% ~ 75%，子实体生长期空气相对湿度 85% ~ 90%。子实体单生，中等大小，圆整、头状、结实、菌刺较短、乳白色、无柄、质地细密。抗杂能力强。

产量表现 2011—2012 年区域试验平均产量 145 050.0kg/hm²，每袋产鲜菇 725 克左右，较对照品种俊峰 2 号增产 8.7%；2012 年生产试验平均产量 149 300.0kg/hm²，较对照品种俊峰 2 号增产 10.0%。

栽培要点 春季栽培接种期 1—3 月，发菌室基本黑暗培养 30 ~ 40 天，菌丝长满菌袋后，在培养室日均气温在 10℃ 左右，适时开口出菇。秋季栽培接种期 3—4 月，培养期 30 ~ 40 天，7 月末至 8 月初开口出菇。熟料层架式栽培和菇棚垒墙式栽培，栽培密度 18 ~ 22 袋/m²。当菇房最低温度稳定 5℃ 以上，菌丝达到生理成熟后可以出菇。当幼菇长出 1 ~ 2cm 高时，便进入出菇管理，温度控制在 15 ~ 20℃，采用地面洒水、空间喷雾、空中挂湿布等方法，保持空气相对湿度 85% ~ 95%；当子实体长到 7 ~ 8 成熟时，即菌刺长到 0.5cm 左右孢子尚未大量弹射时，及时采收。收获后，培养料要停水 2 ~ 3 天，两潮菇的间隔时间为 10 ~ 15 天，一般可采收 3 ~ 5 潮菇，产量集中在前 3 潮。

注意事项 田间管理阶段注意通风，通风不充分，易形成畸形菇。

适应区域 黑龙江省各地。

选育单位 黑龙江省农业科学院牡丹江分院

（三）黑木耳园耳 1 号

品种来源 大兴安岭野生黑木耳子实体经组织分离育成。

审定情况 2014 年黑龙江省审定。

审定编号　黑登记2014045。

特征特性　菌丝洁白、粗壮、浓密、呈绒毛状，菌落边缘整齐易出现灰色素斑。菌丝体在培养基上生长整齐、生长速度快。子实体朵大，耳片厚。耳片腹面呈漆黑色，背部浅棕色，耳片扁圆呈褶皱状及灰色短绒毛。根细小，地栽子实体抗杂、耐高温，朵大，根细，耳片厚。该菌株子实体耳片厚、筋脉较多，弹性好，胶质丰富。田间发病鉴定结果：未发现感病现象。

产量表现　2007—2013年区域试验鲜重94 039.0kg/hm²，2012—2013年生产试验平均鲜重94 910.0kg/hm²，较对照黑29增产4.9%，每袋产干耳45.0g左右。

栽培要点　该菌种属中熟品种。春耳，4月末至5月中旬割口出耳，秋耳，5月制种，7月末8月初割口出耳。培养料及配方分为两种，一是阔叶树木屑80%，麸皮15%，玉米面3%，豆粉1%，石膏0.7%，白灰0.3%，含水率60%；二是阔叶树木屑80%，米糠15%，玉米面2%，豆粉2%，石膏0.7%，白灰0.3%，含水率60%。在春季温度在13～15℃时，用0.5%高锰酸钾溶液对栽培袋消毒后开口，每袋开"V"形出耳口12～16个，15天左右现原基，再经25～30天培养成熟。出耳后，早、晚喷雾状水，白天晾晒，注意加强通风和干湿交替管理降低空气湿度。及时清除田间杂草。当耳片平展耳边缘平滑整齐时采收。露地袋栽，密度约25袋/m²。

适应区域　黑龙江省东部地区。

选育单位　东宁县丰收菌业有限公司

（四）黑木耳绥学院2号

品种来源　以在绥棱采集的野生黑木耳进行组织分离，经驯化选育而成。

审定情况　2014年黑龙江省审定。

审定编号　黑登记2014046。

特征特性　在适应区，催芽后从上畦摆袋到子实体生长至采收需35天左右，从接种到采收第一潮耳需95天左右。该品种PDA培养基菌丝洁白粗壮，气生菌丝发达、均匀，易出现褐色色素。菌丝体适生长温度为24～26℃，子实体适生长温度20～26℃。菌丝体生长期及子实体生长期均需新鲜空气，栽培袋培养料含水率60%为宜。耳期相对湿度75%～80%，子实体生长期相对湿度85%～90%。菌丝体生长阶段pH值5.5～6.5，子实体发育阶段pH值6～6.5。子实体单片、圆边、碗状、根细有筋，正反面明显，色黑肉厚、弹性好、出耳整齐。田间发病鉴定结果未发现病虫害。

产量表现　2012—2013年区域试验平均产量5 935.1kg/hm²，较对照品种黑29增产9.5%；2013年生产试验平均产量5 839.3kg/hm²，较对照品种黑29增产 8.5%。

栽培要点 ①适宜袋式熟料播种，集中发酵催芽，划口出耳（120～160 孔/袋）。露天床栽和棚式挂袋。床栽 25 袋/m²，挂袋每串 8～9 袋（80～90 袋/m²）。结合浇水适量喷施抗病虫生物制剂和微量元素。木耳发黄时喷施磷酸二氢钾（0.04%），每周 3 次，有效促进木耳黑色素增加。②栽培料配方一可用木屑 82%，稻糠 15%，黄豆粉 2%，白灰 0.5%，石膏 1%；二可用木屑 82.5%，麸皮 15%，黄豆粉 1%，白灰 1%。含水率 60%～65%。③菌袋制备及管理：2月中下旬栽培袋制备完成后灭菌、接种、培养，养菌初期（5～7 天）温度控制在 20～25℃，中期（7～20 天）温度 24～28℃，后期温度 18～20℃，空气相对湿度控制在 60%～65%。每周通风换气 2～3 次，每次 30 分钟。待菌丝长满袋后，常规诱导出耳，见耳袋内有原基形成迹象，室外平均温度不低于 10℃时即可划口催芽，"V"形小孔（120～160 孔/袋），15 天左右现原基，分床后进行常规出耳生长管理。催耳后做畦摆袋，25 袋/m²。前期应以雾状水少浇勤浇为主，后期延长浇水时间，减少浇水次数。干湿交替管理，避免高温高湿。当耳基变细耳片充分展片时采收晒干，晒干过程中不易进行多次翻动，以免影响干品商品性状。发好菌的菌袋长满 10 天左右就可通过光照诱导，待袋表现有耳芽出现、生理成熟时再划口集中催耳。

注意事项 菌丝长满袋后在 10～20℃的温度下光照刺激形成部分耳基时，确认菌丝已生理成熟适宜出耳后，才可进行划口催芽，否则划口处不宜形成耳芽。

适应区域 黑龙江省各地。

选育单位 绥化学院

（五）黑木耳牡耳 1 号

品种来源 黑龙江省东宁县老爷岭余脉老黑山南侧太阳沟，野生种质资源采集，组织分离、提纯、驯化、系统选择育成。

审定情况 2013 年黑龙江省审定。

审定编号 黑登记 2013056。

特征特性 接种至采收结束 110～120 天，早熟品种。在适应区接种后，20～28℃发菌，40 天左右菌丝长满菌袋，15～20℃下后熟 15～20 天后割口催芽，开口后 15 天左右形成耳芽，然后进入生长旺盛期。菌丝体在培养基上生长整齐、粗壮，菌丝浓密、洁白、呈绒毛状，菌落边缘整齐。菌丝生长速度快，12 天长满斜面培养基，菌丝适宜生长温度为 25～30℃。菌丝生长适宜 pH 值 5.5～6.5。子实体单片、根小、色黑、碗状、圆边、单片，耳片腹面呈黑色，光滑，发亮，背部淡黑色有毛。干耳正反面明显，弹性好，胶质成分丰富。子实体生长温度

13～30℃，子实体最适温度 18～20℃。培养料含水率以 60% 为宜。催芽期相对湿度 75%～80%，子实体生长期相对湿度 85%～90%。耳根小，朵型好，有明显轮状脉纹，耳片边缘整齐，弹性好，腹背两面色差明显，耳片颜色为黑色，成单片，肉厚。田间发病鉴定结果为抗杂能力强，未发现病虫害。

产量表现 2011—2012 年区域试验平均产量 81 707.1kg/hm²，较对照品种黑 29 增产 6.55%；二年生产验平均产量 79 774.3kg/hm²，较对照品种黑 29 增产 6.99%。

栽培要点 春季栽培：栽培菌袋接种期在 1—3 月，培养期 30～40 天，4 月中下旬下地催芽，5 月初至 5 月中旬分床晒袋。秋季栽培栽培菌袋接种期 3—4 月，栽培菌袋培养期在 5 月，生理后熟期在 6 月，开口、下地栽培期 7 月末至 8 月初。地栽（地摆）；栽培密度 20 袋/m²。场地选择靠近水源，地势平坦地块，避开风口、低湿地、林地，对场地进行消毒；催芽床内气温保持 23℃ 以下，采用集中催芽方式催芽；温度超过 25℃ 及时通风，降低空气湿度；水分、湿度状况干湿交替，浇水初期少浇，中期、后期浇大水，保持全光照，及时清除田间杂草。当耳片平展，边缘平滑整齐时采收。

注意事项 菌丝体长满栽培袋后需要 20 天左右生理后熟期，温度保持 15℃，20 天以上，耳基发生齐，生长速度快。田间管理阶段注意防止高温、高湿。

适应区域 黑龙江省各地。

选育单位 黑龙江省农业科学院牡丹江分院

（六）黑木耳 LK2

品种来源 以伊春区南山风景林云杉倒木上生长的野生黑木耳，经组织分离方法选育而成。

审定情况 2013 年黑龙江省审定。

审定编号 黑登记 2013057。

特征特性 接种至采收结束 120～130 天。在 PDA 固体培养基上 15 天左右可长满斜面，菌丝体生长温度 24～28℃，最适生长温度 26℃；子实体生长温度 18～28℃，最适温度 22℃；早熟品种，腹面有少量褶皱，出芽率 99%。腹面黑色，背面灰黑色，筋脉少；耳型呈单片小耳，肉质厚，耳片边缘圆整，耳片形态均一；口感优良。田间发病鉴定结果抗杂性强，未发现病虫害。

产量表现 2008—2011 年区域试验平均单产干重 43.9g/袋（33cm×17cm），较对照品种黑 29 增产 9.0%；2012 年生产试验平均单产干重 44g/袋（33cm×17cm），较对照品种黑 29 增产 8.6%。

栽培要点 二级菌种接种在 9—12 月，三级菌种接种在 12 月至翌年 2 月，培养时间为 40～45 天，栽培期 4 月中旬至 5 月上旬为宜。全光下栽培和林冠下栽培，栽培密度 25 袋/m²，每亩地 1 万袋。每袋开小口 100~110 个，集中催耳，催耳时温度在 15~25℃，湿度在 75%~80%，10~15 天形成耳芽。子实体进入生长期温度在 20~25℃，湿度控制 85%~90%。

注意事项　应采取预出耳准备工作，划口处有黑线出现后，再进行浇水管理。

适应区域　黑龙江省伊春地区。

选育单位　伊春（小兴安岭）原生态食用菌研究所

（七）黑木耳绥学院 1 号

品种来源　从牡丹江东京城林业局采集的野生黑木耳，经多年系统选育而成。

审定情况　2013 年黑龙江省审定。

审定编号　黑登记 2013058。

特征特性　从接种到采收第一潮耳需 90 天。该品种属腐生性中温型中早熟品种。菌丝体在 PDA 培养基上洁白浓密、生长整齐、健壮、半匍匐型，生长温度范围 8~35℃，最适生长温度 28~32℃，15 天左右长满斜面培养基。栽培袋划孔 120~160 个，子实体黑褐色至褐色，耳片直径 8~12cm，耳根小、单片、肉厚、圆边、碗状，腹背有明显色差。干湿比为 1∶15。催芽后，从上畦摆袋到子实体生长至采收需 30 天。品质分析结果子实体柔软、平滑肉厚、富有弹性，口感好。田间发病鉴定结果抗杂能力强。

产量表现　2011—2012 年区域试验平均产量 5 836.8kg/hm²（15 万袋/hm²），较对照品种丰收 2 号增产 5.8%；2012 年生产试验平均产量 5 811.3kg/hm²（15 万袋/hm²），较对照品种丰收 2 号增产 5.8%。

栽培要点　菌袋制备及管理：绥化地区 2 月中下旬栽培袋制备完成后灭菌、接种、培养，养菌初期（5~7 天）温度控制在 20~25℃，中期（7~20 天）温度 24~28℃，后期温度 18~20℃，空气相对湿度控制在 60%~65%。每天通风换气 2~3 次，每次 30min。待菌丝长满袋后，经光照诱导出耳，见耳袋内有原基形成迹象时，室外平均不低于 8℃时即可划口催芽（每袋 120~160 孔），一周后出现耳芽，分床后进行畦床木耳生长管理。适宜代料（木屑）栽培，整地、做畦摆袋。25 袋/m²，袋与袋距离 20cm 为宜。分床后做畦摆袋，前期应以雾状水少浇勤浇为主，后期延长浇水时间，减少浇水次数。干湿交替的原则进行水分管理，避免高温高湿。当耳基变细耳片充分展片时，进行采收晒干，晒干过程中不易进行多次翻动，以免影响干品商品性状。栽培料配方为木屑 82%，稻糠 15%，黄豆粉 2%，菌友 0.2%~0.5%，白灰 0.7%，石膏 1%。

注意事项　不可将栽培袋长时间处于极端（高温、低温、高湿、干燥）环境中。温度高于 35℃ 易出现烧菌、低于 0℃ 子实体颜色淡黄，温度长时间低于 10℃ 期间不形成耳芽，光照、温度、湿度三个条件同时具备时才可形成耳芽。

适应区域 黑龙江省各地。

选育单位 绥化学院

(八) 黑木耳林科 1 号

品种来源 以栽培种 916 及野生品种 (A-09) 为亲本，经单孢杂交方法选育而成。

审定情况 2012 年黑龙江省审定。

审定编号 黑登记 2012051。

特征特性 中晚熟品种。该品种菌丝浓密、洁白、菌落边缘整齐，具有一定爬壁能力，菌丝体适宜生长温度 24~28℃；子实体生长最适温度 23℃。背面灰褐色，有短绒毛，正面黑褐色，有光泽。朵大，背部有筋脉，展片好，无根，耳边圆整。出耳芽整齐。

产量表现 2006—2008 年 3 年区域试验平均干重 46.3g/袋 (17cm×33cm)，较对照品种黑 29 增产 7.5%；2009—2010 年两年生产试验平均干重 47.5g/袋 (17cm×33cm)，较对照品种黑 29 增产 8.1%。

栽培要点 二级菌种接种为 9—12 月，三级菌种接种在 12 月至翌年 2 月，培养时间为 40~45 天，栽培期 4 月中旬至 5 月上旬。全光下栽培和林冠下栽培，栽培密度 25 袋/m²，每亩地 1 万袋。每袋开小口 100~110 个，集中催耳，催耳时温度在 15~25℃，湿度在 75%~80%，10~15 天形成耳芽。子实体进入生长期温度在 20~25℃，湿度控制85%~90%。

注意事项 该品种属于中晚熟，应在袋划口处有黑线出现后，再进行浇水管理，切忌早浇水，引起污染；采大留小，合理控水和浇水。

适应区域 黑龙江省伊春地区。

选育单位 伊春 (小兴安岭) 原生态食用菌研究所

(九) 黑木耳兴安 2 号

品种来源 采集大兴安岭呼玛县嘎拉河林场蒙古栎野生黑木耳，采用组织分离方法选育而成。

审定情况 2012 年黑龙江省审定。

审定编号 黑登记 2012052。

特征特性 中早熟品种。菌丝体在 PDA 培养基上，生长整齐、健壮，菌丝白色浓密，23℃时 14 天长满斜面培养基。开 120~140 个小口，子实体大小适中，30~50mm，耳片较厚为 1.8~3mm，边缘整齐，耳片腹背色差明显，干湿比可到达 1：18。该品种适合阔叶木屑栽培，菌丝体最适生长温度为 20～28℃，培养料水分含量 60%，pH 值控制在 5.5～6.5 范围内。子实体生长温度为 9～22℃，子实体生长期空气相对湿度 90%～95%。该品种割口催芽后，10 天即可出现耳芽。该品种出耳整齐、无烂耳、子实体为单片、耳根小、耳片肉厚、边缘整齐、色泽较黑、外观品质较好、口感佳，单袋产量较高。

产量表现 2008—2010 年 3 年区域试验平均干重 38.3g/袋，较对照品种黑 29 增产 5.8%；2010 年生产试验平均干重 38.5g/袋，较对照品种黑 29 增产 6.4%。

栽培要点 3 月中下旬栽培袋制作完成。接种后 1～10 天，温度控制在25～28℃；11～20 天，温度控制在 22℃左右，每天通风换气 1～2 次，每次 30 分钟；菌袋培养后期，温度控制在 20℃左右，每天通风换气 2～3 次，每次 30 分钟。4 月末菌丝长满菌袋，降低温度进入生理后熟。5 月初割口（温度在 5～16℃），菌袋先消毒，割 120～140 个小孔密摆，在袋上覆盖塑料布和草帘，增温保湿，10 天后出现耳芽，撤掉塑料布和草帘，分床，进入浇水管理。整地、做床、搭设遮阳网，25 袋/m²，袋与袋距离 20cm。分床后，空气相对湿度保持在 75%～95%，防止高温。浇水要根据天气情况灵活掌握，初期多浇，使耳芽迅速长出袋外，水分干湿交替，避免高温高湿，防止流耳和烂耳。及时清除杂草，防治虫害。待耳片 8 成熟，及时采摘，晒干，防止多次翻动，影响耳片干品外形，降低黑木耳商品性。

注意事项 不可将栽培袋长时间处于极端条件下。高温（温度高于 35℃）菌丝体易老化，出现烧菌；长期低温（温度低于 0℃）子实体黄色，降低商品性。

适应区域 黑龙江省大兴安岭地区。

选育单位 大兴安岭地区农业林业科学研究院

（十）黑木耳元宝耳 1 号

品种来源 采集绥阳大黑山野生木段的籽实体育成。

审定情况 2011 年黑龙江省审定。

审定编号 黑登记 2011042。

特征特性 中熟品种。菌丝体在培养基上生长整齐、粗壮，菌丝洁白、浓厚，菌落边缘整齐，生长速度快。子实体单片聚生、根细小，耳片厚大，呈大朵状，耳片腹面呈灰黑色有光泽，背部黑褐色，耳片脉纹多且明显，有褐色短绒毛，耳片阴阳面层次分明，耳根有筋。菌丝适宜生长温度为 22～27℃；子实体生长温度 20～24℃，最适宜温度 20℃；散射光照时形成耳基，光线直射光照时可使耳片增厚增色；空气流通新鲜耳根生长正常；培养料含水率以 62% 为宜；育耳期要求控其相对湿度 80% ～ 90%，子实体生长期要求空气相对湿度 90% ～ 95%。pH 值 5.5 ~ 6.5 为宜。该菌株子实体耳片厚、脉筋较多，弹性好，胶质丰富，适口性较好。抗病鉴定结果未发现病害。在常规条件下，从菌丝满袋至耳芽出现需 16 天。

产量表现 2009—2010 年区域试验鲜耳平均产量 93 884kg/hm²，每公斤干料产干耳量 9.3kg，较对照品种黑 29 增产 3.3%；2010 年生产试验鲜耳平均产量 92 287kg/hm²，较对照黑 29 增产 4.8%。

栽培要点 春耳，每年 12 月制袋翌年 4 月末至 5 月 5 日前催耳地栽。秋耳，秋季栽培时 4—5 月制袋，割口时间 8 月 10 日以前，温度一般温度在 15 ~ 25℃。适宜地栽或袋栽，25 袋/m²。在正常气候条件下，气温 12 ~ 14℃ 开口催芽，育耳期温度 25℃ 以下，相对湿度 80% ～ 90%，子实体生长期要求空气相对湿度 90% ~ 95%。保持全光照。当耳片平展，边缘平滑整齐时采收。

注意事项 长时间 30℃ 以上高温或栽培袋菌丝遇零度以下低温，易出现黄耳现象。

适应区域 黑龙江省东部地区春秋两季栽培。

技术依托单位 东宁县丰收菌业有限公司

（十一）黑木耳兴安 1 号

品种来源 采集大兴安岭十八站林业局查班河林场野生黑木耳，经组织分离选育而成。

审定情况 2011 年黑龙江省审定。

审定编号 黑登记 2011043。

特征特性 中早熟品种。菌丝体在 PDA 培养基上，生长整齐、健壮，菌丝白色浓密，25℃ 条件下 12 天长满斜面培养基，菌落边缘整齐，稍有爬壁生长，培养末期，接种点处易产生褐色色素。开小口，子实体大小适中（80 ~ 120mm），耳片较厚（1.8 ~ 3mm），2 ~ 3 片松散丛生；耳片色黑，碗状，无根；耳片腹面光滑，黑色，背面暗褐色密被暗灰色绒毛，脉筋明显。干燥后耳片腹背色差明显。菌丝体最适生长温度为 20 ~ 28℃，袋料培养前期温度控制在 25 ~ 28℃，中期 22℃ 左右，后期 20℃。培养料水分含量 60% 为宜。pH 值控制在 5.5 ~ 6.5 范围内。子实体生长温度为 12 ~ 25℃，原基形成期需散射光，空气相对湿度 70% ~ 75%，子实体生长期空气相对湿度 90% ~ 95%。在常规条件下，经过生理后熟进行割口催芽，13 天即可出现耳芽。品质分析结果：该品种出耳整齐、无烂耳、子实体为单片、耳根小、耳片肉厚、边缘整齐、高筋、色泽较黑、外观品质较好、口感佳，单袋产量较高。抗病鉴定结果：未发现病害。

产量表现 2008—2010 年区域试验平均产量 94 280.3kg/hm²，较对照品种黑

29 增产 5.6%；2010 年生产试验平均产量 94 517.7kg/hm²，较对照品种黑 29 增产 5.7%。

栽培要点 菌袋制作及管理：大兴安岭地区在 3 月中下旬栽培袋制作完成。栽培袋灭菌后，在无菌条件下接种，接种后 1~10 天，温度控制在 25~28℃；11~20 天，温度控制在 22℃左右，每天通风换气 1~2 次，每次 30 分钟；菌袋培养后期，温度控制在 20℃左右，每天通风换气 2~3 次，每次 30 分钟。4 月末菌丝长满菌袋，降低温度进入生理后熟。5 月初割口（温度在 5~16℃），菌袋先消毒，割 90~120 个小孔密摆，在袋上覆盖塑料布和草帘，增温保湿，13 天后出现耳芽，撤掉塑料布和草帘，分床，进入浇水管理。整地、做床、搭设遮阳网，25 袋/m²，袋与袋距离 20cm 为宜，每公顷 15 万袋。分床后，袋与袋之间距离 20cm 为宜，空气相对湿度保持在 90%~95% 为宜，搭设遮阳网或在疏林地内摆放，防止高温。浇水要根据天气情况灵活掌握，初期多浇，使耳芽迅速长出袋外，水分干湿交替，避免高温高湿，防止流耳和烂耳。及时清除杂草，防治虫害。待耳片 8 成熟，及时采摘，晒干，防止多次翻动，影响耳片干品外形，降低黑木耳商品性。

注意事项 不可将栽培袋长时间处于极端条件下。高温（温度高于 35℃）菌丝体易老化，出现烧菌；长期低温（温度低于 0℃）子实体黄色，降低商品性。

适应区域 黑龙江省大兴安岭地区。

技术依托单位 大兴安岭地区农业林业科学研究院

（十二）黑木耳宏大 2 号

品种来源 长白山白石山林区琵河林场野生黑木耳菌株。

审定情况 2011 年黑龙江省审定。

审定编号 黑登记 2011044。

特征特性 菌丝体生长整齐、粗壮，洁白，15 天 25℃长满斜面培养基、呈状绒毛状。菌落边缘整齐，稍有爬壁。接种块周围易出现褐色素斑。子实体单片，根细，耳片色黑，形状耳碗形，圆边，背面筋细。适合小孔及大孔栽培。胶质成分丰富，每千克吸水 14kg，最高可达 17kg。菌丝适宜生长温度为 10~30℃，最适温度 23~25℃；子实体生长温度 13~25℃，最适温度 18~20℃；子实体原基发生需要 2 200lx 光照刺激；菌丝体栽培培养基水分要求 60%，子实体发育空气湿度 85%~90%；菌丝生长阶段 pH 值 5.5~6.5，子实体发育阶段 pH 值 5.0~5.5。该品种耳片大，呈碗状，色黑，边缘平滑整齐（边圆），被面筋细，根小，胶质成分含量高口感好，商品性能好。抗病鉴定：该品种来源野生品种，具有野生品种的垂直抗病性，对绿色木霉、白粉菌都有很强的抵抗能力。黑龙江省食用菌专业委员会田间鉴评未发现病害。

栽培要点 春季栽培栽培菌袋接种期 1—3 月，培养期 30~40 天，4 月中旬后下地催芽，5 月初至 5 月中旬分床晒袋。秋季栽培栽培菌袋接种期 3—4 月，栽培菌袋培养期 5 月，生理后熟期 6 月，开口下地栽培期 7 月末至 8 月初。地栽（地摆），栽培密度 20 袋/m²。选择靠近水源，地势平坦地块，避开风口、低湿地、林地，对场地进行消毒；催芽床内气温保持 23℃ 以下，2 200lx 的光照，10℃ 以上温差，相对温度 70%~75%；分床晒袋将栽培菌袋摆在栽培床上，在全光条件下晒 10 天；田间管理温度最好保持 25℃ 以下，超过这个温度及时通风，降低空气湿度；水分、湿度状况干湿交替，干时相对温度 65%，湿时相对温度 85% 以上，浇水初期少浇，中期、后期浇大水，保持全光照，及时清除田间杂草。成熟采收应当耳片平展，边缘平滑整齐时采收。菌丝体长满栽培袋后需要 20 天左右生理后熟期，保持温度 15℃ 条件下 20 天以上，耳基发生齐，生长速度快。

注意事项 田间管理阶段注意防止高温、高湿及极端温度。

适应区域 黑龙江省东部地区。

技术依托单位 牡丹江市宏大食用菌研究所

（十三）黑木耳康达 1 号

品种来源 黑龙江省大海林林业局梨树沟林场原始森林采集野生黑木耳菌株育成。

审定情况 2011 年黑龙江省审定。

审定编号 黑登记 2011045。

特征特性 中晚熟品种。菌丝体在培养基上生长整齐、粗壮，菌丝浓密、洁白，生长速度快。25℃ 时 12 天长满斜面培养基，呈状绒毛状。菌落边缘整齐，稍有爬壁。接种块周围易出现褐色素斑。子实体单片聚生成朵，根细，耳片色黑，形状耳形、碗状，圆边，单片，厚度 1.5~2mm，耳片腹面呈黑色，光滑，发亮，背部暗褐色密被暗灰色毛，脉筋较多；胶质成分丰富。收获时耳根基收缩不带培养基。菌丝适宜生长温度为 18~30℃，前期 26~28℃，中期 25℃，后期 20℃；子实体生长温度 15~25℃，最适宜温度 20℃。子实体原基发生需要 2 200~2 500lx 光照刺激。菌丝体生长阶段子实体原基发生阶段及子实体生长阶段均需要新鲜空气。培养料含水率 60%。育耳期要求空其相对湿度 70%~75%，子实体生长期要求空气相对湿度 85%~90%。菌丝生长阶段要求 pH 值 5.5~6.5，子实体发育阶段 pH 值 5.0~5.5。菌丝长满菌袋至出芽需 15 天。种子实体片厚、耳片边缘整齐、多筋、根小、弹性好，胶质丰富。抗病鉴定未发现病害。

产量表现 2009—2010 年区域试验，鲜耳产量 81 337.7kg/hm²；2010 年生

产试验，鲜耳产量 80 145kg/hm²。

栽培要点　春耳每年在春季栽培时 12 月至次年 2 月份制袋，4 月末至 5 中旬割口；秋耳 5 月下旬接种制袋。①培养基制作时：二级种为阔叶锯末 40kg，麸子 10kg，石膏 0.25kg，白糖 0.5kg，含水率 60% ~ 65%；三级种为阔叶锯末 40kg，麸子 6kg，石膏 0.25kg，白灰 0.5kg。含水率 60% ~ 65%。灭菌后接种，发菌，温度 22 ~ 26℃，一般在 35 ~ 50 天后开口催耳芽。②出耳管理：出耳芽后一般温度在 18 ~ 22℃，喷水要早、晚，空气相对湿度 85% ~ 95%，要灵活掌握喷水量，浇三天停一天，保持通风良好，待在 6 ~ 8 分熟采收。③场地选择靠近水源，地势平坦地块，避开风口，低湿地，林地，对场地进行消毒；春季栽培在气温稳定在 13℃用 0.5% 高锰酸钾溶液对栽培袋消毒，开 12 ~ 15 个出耳口；催芽处理需将催芽床内气温保持 23℃以下，2 500lx 的光照，10℃以上温差，相对温度 70% ~ 75%；分床晒袋按出耳要求将栽培菌袋摆在栽培床上，在全光条件下晒 10 天。④田间管理温度最好保持 25℃以下，超过这个温度及时通风，降低空气湿度；水分、湿度状况干湿交替，干时相对湿度 65%，湿时相对温度 85% 以上，浇水初期少浇，中期后期浇大水，保持全光照，及时清除田间杂草。当耳片平展，边缘平滑整齐时采收。

注意事项　遇极端温度刺激耳片有变黄的情况出现，如连续 30℃以上高温天气 10 天，或栽培菌袋含水率过大情况下冰冻，出现黄木耳。

适应区域　黑龙江省东部地区。

技术依托单位　牡丹江市海丰食用菌研究所

（十四）黑木耳菊耳 1 号

品种来源　采集长白山白河林区野生黑木耳子实体育成。

审定情况　2010 年黑龙江省审定。

审定编号　黑登记 2010040。

特征特性　菌丝体在培养基上生长整齐、粗壮，菌丝浓密、洁白，生长速度快。菌落边缘整齐，稍有爬壁。耳片色浅黑、片大、根小、单片、片厚，筋纹明显、形状碗状、圆边，厚 2 ~ 3mm，胶质成分丰富。菌丝适宜生长温度为 22 ~ 25℃；子实体生长温度 20 ~ 26℃，最适宜温度 24℃；需散射光及适当的直射光；在通风良好，空气新鲜条件下，耳片生长正常；水分与湿度：培养料含水率以 62% ~ 64% 为宜。子实体生长期要求空气相对湿度 90% ~ 95%，pH 值 6.0 ~ 6.5。菌丝长满菌袋至出芽时间为 12 天。片大、筋纹明显、产量较高、根小、单片，耳片厚，抗杂性强。

栽培要点　每年 12 月接种栽培袋，4 月 20 日后开始割口催耳。秋季 7 月下旬开始割口育耳栽培管理。适宜陆地栽培，25 袋/m²，袋与袋距离 18 ~ 20cm 为宜，每公顷 15 万袋为宜。催耳期间，菌袋割口后，袋与袋距离 5cm，集中育耳，保持床内空气相对湿度 85%，温度控制在 20～22℃为宜。分床管理后，袋与袋间距离 18～20cm 为宜，此间空气相对湿度保持在 90%～95%，温度控制在 22～24℃之间，栽培期间喷水应灵活掌握水量，白天少浇水夜间多喷水。待耳长到 3cm 以上时，应加强通风换气，避免高温高湿，防止流耳、烂耳。成熟时应及时集中采收。

注意事项 菌丝伤热、缺氧或受冻害子实体颜色变黄，注意防范。

适应区域 黑龙江省东部适宜地区春秋两季栽培。

技术依托单位 牡丹江市菊花食用菌研究所

（十五）黑木耳延丰 1 号

品种来源 采集珲春市塔子沟村野生黑木耳菌株育成。

审定情况 2010 年黑龙江省审定。

审定编号 黑登记 2010041。

特征特性 菌丝体在培养基上生长整齐、粗壮，菌丝浓密、洁白，生长速度快 25℃时 12 天长满斜面培养基、呈状绒毛状。菌落边缘整齐，稍有爬壁。接种块周围易出现褐色素斑。子实体单片聚生成朵，根细，耳片色黑，形状耳形、碗形，圆边，易分割成单片，厚度 1.5～2mm，呈耳状—碗状，耳片腹面呈黑色，光滑，发亮，背部暗褐色密被暗灰色毛，脉筋较多；胶质成分丰富。收获时耳根基收缩不带培养基。菌丝适宜生长温度为 18～30℃，前期 26～28℃，中期 25℃后期 20℃；子实体生长温度 15～25℃，最适宜温度 20℃。子实体原基发生需要 2 200～2 500lx 光照刺激。菌丝体生长阶段子实体原基发生阶段及子实体生长阶段均需要新鲜空气。培养料含水率以 60% 为宜。育耳期要求控制其相对湿度 70%～75%，子实体生长期要求空气相对湿度 85%～90%。菌丝生长阶段 pH 值 5.5～6.5，子实体发育阶段 pH 值 5～5.5。菌丝长满菌袋至出芽需 15 天，属于中晚熟品种。品质分析子实体片厚、耳片边缘整齐、多筋、根小、弹性好，胶质丰富。抗病鉴定未发现病害。

栽培要点 该菌种属中熟品种，每年在春季栽培时 4 月末至 5 月中旬割口，一般温度在 5～20℃；秋季割口时间 8 月初育耳栽培，温度一般（15～25℃）。培养料配制需阔叶锯末 78%，麸 20%，石膏 1%，白糖 1%，含水率 60%～65%；灭菌后接种，发菌，温度 22～26℃，一般在 35～50 天后开口催耳芽；牡丹江地区 5 月 1 日前后进行割口催芽，每袋割 12～15 个 "V" 型口，时间为 8～15 天；出耳芽后一般温度在 18～22℃，喷水要在早、晚，空气相对湿度 85%～95%，灵活掌握喷水量，保持通风良好，待 6～8 分熟时采收。田间管理应选择靠近水源，地势平坦地块，避开风口，低湿地，林地，对场地进行消毒；春季栽培在气温稳定在 13℃用 0.5% 高锰酸钾溶液对栽培袋消毒，开 12 ~ 15 个出耳口；催芽床内气温保持 23℃以下，2 500lx 的光照，10℃以上温差，相对温度为70% ~ 75%；分床晒袋按出耳要求将栽培菌袋摆在栽培床上，在全光条件下晒 10 天；温度最好保持 25℃以下，超过这个温度及时通风，降低空气湿度；水分、湿度状况干湿交替，干时相对温度为 65%，湿时相对温度为85% 以上，浇水初期少浇，中期后期浇大水，保持全光照，及时清除田间杂草。当耳片平展，边缘平滑整齐时采收。

注意事项 遇极端温度刺激耳片有变黄的情况出现，如连续 30℃以上高温天气 10 天，或栽培菌袋含水率过大情况下冰冻，出现黄木耳。

适应区域 黑龙江省东部适宜地区。

技术依托单位 牡丹江市延丰菌业有限公司

（十六）黑木耳农经木耳 1 号

品种来源 采集野生木耳子实体育成。

审定情况 2010 年黑龙江省审定。

审定编号 黑登记 2010042。

特征特性 菌丝体在培养基上生长整齐、粗壮，菌丝白色、浓密，生长速度快（3.4mm/天），菌落边缘整齐。接种块周围易出现褐色素斑。子实体片大（直径 100 ~ 150mm），根细，耳片厚（1.5 ~ 2.6mm），呈朵状，耳片腹面呈黑色，背部黑灰色。收获时耳根收缩细小。菌丝适宜生长温度为 22 ~ 26℃，子实体生长温度 20 ~ 26℃；需散射光及适当的直射光，通风良好，空气新鲜，耳片生长正常，培养料含水率以 63% 为宜。育耳期要求空气相对湿度 85% ~ 90%，子实体生长期要求空气相对湿度 90% ~ 95%，pH 值5.0 ~ 6.5。在常规条件下，从菌丝满袋至耳芽出现需 18 天。子实体耳片厚、脉筋较多，弹性好，胶质丰富，适口性较好。抗病鉴定结果该品种未发现病害。

栽培要点 该菌种属中熟品种，可春、秋两季栽培出耳。春栽每年 12 月接种栽培袋，适温条件下 30 ~ 40 天菌丝可长满袋，再培养 10 天左右，使菌丝由营养生长转为生殖生长。翌年日均气温 13℃左右（牡丹江地区为 5 月 1 日前后），适时每袋开"V"型出耳口 12 ~ 15 个，摆于畦床面，盖草帘并喷水催耳芽。秋栽一般每年 5 月接种栽培袋，秋季当温度降低至 20℃左右（7 月下旬至 8 月上旬）催耳芽栽地。出耳芽后控温 20 ~ 22℃，早、晚喷雾状水，保持空气相对湿度 85% ~ 90%，耳片不干边为宜。耳片圆盘状时多喷水，使湿度达 90% ~ 95%，成熟前降湿至 75% ~ 85%，注意加强通风和干湿交替管理。成熟时及时采收。培养基配方为阔叶树木屑78%，麸皮（或米糠）20%，石膏1%，石灰1%，含水率60% ~ 65%。适宜栽培密度为 25 袋/m^2。

适应区域 黑龙江省东部适宜地区。

技术依托单位 黑龙江农业经济职业学院

（十七）黑木耳宏大1号

品种来源 长白山白石山林区野生黑木耳菌株育成。

审定情况 2009年黑龙江省审定。

审定编号 黑登记2009048。

特征特性 黑木耳品种。菌丝体在培养基上生长整齐、粗壮，菌丝浓密、洁白，生长速度快，25℃时12天长满斜面培养基、呈状绒毛状。菌落边缘整齐，稍有爬壁。接种块周围易出现褐色素斑。籽实体单片聚生成朵，根细，耳片色黑，形状耳形、碗形，圆边，易分割成单片，厚度1.5~2mm，呈耳状—碗状，耳片腹面呈黑色，光滑，发亮，背部暗褐色密被暗灰色毛，脉筋较多；胶质成分丰富。收获时耳根基收缩不带培养基。菌丝适宜生长温度为12~30℃，前期26~28℃，中期23℃，后期20℃；籽实体生长温度13~25℃，最适宜温度18℃。籽实体原基发生需要2 200~2 500lx光照刺激。菌丝体生长阶段籽实体原基发生阶段及籽实体生长阶段均需要新鲜空气。培养料含水率以60%为宜。育耳期要求空其相对湿度70%~75%，籽实体生长期要求空气相对湿度85%~90%。菌丝生长阶段对pH值要求5.5~6.5，籽实体发育阶段pH值5.0~5.5。抗病性较强。在适应区生育日数60天左右。

栽培要点 春季气温稳定在13℃就可以开口、催芽，15天后气温15℃开始分床晒袋。选择靠近水源，地势平坦地块，避开风口，低湿地，林地，对场地进行消毒；春季栽培在气温稳定在13℃用0.5%高锰酸钾溶液对栽培袋消毒，开12~15个出催芽床内气温保持23℃以下，2 500lx的光照，10℃以上温差，相对温度70%~75%；分床晒袋按出耳要求将栽培菌袋摆在栽培床上，在全光条件下晒10天；温度最好保持25℃以下，超过这个温度及时通风，降低空气湿度；水分、湿度状况干湿交替，干时相对温度65%，湿时相对温度85%以上，浇水初期少浇，中期后期浇大水，保持全光照，及时清除田间杂草。当耳片平展，边缘平滑整齐时采收。

注意事项 遇极端温度刺激耳片有变黄的情况出现，如连续30℃以上高温天气10天，或栽培菌袋含水率过大情况下冰冻，出现黄木耳。

适应区域 黑龙江省南部地区春季栽培。

技术依托单位 牡丹江市宏大食用菌研究所

（十八）黑木耳特产1号

品种来源 小兴安岭丽林实验林场采集的野生黑木耳育成。

审定情况　2009 年黑龙江省审定。

审定编号　黑登记 2009049。

特征特性　大筋黑木耳品种。菌丝体在培养基上生长整齐、粗壮，菌丝浓密、洁白，生长速度较快。菌种长期储存易出现黄褐色素斑。子实体边缘整齐，颜色深黑、耳片大、厚，正反面对比明显，耳片背面有耳筋，筋少而粗。根颜色略深。菌株适宜的 pH 值为 5.5～6.5。菌丝适宜生长温度为 10～35℃，前期 25℃，中期 20～25℃，后期 20℃；子实体生长温度 10～35℃，最适宜温度 20℃。菌丝生长期不需要光照，子实体生长期需要散射光及适当的直射光。菌丝生长及子实体生长均需要充足的氧气。胶质多，丰产性好。抗病鉴定结果为耐水、抗高温，抗病性较好。在适应区生育日数 62 天左右。

栽培要点　适合春季平坦地块、低湿地、林地、靠近水源避开风口地块栽培。培养料为木屑，麦麸，秸秆，米糠，玉米粉，豆粉，石膏，白灰。配方一是阔叶树木屑 80%，麸皮 15%，玉米 3%，豆粉 1%，石膏 0.7%，白灰 0.3%，含水率 60%；二是阔叶树木屑 80%，米糠 15%，玉米面 2%，豆粉 2%，石膏 0.7%，白灰 0.3%，含水率 60%。出耳管理应在春季稳定在 13～15℃ 时，用 0.5% 高锰酸钾溶液对栽培袋消毒后开口，每袋开"V"形出耳口 12～16 个，15 天左右现原基，再经 25～30 天培养成熟。选择好场地，做好栽培场地及周边灭菌消毒。出耳期田间温度最好保持 25℃ 以下，超过这个温度及时通风，出耳后，早、晚喷雾状水，白天晾晒，注意加强通风和干湿交替管理降低空气湿度。调整好水分、湿度状况，做到干湿交替，干时相对温度 65%，湿时相对温度 85% 以上，浇水初期少浇，中期后期浇大水，保持全光照，及时清除田间杂草。当耳片平展耳边缘平滑整齐时采收。

注意事项　菌丝伤热、缺氧或受冻害籽实体颜色变黄，注意防治。

适应区域　黑龙江省春季袋装栽培。

技术依托单位　黑龙江省林副特产研究所

（十九）黑木耳雪梅 1 号

品种来源　黑龙江省林口县山区西山阳深山内选得野生菌株分离而成。

审定情况　2008 年黑龙江省审定。

审定编号　黑登记 2008039。

特征特性　子实体边缘整齐，朵大，耳筋宽大，耳片较厚、色黑，不流耳。木段栽培能拣 3～4 年耳。菌丝体在培养基上生长整齐、粗壮，菌丝浓密、洁白，生长速度较快。接种块周围易出现黑褐色素斑。子实体边缘整齐，片大，根细，耳片较厚，呈朵状，耳片腹面呈黑色，背部黑褐色。收获时耳根较小并易采摘。菌丝生长对温度适应性强。在 5～35℃ 均可生长繁殖，最适温度是 20～26℃，前期 26℃，中期 21~23℃，后期 21℃。子实体的发生范围大约为 15~32℃，最适温度是 20℃；子实体生长温度 15~32℃，最适宜温度 20℃左右。子实体生长期需要散射光及适当的直射光。人工配制培养基水分含量以 60%~65% 为宜，黑木耳的菌丝体在生长中要求木材的含水率 40% 左右。木段菌菌丝生长的 pH 值 6.5~7；地栽菌菌丝生长的 pH 值最适范围是 7~8。

产量表现 2006—2007 年生产试验平均 100kg 干料产耳量 10.7kg，较对照品种增产 10.6%。

栽培要点 适宜春秋两季栽种；抗病抗杂能力较强、有良好适应性，不流耳。袋栽培养料配方为阔叶树木屑 78%，麸皮 10%，豆粉 1%，石膏 0.5%，白灰 0.5%，含水率 65%。日温 15~32℃ 之间划口，18 天左右现原基，再经 25~30 天培养成熟。每袋开"V"型出耳口 12~16 个，出耳牙后，早、晚喷雾状水，保持空气相对湿度 85%~90%；注意加强通风和干湿交替管理；耳片 8~9 分成熟时采收。

注意事项 该品种受冻害后，个别子实体颜色由黑褐色会变为黄褐色。

适应区域 黑龙江省各地。

技术依托单位 黑龙江省海林市柴河镇冬梅食用菌厂

（二十）黑木耳德金 1 号

品种来源 在大兴安岭采集野子实体，经过耳木分离得到菌株。

审定情况 2008 年黑龙江省审定。

审定编号 黑登记 2008040。

特征特性 菌丝生长快、出耳早、朵型好，生物学效率高，属中温型，出耳温度 8~24℃，8~10 天见耳芽，再经 24~28 天培养成熟。鲜耳黑色，干耳背面有褐色短绒毛，腹面漆黑色，耳片厚，木耳在开片期喜大水或连阴雨。水分过小不利于开片，pH 值 5.5~6.5 为宜。菌丝生长期间，见光袋壁易出耳芽。耳背黑褐色，耳片边缘呈裙褶状，片厚，木椴栽培能拣 3~4 年耳。地栽子实体朵大，根细，耳片厚，根细，呈朵状，耳片腹面呈漆黑色，背部棕黑色有褐色短绒毛。

产量表现 2006—2007 年生产试验平均 100kg 干料产耳量 10.8kg，较对照品种增产 15.9%。

栽培要点 菌丝适宜生长温度为 20~25℃，前期 25℃，中期 23℃，后期 21℃。子实体生长温度 8~24℃，最适宜温度 20℃。散射光照时候形成耳基，直射光照时候可使耳片增厚增色。流通新鲜空气培养料含水率以 60% 为宜。育耳期要求控其相对湿度 80%，子实体生长期要求空气相对湿度 90%。春、秋两季均适合栽培。划口长度不能超过 1.5cm，以避免耳根过大。耳片开片期应喷大量的水，"干干湿湿"的管理方法，以促进木耳开片或盖草帘管理。杂菌能力强，不易被污染，抗逆性较强。出耳芽后控温 20~27℃，白天喷水耳片有光泽湿润感不卷边即可，晚间应多喷水，保持空气相对湿度 90%~95%，成熟前保持"干干湿湿"，注意加强通风管理。待子实体 80% 成熟时及时采收。培养料及配方为锯末 78%，麦麸 20%，石膏 1%，白糖 1%。木耳在开片期喜大水或连阴雨。

注意事项 在开片期，水分过小不利于开片，菌丝生长期间，见光袋壁易出耳芽。

适应区域 黑龙江省各地。

技术依托单位 东宁县必得金食用菌研究所

（二十一）黑木耳 1 号

审定情况 2001 年黑龙江省认定。

审定编号 黑认 200115。

特征特性 菌丝体在 CPDA 培养基上为白色绒毛状。菌落边缘整齐，菌块周围产黑色或黑褐色色素斑，不易扩散。子实体簇生，菊花形，背部黑褐或浅褐色。袋料栽培成熟耳片最大朵 16~18cm，厚 1.8~2mm，单孢子肾形，孢子印白色。新鲜耳片 252 小时大量放孢子，6 小时可达 $383×10^6$ 个，96 小时停止释放，−20℃ 放 2 个月，耳片仍能放孢子，在 CPDA 液体培养基上 5 小时开始萌发，24 小时萌发率可达 90%。该品种耐低温，菌丝生长温度 6~35℃，最适温度 25~30℃。子实体生长温度 14~35℃，最适温度 20~25℃。pH 值在 3.5~11.5 范围内均能生长，最适 pH 值 4.5~7.5，蛋白胨、硫酸铵、尿素是菌丝生长的最好氮源，蛋白胨、硫酸铵的最适浓度为 0.05%~1%，高于 2% 时生长速度减慢；尿素浓度 0.3% 时，菌丝生长最佳，高于 1% 时生长减慢；蔗糖是最好碳源，浓度为 0.5%~3% 最佳。袋栽在标准木屑培养基上，17cm×33cm 的所料袋 50~55 天 25℃ 长满袋，14℃ 见光，10 天后出耳芽，产耳时间集中，从割口到采收 22~25℃ 1 个月结束。每 100kg 干料可产干耳 11.6kg，转化率 11.6%。木段栽培，接种当年出耳率可达 80% 以上，第二年为盛产期，柞木段整个三年生产，后期产量 15~20kg/m³ 干耳。

产量表现 段木栽培一般产干耳量为 17.97kg/m³，袋料栽培一般 100kg 干料产干耳量为 13.33kg。

栽培要点 ①木段栽培：10 月至翌年 2 月伐树，截成 1.0~1.5m 长木段；堆放困段，使树木细胞死亡；菌种在 0℃ 就可接种，孔距 8~10cm，行距 3~4cm，打孔深 1.5cm，孔直径 1.4~1.6cm 打成品字型，菌种填满孔，松紧适度，加盖；选好场地，使气候条件将段平铺地面，也可上堆发菌，每隔 7 天左右翻动 1 次；木段菌丝发育成熟后起架催耳，平架支柱 40~50cm，或摆放成单面向阳起架；出耳管理通常不浇水，靠自然下雨满足木耳生长所需水，如果浇水，一定在早晚一次浇透，木耳成熟后，即可采收，晾晒，包装；冬季可将耳段平铺地面，用雪覆盖，接一次种可连续采耳 3 年。②袋料栽培：装袋、灭菌用 17cm×33cm 聚乙烯塑料袋装 0.9～1.0kg 湿料，松紧适度，100℃常压灭菌 6～8 小时。当栽培袋冷却至 30℃以下时，无菌操作接入菌种，24～28℃培养50～55 天；当菌丝长满袋后，困菌 10～15 天，去掉棉塞，用刀扎在袋上割 10～12 个 V 字型口，成品字形，口深 0.2～0.4cm，将开口的袋摆放于事选准备好的栽培场地，摆 25～30 袋/m²。结合天气情况，晴天多浇水，雨天不满足，早晚浇透，中午浇，保持相对湿度85%～95%，耳片充分展开，即可采收，晾晒。

适应区域 黑龙江省各地。

技术依托单位 黑龙江省科学院应用微生物研究所

（二十二）黑木耳 2 号

审定情况 2001 年黑龙江省认定。

审定编号 黑认 200116。

特征特性 菌丝体在 CPDA 培养基上菌丝洁白，浓密，气生菌丝较长，呈绒毛状。菌落边缘整齐，均匀健壮。接种快周围易出现红褐色色素斑。子实体簇生，根细，片大，呈碗状，背部有筋，黑色。该品种耐低温，菌丝生长温度10～35℃，最适温度 24～28℃。子实体生长温度 14～35℃，最适温度 20～25℃。pH 值 3.5～11.5 内均能生长，最适 pH 值 4.5～7.5，培养料水分在 30%～70% 均能生长，水分在 60% 时，长速最快，长势最好。酵母粉、尿素是菌丝生长的最好氮源，尿素的最适浓度为 0.05%～0.1% 时；蔗糖和可溶性淀粉浓度在 0.5%～0.8% 菌丝长速和长势远销明显差别，葡萄糖浓度在 0.5%～2% 长速及长势最好。袋栽在标准木屑培养基上，17cm×33cm 的所料袋50～55 天 25℃长满袋，14℃见光，20 天后出耳芽，产耳时间不集中，从割口到采收 22～25℃两个月结束。每 100kg 干料可产干耳 13.3kg，转化率 13.3%。木段栽培，接种当年出耳率可达 95% 以上，第二年为盛产期，柞木段三年周期干耳产量 17～25kg/m³。

产量表现 段木栽培一般干耳产量为 17.4kg/m³，袋料栽培一般 100kg 干料产干耳量为 13.33kg。

栽培要点 ①木段栽培：10 月至翌年 2 月伐树，截成 1.0～1.5m 长木段；堆放困段，使树木细胞死亡；8808 菌种在 0℃就可接种，孔距 8～10 厘米，行距 3～4cm，打孔深 1.5cm，孔直径 1.4～1.6cm 打成品字形，菌种填满孔，松紧适度，加盖。选好场地，使气候条件将段平铺地面，也可上堆发菌，每隔 7 天左右翻动一次；木段菌丝发育成熟后起架催耳，平架支柱 40～50cm，或摆放成单面向阳起架；通常不浇水，靠自然下雨满足木耳生长所需水，如果浇水，一定在早晚一次浇透。木耳成熟后，即可采收，晾晒，包装。冬季可将耳段平铺地面，用雪覆盖,接一次种可连续采耳 3 年。②袋料栽培:用 17cm×33cm 聚乙烯塑料袋装 0.9～1kg 湿料,松紧适度,100℃ 常压灭菌 6～8 小时。当栽培袋冷却至 30℃ 以下时,无菌操作接入菌种,24～28℃ 培养 50～55 天。当菌丝长满袋后,困菌 10～15 天,去掉棉塞,用刀扯在袋上割 10～12 个 "V" 字形口,成品字形,口深 0.2～0.4cm,将开口的袋摆放于事选准备好的栽培场地,每平方米摆 25～30 袋。结合天气情况,晴天多浇水,雨天不满足,早晚浇透,中午浇,保持相对湿度 85%～95%。耳片充分展开,即可采收,晾晒。

适应区域　黑龙江省各地。

技术依托单位　黑龙江省科学院应用微生物研究所

(二十三) 黑木耳林耳 1 号

审定情况　2001 年黑龙江省认定。

审定编号　黑认 2001—14。

特征特性　该菌种是适宜袋用料栽培的中温型黑木耳优良菌株,菌丝体生长的适宜温度为 23～27℃,培养基含水率为 60%,pH 值 5.5～6.5,子实体生长的适宜温度为 17～25℃,在适宜条件下,菌丝体生长旺盛,洁白,粗壮,抗杂菌能力强,耳芽形成快,出耳齐,袋内壁耳芽少,耳根小,耳片黑大肥厚,生物转化率高达 144%。该品种在出耳时,如果温度过低,低于 15℃ 的情况下,会促使耳根较大。

产量表现　每 100kg 干料可产优质干耳 8～12kg。

栽培要点　栽培容器采用低压聚乙烯菌袋,培养料以硬杂木屑的粗细混合料为最好;最佳出耳期以 5 月上中旬为宜,春季出耳应选择向阳通风,水源良好的草地及平地,夏秋季应选择通风水源良好的林地。开袋出耳菌丝恢复生长的适宜温度为 22～26℃,相对湿度为 70%。耳芽形成时空气相对湿度应在 80% 以上;耳片在 8～9 成成熟时及时采收。

(二十四) 黑木耳伊耳 1 号

品种来源　小兴安岭野生黑木耳分离选育。

审定情况　2001 年黑龙江省认定。

审定编号　黑认 2001—13。

特征特性　子实体单生,原基形成温度是 10～15℃,子实体展片至成熟温度为 16～24℃,制菌袋培养菌期为 40～50 天,从摆袋出耳至采收结束是 80～90 天。该品种子实体形成温度较低,但展片快,较耐高温,明显具有小兴安岭地区地气候特点,产量稳定,商品价值高。

产量表现　菌袋规格 17cm×33cm,培养料平均干重 400g,平均每袋产干耳 38.5g。

栽培要点 该菌株适应袋料栽培，采用（15～17）cm×（30～40）cm 规格的聚乙烯和聚丙烯塑料制菌袋均可，一般是在 2 月末至 3 月中旬制栽培袋，5 月末至 6 月中旬划口出耳，栽培方法以林下摆袋出耳为最好，产量高，质量优，病虫害少。也可以采用大菌棚和大田摆袋栽培，每平方米摆 22～24 袋为宜，场地选择通风，向阳，近水源，潮湿，无污染的地块。

适应区域 黑龙江省各地。

技术依托单位 黑龙江省伊春市友好区食用菌研究所

二、生产技术

（一）黑木耳小孔栽培技术

技术概述 近几年，黑龙江省食用菌产业迅速发展，目前已成为全国第五大食用菌生产大省，主要品种为黑木耳，占全省栽培量的 80% 以上，位居全国第一位，产品出口到东南亚、韩国、日本、俄罗斯等国家。黑龙江省黑木耳开穴技术以割"V"形口为主，黑木耳成花朵式生长，耳片大，根大，商品性一般，价格比浙江等地木耳每千克低 10 元左右。为改变这一现状，经多年试验成功了黑木耳小孔栽培技术，采用该项技术产出的黑木耳具有耳根小、单片、出耳整齐、出耳茬数多、采摘时省工、晾晒时干得快等特点，质量上有明显的优势，备受市场欢迎，销售价格高。

增产增收情况 每袋平均产干木耳 0.04kg，每袋产值 0.04kg×66kg 元 = 2.64 元，每袋纯利润 1.3 元，增收 30%。

技术要点 ①优良菌种选择：选择色黑、耳厚、圆边、褶少、形态好（碗状）、抗病、产量高的单片菌种，也可以选择开片较好的朵状菌种，不宜选择菊花状品种。②菌袋选择：小孔栽培应选择质地优良、袋薄且伸缩性好的塑料袋。③制菌方法：小孔栽培一般采用免颈圈法或菌棒法。④菌袋培养：要立袋单层或双层摆放。培养室使用前要消毒，室温初期控制在 25～28℃，菌丝布满料面后，降至袋温 24℃ 近似恒温培养，避光，每天两次通风换气，每次 0.5 小时。培养 3～7 天开始检查发菌情况，污染杂菌袋及时处理。30 天左右菌丝发满菌袋。⑤开口催耳芽：要在料袋紧贴处刺口，不要在强光、高温、大风、雨天刺口，也不要在料袋分离、皱褶处、袋内形成原基处及无菌丝处刺口。每袋刺孔 80～120 个，孔径在 0.5～0.8cm，割口深度 0.5～0.8cm，耳芽 7～8 天即可形成并封住划口线。⑥集中催芽管理：床内湿度要控制在 85%～95%，温度保持 10～25℃，以 18～23℃ 最佳。隔 2～3 天，在无风早晚时将草帘掀起，抖去积存水珠，并辅以短暂吹风，只要温度不超过 25℃，无需天天通风。⑦耳芽期管理：床温超过 25℃，加盖一层草帘遮阴降温保湿。待原基长至 1~1.5cm 时，适当加大通风量每次 1~2 小时，间隔 2~3 天 1 次。原基长至 2~3cm，开始伸出小耳片，可分床管理。分床后晒 2~3 天，袋内温度 15~25℃ 时开始浇水。浇水要少浇、勤浇，每半小时左右就要浇 1 次，每次浇 3~5 分钟，以各个耳片都湿透为准。⑧子实体生长期管理：保持床温 15~25℃，湿度 90%~100%。在水分的管理上，要遵循"干长菌丝，湿长木耳"的规律，采用"干干湿湿"的管理方法。⑨采收晾晒：在木耳长至 7~8 成熟时进行采摘。第一茬木耳长大采收前先停水 2~3 天。木耳采收后耳床、菌袋要继续停水，晒袋 7~8 天，连续浇水 7~8 天后停水。继续晒袋 8~10 天后，再连续浇水 7~8 天，适时采收。

适宜区域 黑龙江省食用菌产区。

技术依托单位 牡丹江市东宁县食用菌技术推广站

（二）地栽黑木耳秋延后生产技术

技术概述 春季木耳采摘结束后，菌袋营养没有完全消耗掉。随着木屑等原材料和人工工资的上涨，菌袋成本呈现逐年上涨趋势。为降低菌包生产成本，避免菌袋营养浪费，重点推广了地栽黑木耳秋延后技术，增加菌农收入。

增产增收情况 采用这种开盖增产增收技术，在上冻前可采收 3~4 茬，而且产出的木耳质量优、色泽好、耳片厚，每袋食用菌可以增加产量 10~15g，增收 0.5 元以上。

技术要点 ①揭盖方法：阳历 7 月中旬至 8 月初期间，节气在立秋前后，把菌袋顶部全撕开（即揭盖）。已经风化，用手轻轻一抠即可达到揭盖效果，对于部分质量较好，并未风化的坚固菌袋，可用刀片在菌袋周边割口后，抠去顶盖即可达到揭盖效果。②二次扩面：开盖采摘两茬木耳后，菌袋塑料膜再向下撕 5cm（约 3 指宽），使菌袋顶部剩余营养得到充分的开发利用。春季采取在菌袋顶部打 4~6 个孔的开孔方式，揭盖后出芽时间相对于春季未在顶部开孔的菌袋能提前半个月。③浇水管理：菌袋揭盖后，晾晒 3~4 天，然后开始浇水。浇水时间分别是 5:00~10:00，15:00~21:00 浇水十几分钟，间歇 30 分钟，再浇水十几分钟，要少浇水，勤浇水。出芽后浇水十几分钟，间歇一小时，再继续浇水。④施肥方法：表面出芽后，喷施一次磷酸二氢钾给菌袋补充营养，普通农用喷雾器（17.5kg 水）对一小袋磷酸二氢钾（市场售价每袋 1.5 元）。木耳采摘前 1~2 天，再喷施一次磷酸二氢钾，木耳的色泽光鲜，质量较高。

适宜区域 黑龙江省食用菌产区。

技术依托单位 海林市食用菌办公室

（三）黑木耳棚室挂袋栽培技术方案

技术概述 近两年，黑龙江省黑木耳发展迅速，生产面积已达 50 万亩以上，部分良田改为黑木耳种植，不与粮争地作用逐年弱化，为提高土地利用率，开展了黑木耳棚室挂袋栽培技术的研究与推广。该项技术具有省地、省水、省工和出耳早、防流耳、易管理等优点，在相同面积下，"挂袋耳"菌袋摆放数量是传统地栽木耳的 6 倍。棚室生产环境可控，一个生产周期可省水 70% 以上。采摘期提前 1 个月，产出的木耳洁净、无泥沙、品质好、售价高，是一种最新的栽培技术。

增产增收情况 采用该项技术每亩挂袋 4 万袋以上，是地栽的 4 倍以上，每 0.5kg 售价高于地摆 5～7 元，每袋增效 20% 以上。

技术要点 ①棚室搭建牢固、结构合理：棚顶呈拱形，棚高 2.8～3.5m，宽 8～10m，长度不限。大棚用钢管或钢筋焊接而成，整体要牢固。②春季抢早覆膜增温：3 月中、下旬将棚膜覆上，增加地温，利于抢早挂袋出耳。③科学安排挂袋密植：棚室挂袋栽培与地面栽培相比具有保湿容易、通风难的特点，通风不畅容易产生畸形耳，影响产品质量，每平方米（含作业道）挂袋密度为 80～100 袋。④适时刺孔挂袋：当棚室内地面化冻深度达到 0.5m 以上时，将菌袋移入棚内，一般在 3 月末至 4 月初之间。先将菌袋呈两行 5 层高逐行跺在棚内，盖上草帘或遮阳网，夜晚气温降低可覆盖塑料增温，经过 4～5 天的复壮开始刺孔（刺孔直径 4mm 左右，孔数在 120～160 个），刺孔后仍跺菌复壮，加快菌丝刀口愈合。刀口愈合、菌袋贴料后开始挂袋，每串 8 个。挂袋后底部菌袋应离地 0.5m。⑤催芽期管理：挂袋后催芽管理应坚持保湿为主、通风为辅，空气相对湿度 85% 以上。每天喷几次雾状水，喷水量不宜过大。每天早、晚各通风 1 小时，根据气温变化适当增减覆盖物，管理得当 7～10 天即可出齐耳芽。⑥耳片生长期管理：耳芽出齐后应增强通风、加大浇水，严格控制气温在 25℃ 以下。大棚上部和侧面塑料布各预留 1m 和 1.5m 的通风带。⑦采收管理：出齐耳芽后浇水管理 15 天左右可采收头茬耳。头茬耳采收后晒袋 5 天左右再浇水，当木耳采收过半时停一次水，然后将耳片浇大，一次性采收完。二潮耳管理要模拟下中雨的环境，夜晚连续浇水 5～6 次，一般在 7～8 天可在小耳基上再分化耳芽，连续浇水管理 5 天左右即可采收第二潮耳。

适宜区域 黑龙江省食用菌产区。

技术依托单位 黑龙江省农业科学院牡丹江分院

（四）寒地草腐菌优质栽培技术

技术概述 北方天气寒冷，以往以双孢菇为代表的草腐菌只在南方及中原地区栽培。因此，我国草腐菌栽培技术主要适用于气候温暖地区，在北方地区不能很好应用；另外，我国多数草腐菌产区都采用小规模经营，生产效率低，效益相对低。针对上述问题，对寒冷地区以双孢菇为代表的草腐菌优质栽培技术进行研究，突破了现有技术的界限，形成一套具有自身技术优势的适合我国北方寒冷地区的草腐类食用菌栽培技术体系。

增产增收情况 应用该项技术增产 $0.25kg/m^2$，增产 20%，增效 38 元以上，增幅 33%。

技术要点 ①优良菌种选择：使用适合北方寒地栽培的草腐菌品种，如 AS2796 等。②使用最佳培养料配方：按 $100m^2$ 计算，最佳配方为干稻草 1 700kg，过磷酸钙 30kg，干牛粪 1 600kg，石膏粉 50kg，碳酸钙 30kg，碳酸氢铵 30kg，石灰粉 50kg。③低温发酵菌剂的应用：在低温条件下启动发酵过程，可以缩短发酵周期，保证在冬季正常生产，而且能够减少氮素损失。④采用隧道式发酵技术：采用此项技术处理原料，节省时间、节约成本。⑤覆土技术：选择当年未施用蘑菇废料的田地，取耕作层以下的土壤，将土打碎，直径在 $1\sim1.5cm$，取用量为 $4\sim5m^3$ 土/$100m^2$，用石灰 $50\sim75kg$、稻壳 $200\sim250kg/100m^2$ 与土粒均匀混合，测定 pH = 7.5。播种后 $15\sim20$ 天，菌丝基本走满后即可覆土。覆土时，约 2/3 的土粒放下层，待到菌丝即将爬上土面时将余下 1/3 土放上层。细土层总厚以 $3.0\sim4.0cm$ 为宜。⑥栽培工艺：备料→建设菇房、运料进场、整理场地（$20\sim30$ 天）→稻草切短、牛粪粉碎→预湿（2 天）→建堆（$3\sim4$ 天）→一翻（3 天）→二翻（$2\sim3$ 天）→三翻（2 天）→进房→二次发酵：升温培养（$48\sim52℃$，$1\sim2$ 天）、巴氏消毒（$60\sim62℃$，$6\sim10$ 小时）、控温培养（$48\sim52℃$，$3\sim5$ 天）→降温整床（1 天）→播种（3 天）→走菌（$15\sim20$天）→覆土（1 天）→爬土（10 天）→通风打水（7 天）→出菇→采菇→栽培管理（120 天）→清除废料→结束。

适宜区域 黑龙江省食用菌产区。

技术依托单位 东北农业大学资源与环境学院

上海市食用菌主要品种与生产技术

一、主要品种

工厂化生产菇类的品种主要以各食用菌工厂自己引进、选育、保留为主，近几年有较多品种通过了上海市品种审定（表1）。

表1　上海市食用菌生产主要种类与品种

种类	典型品种
杏鲍菇	杏丰5号（2012）、雪榕杏鲍菇（2011）
金针菇	雪榕金针菇3号（2011）、雪榕金针菇8号（2011）、金针菇G1（2009）
真姬菇	雪榕蟹味菇（2011）、丰科白玉菇1号（2010）、丰科白玉菇2号（2010）、丰科蟹味菇1号（2010）、丰科蟹味菇2号（2010）、真姬菇H11（2009）、真姬菇FX-1（2007）、白玉菇H7（2012）

2014年上海市联中食用菌合作社新投产工厂化栽培双孢菇，主要栽培品种为美国施尔丰公司的A15，货架期长，菇形好，适应性强，产量20~30kg/m²。

（一）双孢菇As2796

品种来源　单孢杂交选育，亲本为02（国外引进种）、8213。

审定情况　1993年福建省认定。

特征特性　子实体大型，单生；菌盖白色，半球形，一般直径3~3.5cm，厚2~2.3cm，表面光滑；菌柄白色，圆柱形，一般长2cm左右，粗1.3cm左右，质地致密，中生。

产量表现　在适宜的栽培条件下产量9~11kg/m²。

栽培要点　出菇的温度范围8~20℃，适宜生长温度14~16℃，菌丝生长温度范围5~33℃，适宜温度为24~26℃。培养料后发酵结束含氮量1.8%~2.0%，pH值7.0~7.2，含水率58%~62%。发菌期间菇房空气相对湿度为

70%，出菇期间菇房空气相对空湿度为90%。

适宜区域 各蘑菇主产区均可栽培。

选育单位 福建省轻工业研究所蘑菇菌种研究站。

（二）双孢菇 W2000

品种来源 单孢杂交选育，亲本为As2796、02。

审定情况 2012年福建省认定。

审定编号 闽认菌2012008。

特征特性 菌落形态为中间贴生、外围气生。子实体单生，组织致密；菌盖白色、扁半球形，直径3~5.5cm，厚1.8~3cm，表明光滑；菌柄白色，长1.5~2cm，直径1.3~1.6cm，肉质、无绒毛和鳞片，比较圆整，适合鲜销。

产量表现 在适宜的栽培条件下产量9~11kg/m^2。

栽培要点 适于经二次发酵的粪草料栽培，投料30~35kg/m^2。发菌温度24~28℃，培养基含水率65%~70%为宜，菌种萌发力强，吃料快，生长强壮有力，抗逆性较强。子实体生长的温度16~20℃，空气相对湿度90%~95%，对二氧化碳较敏感，适宜的二氧化碳浓度在1 500mg/m^3以下。子实体生长快，转潮快、潮次明显。从播种到采收35~40天。

适宜区域 各蘑菇主产区均可栽培。

选育单位 福建省农业科学院食用菌研究所

（三）双孢菇 W192

品种来源 单孢杂交选育，亲本为As2796、02。

审定情况 2012年福建省认定。

审定编号 闽认菌2012007。

特征特性 菌落形态为贴生、平整，气生菌丝少。子实体单生，组织致密；菌盖白色，扁半球形，直径3~5cm，厚1.5~2.5cm，表面光滑；菌柄白色、圆柱状，长1.5~2cm，直径1.2~1.5cm，中生、肉质、无绒毛和鳞片。

产量表现 在适宜的栽培条件下产量10~12kg/m^2。

栽培要点 适于经二次发酵的粪草料栽培，投料30~35kg/m^3。发菌适宜温度24~28℃，菌丝爬土能力强，扭结快，成活率高。子实体生长温度范围广，耐高温，为16~20℃，空气湿度90%~95%，二氧化碳浓度在1 500mg/m^3以下。子实体生长快，转潮较明显，前四潮产量较集中，可用于工厂化栽培。

适宜区域 各蘑菇主产区均可栽培。

选育单位 福建省农业科学院食用菌研究所

（四） 草菇 VH3

品种来源 由广东引进品种诱变育成。

审定情况 2004 年上海市审定。

审定编号 沪农品认食用菌（2004）第 076 号。

特征特性 子实体菌盖灰黑色，菇形好，产量高，口感佳。其出菇温度比出发菌株 V23 低 2℃，生物学效率在较低温度下（28℃）比出发菌株高出 120%。

产量表现 在 30℃、28℃ 和 26℃ 三个不同温度下，4 个诱变株在总生物学效率上表现出比出发菌株提高的趋势，其中 VH3 的增加趋势明显。大两潮菇的生物学效率比例上，出菇主要集中在第一潮，但随栽培温度的下降，第二潮菇在总产量上所占的比例有所提高。

栽培要点 菌丝体适宜生长温度 25 ~ 32℃，子实体生长适宜温度 26 ~ 32℃，最适温度 28℃。培养料配方为棉籽壳 95%，石灰 5%。栽培方式为床栽，栽培场所可在栽培房或塑料大棚。

适宜区域 长江流域。

选育单位 上海市农科院食用菌所

（五） 草菇 V23

品种来源 20 世纪 60 年代中期，由中国科学院中南真菌研究所筛选。

特征特性 子实体卵圆形。菌盖完全张开时直径达 19cm。菌柄近圆柱形，充分伸长达 15cm 左右。个重 30g 左右，属大型品种。深褐色至灰褐色，中大朵，椭圆形，包被厚而韧，圆菇率高，不易开伞，产量较高。

产量表现 每 100kg 投料产鲜菇 12 ~ 18kg。

栽培要点 菌丝和子实体生长的适宜温度分别为 36℃ 和 28 ~ 32℃。对高温、低温和恶劣气候的适应性弱。培养料配方为棉籽壳 95%，石灰 5%。栽培方式为床栽，栽培场所可在栽培房或塑料大棚。

适宜区域 长江流域。

选育单位 中国科学院中南真菌研究所

（六） 香菇 L808

品种来源 段木香菇组织分离，系统选育。

审定情况 2008 年经全国食用菌品种认定委员会第二次会议通过认定。

审定编号 国品认菌（2008009）。

特征特性 子实体单生，中大叶型，半球形；菌盖直径 4.5 ~ 7cm，深褐色，菌盖表面丛毛状鳞片明显，呈圆周形辐射分布；菌肉白色，致密结实不易开伞，厚度在 1.2~2.2cm；菌褶直生，宽度 4mm，密度中等；菌柄长约 1.5~3.5cm，粗 1.5~2.5cm，上粗下细，基部圆头状；孢子印白色。

产量表现　秋冬季出菇，秋菇的比例较高，无明显潮次。

栽培要点　中高温型菌株，菌龄 90~120 天，出菇温度为 12~25℃，最适出菇温度为 15~22℃；菇蕾形成期需 6~10℃的昼夜温差刺激。

适宜区域　各香菇主产区均可栽培。

选育单位　浙江省丽水市大山菇业研究开发有限公司

（七）香菇申香 16 号

品种来源　单孢杂交选育，亲本为 939、135。

审定情况　2009 年上海市审定。

审定编号　沪农品认食用菌（2009）第 002 号。

特征特性　菌丝粗壮浓白，抗逆性强；菌棒转色快、深、均匀；子实体单生，菇形圆整，菌盖黄棕色，菌肉厚实，耐贮存；鳞片布满菌盖；菌柄细、中等长度。鲜菇口感嫩滑清香，适于鲜销。

产量表现　8 月中旬、下旬接种，11 月上旬至翌年 4 月为出菇期，在浙江和云南栽培平均产量 744g/棒，生物学效率 82.3%。

栽培要点　中温型品种，菌丝生长适宜温度为 20~25℃，出菇适宜温度为 10~22℃，适合代料栽培。制种期的安排根据不同地区，不同海拔高度而定，长三角地区制种在 8 月中旬、下旬。选择最高气温稳定在 20~25℃，晴天或阴天时出田。棚内的相对湿度要求保持在 90% 以上，菇蕾形成时需要 6~8℃的昼夜温差刺激。11 月上旬至翌年 4 月出菇，菇蕾均匀。菌丝恢复能力强，潮次明显，便于管理。

适宜区域　适宜在上海、浙江、河南、云南等地秋栽。

选育单位　上海市农业科学院食用菌研究所

二、生产技术

（一）双孢菇工厂化培养料堆制技术

技术概况　推广工厂化培养料集中堆制技术，实现蘑菇培养料工厂化、专业化生产，不仅减轻了农民栽培双孢菇的劳动强度，而且提高了培养料的质量，从而提高了单位面积的产出率以及鲜菇的品质，更重要的是改善了双孢菇栽培对农村环境的影响，对增强双孢菇的市场竞争能力、促进菇农增收具有十分重要的意义。

增产增效情况　采用传统方式预堆发酵，蘑菇产量为 10~15kg/m²；采用工厂化二次发酵培养料，蘑菇产量可达 25～30kg/m²。

技术要点 ①培养料配方：以栽培面积为 100m² 为例，则需稻草 2 273kg，干牛粪 727kg，干鸡粪 227kg，菜籽饼 136kg，石膏 55kg，过磷酸钙 36kg，石灰 41kg。②堆制操作步骤：第 1 天将稻草切成 3～5cm 充分预湿，其他辅料混合预堆，含水率 50%～55%。到第 4 天将粪草充分混合假堆，加入石灰，堆成 70～80cm 高，过一天料温在 65～70℃进房堆制。第 7 天进房堆制，高度 2.5～3m，堆温（中心温度）达到 75～80℃。鼓风机通气次数和通气量根据培养料温度而定。第 10 天翻堆（换房）培养料温度 75～80℃（料中心温度）。第 13 天翻堆（换房）培养料温度 75～80℃（料中心温度）前发酵结束。第 16 天翻堆（换房）二次发酵，换房时要求培养料充分疏松，进房后开始通入循环空气，并适当通入新鲜空气。第 17 天当培养料温度低于 50℃，通入活蒸汽，使料温升至 58～62℃，空气温度不低于 57℃，保持 8 小时。第 17～23 天维持阶段，通过新风（新鲜空气）和回风（循环空气）把培养料的最适温度 48～52℃保持 6 天。第 24 天冷却通气。导入新风，在 12 小时之内把温度降到 30℃以下。发酵结束后理化指标如表 2。③注意要点：粪草假堆时流出的水可以再利用。进房前如含水率不足可适当喷水。进房后翻堆换房，鼓风机通风次数和通气量根据培养料温度而定，换房时要求培养料充分疏松，进房后，开始通入循环空气，并适当通入新鲜空气。

表 2　双孢菇工厂化培养料发酵结束后的理化指标

判断标准	一次发酵标准	二次发酵标准
色泽	暗褐色	灰色（下霜状）
秸秆纤维	硬，有很强的抗拉力	柔软，有一点抗拉力，有弹性
气味	有少量氨味和厩肥臭味	新鲜的甜香味
手感	黏性强，滑，粪肥易黏手	完全没有黏性，不黏手，有弹性
浸出液	不透明	透明
含 N 量（%）	1.8～2.0	2.0～2.4
C/N		16～17
pH 值	7.5～8.0	6.8～7.4
NH₃（%）	0.15～0.4	<0.04
含水率（%）	70～72	65～68

双孢菇培养料工厂化集中发酵工艺是一项包括微生物发酵、机械制造、电子控制（温度、空气）的综合技术。

适宜区域　全国双孢菇主产区。

技术依托单位　上海市农业科学院食用菌研究所

（二）双孢菇覆土材料革新技术

技术概况 覆土是双孢菇由营养生长转向生殖生长的必要条件，至今为止，世界上最先进的双孢菇生产工艺技术仍需采用覆土技术。不同的覆土材料直接影响到双孢菇的产量，目前国内的双孢菇由于栽培条件、栽培区域和运输成本等因素的制约，一般都就地采用混合土或河泥砻糠土作为覆土材料，这两种覆土材料存在较多不足，如混合土（将表土 15cm 以下的细土和粗土混合）含水率低，持水性差；河泥砻糠土（将河泥与砻糠以重量的 24：1 混合）制作劳动强度大，空隙度小，出菇时补水困难，对产量影响较大。国外先进的双孢菇生产技术多采用饱和含水率大、持水性好、空隙度大的泥炭土做覆土材料，使双孢菇产量有了大幅提高，但其成本较高，国内仅有少量工厂化企业使用。

采用细田土或干河泥，添加 30%~50% 草炭土，既改善了覆土的结构，提高了持水率，又降低了纯草炭土所需的高成本。

发酵土是在泥土中加入一定量的干牛（猪）粪等其他物质，在一定温度条件下（7—8 月），通过厌气发酵，使泥土的物理性状和某些物质含量发生变化，从而使其成为具有良好特性的一种覆土材料，含有适量的有机质，具有较大的饱和含水率、较大的空隙度和较好的持水性，制作省工、简便。

增产增效情况 增产幅度在 10%~15%，生产效益可提高 4%~8%。

技术要点 ①草炭混合土的制作：每栽培 100m² 蘑菇，加草炭土 30~35 包，每包草炭土加普通石灰 0.3kg，但以覆土最终 pH 值 7.2~7.5 为准。先将半干田土（河泥）用打土机打碎，草炭充分调湿至相互粘结成团、无水渍流出为止，然后加入石灰粉与细田土充分混拌均匀，必要时再加水将混合土充分调湿。②覆土消毒：覆土前 5~7 天，每 100m² 用甲醛 3~5kg，敌敌畏 0.5kg，保利多（使百功）10 小包，加入草炭复合土后立即用薄膜覆盖，熏闷消毒 4~5 天。③翻土发酵：在自然条件下，土和有机物质混合，有效进行厌气发酵，对外界的自然温度是有一定要求的，翻土发酵要求在 7—8 月进行。在小麦或油菜后茬的田里或近水源的地方，取一小块地，栽培 100m² 面积双孢菇，取地 13.5m²。进行发酵的土地要求是疏松的农田，深挖 25~30cm，将土拍碎敲细，尽量做到无泥块，然后加入经粉碎的干牛粪 113~135kg、麦壳或砻糠 180kg、石灰 9kg、过磷酸钙 18kg，把这些物质和泥土充分拌匀，然后灌水，水面高出发酵土约 5cm，起增温作用，2~3 天后就可见气泡翻起。④捣土：其作用是让发酵土充分均匀地发酵，捣土时要求把上面的土翻到下面，下面的土翻到上面，上下泥土混合拌匀，结块的泥要捣碎，捣土时不要把水放掉。第一次捣土，一般在开始发酵后的第 7 天进行，再过 7 天进行第二次捣土。第二次捣土前检测发酵池中泥水的 pH 值，如果 pH 值小于 8，就添加少量石灰调至 8。如发酵期间起泡很多，则进行两次捣土便可。

整个发酵阶段，一般需要 30 天左右。如果是砂性土壤，发酵时间可增加 3 ~ 5 天。发酵期间水应始终高出发酵土表面 5cm。⑤取土：土发酵后，就可以放水搁田，待发酵土表面有裂缝，人能在上面走动时，即可挖起发酵土。发酵土取出以后，晒到半干半湿时需敲碎，发酵土过湿时较黏，偏干时较硬，敲碎后晒干，若未晒干就堆拢贮藏可能会滋生杂菌，发酵土宜贮藏在清洁、干燥的地方，不宜用薄膜覆盖，否则会产生杂菌，特别是在覆土以后会出现棉絮状杂菌。⑥发酵土的消毒：覆土中潜伏着许多病原菌与害虫，如褐腐病的病原菌主要就是由覆土带来的。所以，覆土前必须对覆土材料进行消毒处理，覆土消毒有物理和化学两种方法。一是日光消毒，即在 7—8 月将覆土置于强太阳光下暴晒 2 ~ 3 天，通过紫外线消毒覆土，这是预防蘑菇褐腐病发生的有效方法。二是甲醛消毒，即在覆土前 7 ~ 10 天，将甲醛稀释 50 倍后喷在覆土上，再用薄膜密闭覆盖 24h。覆土消毒后需待甲醛气味全部散尽（一般过 5 ~ 6 天），才可使用。每栽培 100m^2 蘑菇的覆土，用甲醛 2.3kg。⑦配套技术：覆土前应彻底检查培养料中是否有潜伏的杂菌和害虫，特别是绿霉与螨虫，一旦发现必须在覆土之前采取有效措施将病虫消灭，否则覆土将成为病虫的保护层，以后难以消灭。如果有少量绿霉，可把感染的培养料移出菇房后加盖石灰粉，也可喷些杀菌剂。发现有螨虫，则采用喷洒与烟熏（菇房温度 20℃左右下进行）的方法。

结合整料进行搔菌，覆土前 2 ~ 3 天对料层"打反纤"，覆土前天对料面进行整理，可有效散发在发菌过程中积累的有害气体，还可预防覆土后喷水过量损伤菌丝。在整理过程中有意拉断料面的菌丝，然后轻轻拍平料面，形成更多的菌丝段。覆土调水后，有利于长出更多、更旺盛的绒毛菌丝。

覆土前应保持培养料表面略干燥，覆土调水后，菌丝遇到水分后容易恢复生长，爬土快。覆土前切忌在料面喷葡萄糖之类的营养液，以免覆土后料面菌丝受到抑制并发生杂菌。如果在覆土前料面仍很潮湿或为了除病虫打了药水，应打开门窗进行通风，保持培养料表面较干燥。

• 覆土的时间：覆土消毒结束，并待土堆中甲醛散尽后，才能进行覆土。当培养料内菌丝已大部分伸展到料底时便可覆土。如遇 28℃以上高温，则应推迟覆土，待气温降至 28℃以下才可进行。

• 覆土方法：将土装在小容器中，均匀撒在料面上，用竹片刮平，切忌用大容器把覆土大量直接倒在菇床上，造成堆处培养料凹陷、覆土厚薄不均。覆土厚度应视覆土材料、培养料厚度、通气情况等而定，一般覆土厚度为料床厚度的 1/5 左右，高产栽培的培养料厚度是 18 ~ 20cm，覆土厚度应为 3.5 ~ 4cm。

• 覆土调水：覆土前一天，最好把覆土调至半干半湿，以手捏可成团，撒地可散为宜。第 2 天覆土上床，然后进行喷水，要求把覆土层全部调至饱和状态。采用发酵土的总喷水量在 9kg/m^2 左右。调水时要慢，每次喷 0.9kg/m^2 左右，一般用 2 天时间调湿覆土层的水分，覆土层调水呈饱和状态，培养料表层稍渗水。覆土层调水要在菇房通气条件下进行，不喷关门水。白天开闭门窗，晚上要敞开门窗，调水结束后，菇房要连续通气 10 ~ 12 小时使土表的水迹收掉，才可进入菌丝爬土的管理阶段。如覆土表面有板结现象，需用工具将覆土表面扒松。

适宜区域　上海及附近产区。

技术依托单位　上海市农业技术推广服务中心

（三）双孢菇褐腐病综合防治技术

技术概况　蘑菇褐腐病是由有害疣孢霉真菌引起的一种严重病害。20 世纪80 年代在上海郊区只是零星发现，该病寄生于土壤，通过蘑菇覆土、流水、风等蔓延传播，90 年代初松江一带发病尤为严重，采取措施以后有所缓和，但近几年，在反季节蘑菇基地场中时有发生，特别是 2007 年发病最严重，发病率达到 30% ~ 40%，有的菇房发病达 90%，造成严重减产，给蘑菇种植户带来很大经济损失。

该技术在双孢菇栽培的各个关键点，从品种的选择、环境的控制、栽培管理、安全化学防治等方面采取相应措施，实现双孢菇褐腐病的高效防治。

增产增效情况　通过对栽培过程中褐腐病易发环节的重点管理，可有效减少褐腐病的发生，病虫害防效可提高 20% 以上，生产效率提高 10% 以上。

技术要点　①选用双孢菇菌株抗性品种选用抗病、抗虫的双孢菇品种可显著减少病虫害的发生，从而做到不用药或者少用药。双孢菇菌株菌丝形态呈匍匐状较气生状抗病性强，如 W2000、S-11 菌株抗病能力较强，2796 菌株较易感染褐腐病。②做好环境卫生和消毒工作：菇房四周要做到无积水、无杂菌、虫害滋生的垃圾，栽培废料应撤到远离菇房的地方作肥料或深埋。③消毒覆土：取土应在远离菇房和蘑菇废料、没有病菌污染的地方，取表土 25 ~ 30cm 以下的土；日光消毒：7—8 月，将覆土置于强太阳光下曝晒 2 ~ 3 天，通过紫外线来消毒覆土，这是预防蘑菇褐腐病发生的有效方法；甲醛消毒：在覆土前 7 ~ 10 天，将甲醛稀释 50 倍，然后喷在覆土上，再用薄膜密闭覆盖 24 小时。覆土消毒后需待甲醛气味全部散尽（一般过 5 ~ 6 天），才可上菇床使用。每栽培 100m² 蘑菇的覆土，用甲醛 2.3kg 熏蒸 3 天，然后将其摊开 10 天后，才可用于菇床覆土。④适时安排栽培季节：出菇期间如菇房温度长时间处在 17℃ 以上会发生此病害。所以要求上海及周边地区的管棚栽培蘑菇堆料的时间在 9 月 15 日至 10 月 15 日，播种时间在 10 月 5 日至 11 月 5 日，覆土时间在 10 月 25 日至 11 月 25 日，开始出菇时间在 11 月 20 日至 12 月 20 日。其他地区要求根据各地的气候条件以出菇阶段菇房温度在 17℃ 以下作为安排生产依据。⑤加强管理，合理调节菇房的温、湿、气：覆土以后，要处理好温度、湿度、空气三者的关系，当菌丝开始结菇时，如菇房温度超过 17℃，则要增加菇房的通气量，推迟结菇。出菇后菇房温度宜控制在 13～16℃，如遇到天气高温，菇房温度超过 17℃，则要加大菇房的通气，降低菇房的空气湿度，防止菇房长时间处在高温、高湿的环境，这是预防褐腐病发生的有效手段。⑥化学防治：在覆土调水的最后一次，将施保功 50% 可湿粉剂每克对水 1kg（稀释 500～600 倍）喷在覆土上，用量在 0.5～0.75kg/m²。如在菇房内发生病害，首先应停止用水，降低菇房内的空气湿度，增大通气量，挖去病菇及病菇周围的泥土，将其深埋或者焚烧。随后在发病处喷 500 倍施保功溶液 0.5kg/m²，接着在整个菇房的床面上喷 800～1 000 倍多菌灵 0.9～1.35kg/m²。

适宜区域　上海及附近产区。

技术依托单位　上海市奉贤区农业技术推广中心

（四）草菇病虫害的综合防治技术

技术概况　草菇是一种恒温结实的菌类，其生长与繁殖的过程都在高温、高湿的环境下进行，易发生病害、虫害、竞争性杂菌，对生产的危害极大。常见的竞争性杂菌主要是鬼伞类、木霉、青霉、石膏霉等，这些杂菌的生活条件与草菇相近，常在出菇前后大量出现，与草菇争夺养分。而各种寄生性霉菌，比如疣孢霉、小核菌、菌生轮枝霉等，它们主要寄生在菇体上汲取草菇营养，造成菇体腐烂，并分泌有毒物质抑制草菇菌丝生长。本技术对草菇栽培过程中病虫害发生的症状、条件进行了分析，并提出相关防治方法。

增产增效情况　通过对草菇栽培过程中病虫害易发环节的重点管理，可有效减少病虫害的发生，病虫害防效可提高 20% 以上，生产效率提高 10% 以上。

技术要点

（1）鬼伞类杂菌　鬼伞属于大型真菌。菇床上发生的鬼伞有以下 4 种：墨汁鬼伞、毛头鬼伞、粪鬼伞、长根鬼伞。①发病症状：鬼伞是一种草腐类伞菌。鬼伞的生活条件和草菇极为相似，是草菇生产中最常见的竞争性杂菌。其繁殖力极强，不但与草菇争夺养分和水分，而且成熟腐烂后，会产生墨汁样的黏液留在菇床上，导致其他病害的发生，严重时可影响草菇菌丝体生长和子实体形成，导致草菇减产甚至绝收。②发生条件：鬼伞与草菇具有相同的适温性，喜高温、高湿，5—9 月为最适宜的自然发生季节。在适宜条件下鬼伞生长速度非常快，例如长根鬼伞从子实体形成到开伞仅 7 个小时，到子实体全部溶解也只需 24 个小时，所以鬼伞子实体总是先于草菇子实体出现。而且鬼伞的生活周期比草菇短，只需 1 周左右，而草菇需 9～10 天，因此在栽培草菇时，鬼伞是竞争性最强的杂菌之一。鬼伞生长的最适 pH 值与草菇不同，略偏酸。鬼伞与草菇同样有利用纤维素、半纤维素、可溶性淀粉和糖类的能力，但两者对氮源的需求略有不同，鬼伞需要更高浓度的氮，约为草菇的 4 倍，因此高氮含量的培养料更易出现鬼伞。

③防治方法：调节和控制培养料的质量以及温度、湿度、二氧化碳浓度的关系，为草菇菌丝生长提供有利环境，使之能迅速生长发育。

• 堆肥的制造和处理：培养料的堆积与后发酵对于病虫害的防治极为重要。一般废棉堆制后含水率70% ~ 72%，pH 值 8.5 ~ 9。后发酵即巴氏消毒达到 58 ~ 62℃需保持 8 ~ 10 小时，冷却降至 40℃ 左右时要即时播种。

• 湿度与换气：湿度过高不利于草菇生长，常会导致菇体表面形成一层水膜，使病原的孢子易于发芽生长。为避免洒水后造成菇体表面潮湿，调节温度与换气关系尤为重要，在菇床洒水时，最好稍微降低室内气温，待洒完水后再升高温度，同时配合适当的通风换气，使菇体表面的水分蒸发。

• 温度：草菇适宜的生长温度在 28 ~ 35℃，若温度不宜，会导致其生长减慢，病原与杂菌便有机可乘，产生危害。

（2）菇蝇类　环境卫生不良的菇房，常有大量菇蝇繁殖，令人感到不适，影响工作。①为害症状：主要以幼虫为害，食性复杂，在菇床上取食菌丝及子实体。幼虫多从菌丝体基部钻蛀，留下肮脏的孔洞，成虫虽不直接为害，但可传播菇床病害。子实体受害后生长发育受阻，严重的造成萎缩及腐烂。②生活习性：菇蝇平时多栖息在腐烂水果、垃圾、食品废料堆等场所。食性复杂，成虫对发酵气味的趋性强，并在发酵物质上产卵繁殖，一年发生多代。③防治方法：菇舍的建造场所要远离猪舍、粪池、垃圾堆等地方，清除菇舍附近的野草杂物，使空气清净流畅。菇舍内外四周、床架要经常打扫，菇床上不要留下草菇残体，减少病虫害发生的机会。堆肥场所要远离污染区域，最好设在菇舍的背风方向，许多病原菌、线虫、害虫等常经泥土传播，因而建造水泥堆肥场所可减少病原及害虫的传播。堆肥制造场也要常注意清洁，在每次堆肥之前可用杀菌剂消毒。栽培后期常有病原菌或杂菌出现，因此在栽培后的废料下床以前，应先以蒸汽杀菌，防止下床时废料内杂菌或害虫散播到菇场周围。曾发生过病害的菇舍在堆肥上床以前，需先打扫干净，可再用福尔马林薰蒸，都是很有效的方法。菇舍清洁时所排出来的污水应避免流到堆肥场所，因为这些水会成为病虫害发生的根源。栽培后的废料需妥善处理，以免污染环境。

适宜区域　全国草菇产区。

技术依托单位　上海市浦东新区农业技术推广中心

江苏省食用菌主要品种与生产技术

一、主要品种

(一) 猴头菇猴杂 19 号

品种来源 老山猴头与常山猴头通过单孢杂交育成。

审定情况 2007 年国家认定。

审定编号 国品认菌 2007049。

特征特性 子实体单生,大小中等、菇体圆整、头状或团块状、结实、刺短,菇体直径 10~25cm,菇体乳白色,无柄,质地致密、结实、刺短,4℃下可贮存 10~20 天,口感柔、滑、清香。最适发菌温度 22~26℃,最适 pH 值为 4~5;发菌期 30 天,后熟期 5~10 天,后熟适宜温度 18~22℃,栽培周期 80~90 天。栽培中菌丝可耐受最高温度 32℃,最低温度是 0℃;子实体适宜生长温度 15~25℃,可耐受最高温度 30℃,最低温度 10℃。原基形成不需要温差刺激,出菇温度 15~32℃;子实体对二氧化碳的耐受性一般,菇潮明显,间隔期 10 天左右。

产量表现 对原料营养要求不严,可利用棉籽壳、玉米芯、甘蔗渣等进行栽培生产。袋料栽培条件下,生物学效率 90%~100%。

栽培要点 栽培基质要求含水率 65%,碳氮比为 20:1;以福建为代表的南方地区,9 月至翌年 2 月为接种期,11 月至翌年 4 月为出菇期。以北京为代表的北方地区,春季 2—3 月接种,4—6 月出菇;秋季 8—9 月接种,10—12 月出菇。培养室温度保持在 22~24℃,空气相对湿度控制在 70% 左右。一般 30 天菌丝长满袋,降温至 18~22℃培养 7~10 天后,等袋口部分原基出现时移入栽培室,开袋喷水保湿,低温刺激催蕾,温度控制在 15~25℃范围以内,最高不能超过 28℃。空气相对湿度保持在 85%~90%。室内注意通风,早晚开窗换气,通风不足易形成畸形菇;出菇期给予适当的散射光,防止菇体变红,光线过强时菇体表面变为淡红色。

适宜区域 在全国猴头菇产区春秋季适用。

选育单位 江苏省农业科学院蔬菜研究所

（二）毛木耳苏毛3号

品种来源 1987年江苏南京紫金山采集到的野生菇种驯化育成。

审定情况 2009年国家认定。

审定编号 国品认菌2009034。

特征特性 子实体中型，聚生、牡丹花状，单片扇形；耳片直径7～10cm，无菌柄，耳片厚1.5～2.5mm；耳片正面红褐色、背面毛色白色，长度中等，1mm左右，密度中等，粗细中等，耳片边缘具波纹，耳基大小中等。生长发育过程中产孢量很少，孢子释放晚，只有当子实体完全成熟，菌盖边缘出现波状卷曲才开始大量弹射孢子，孢子印白色。

产量表现 可利用棉籽壳、玉米芯、木屑等栽培。子实体形成温度范围15～35℃，适温范围20～30℃，为中高温型菌株，木屑、棉籽壳栽培生物学效率可达90%～100%，较高管理水平下，可达生物学效率120%。

栽培要点 常规熟料栽培。对原料营养要求不严，可利用木屑、玉米芯、棉籽壳等栽培。菌丝生长温度范围10～35℃，最适温度22～28℃。子实体形成温度范围15～33℃，适温范围20～30℃，为中高温型菌株。发菌期避光培养，适度通风，培养基水分含量以65%～68%为宜，子实体形成期间基质含水率65%左右，空气相对湿度85%～95%。一般在菌丝满袋1周后开袋，垒墙式排袋栽培时，可沿扎口处将袋口剪掉，或菌袋两端袋面上用刀划口两头出耳，一般耳片较大后采收；"井"字形排袋栽培时，在袋身外沿用刀片划口出耳。出耳期间注意通风和温湿度控制。一般可采收多潮次，但4～5潮后产量明显减少。

适宜区域 作为适宜干销品种，在全国毛木耳产区适用。

选育单位 江苏省农业科学院蔬菜研究所

（三）秀珍菇苏夏秀1号

品种来源 高温环境下系统选育而成。

审定情况 2010年江苏省农委。

审定编号 苏农科鉴字2011第12号。

特征特性 子实体丛生，菌盖茶褐色，采收期直径1.5cm左右；菌柄白色，长度6cm，直径8mm左右，质地柔软。发菌适温22～25℃，菌丝可耐受最高温度35℃，最低温度1℃；出菇温度10～25℃，子实体可耐受高温32℃，最低温度5℃；对细菌性斑点病抗性强，适合设施环境生产。

产量表现 袋式设施栽培条件下，生物学效率可达到70%～90%。

栽培要点 设施环境下栽培基质含水率 63%～65%，发菌温度 20～25℃，避光，适当通风，25 天左右可满袋；在 8℃以上昼夜温差刺激下利于催蕾出菇，催蕾时空气相对湿度 90%，给予弱光刺激；子实体生长温度范围 10～32℃，空气相对湿度控制在 85%～92% 为宜；在适宜条件下，一般可采收 3～4 潮，适宜七成熟或更早采收。

适宜区域 在全国袋式设施栽培环境适用。

选育单位 江苏省农业科学院蔬菜研究所

（四）杏鲍菇苏杏 1 号

品种来源 "昆杏" 与 "天杏" 通过单孢杂交育成。

审定情况 2010 年江苏省农委。

审定编号 苏农科鉴字 2011 第 16 号。

特征特性 子实体单生或丛生，菌盖浅褐色，平展光滑，顶部凸，直径 3～5cm；菌柄白色棒状，长度 9～15cm，直径 3～5cm，质地紧实。菌丝能够分解豆秸、木屑、甘蔗渣、玉米芯等多种秸秆。发菌适温 20～22℃，发菌期 28 天，栽培周期 60 天；菌丝可耐受最高温度 35℃，最低温度 1℃；子实体耐受高温 22℃，最低温度 5℃；子实体对二氧化碳耐受性较强；对细菌性腐烂病抗性强，适合工厂化环境生产。

产量表现 袋式工厂化栽培条件下，生物学效率可达到 50%～70%。

栽培要点 工厂化环境下发菌温度 18～22℃，适当通风；满袋后适当后熟 1 周，温度 12～14℃，空气相对湿度 90%，光照强度 10～300lx 下催蕾；幼菇长出袋口后疏蕾，每袋保留 1～3 个子实体，疏蕾后保持温度 14～18℃，空气相对湿度 85%～90%；根据子实体形态控制通风，注意不能在菇体上喷水。一般只采收一潮。

适宜区域 在全国工厂化杏鲍菇袋式栽培环境适用。

选育单位 江苏省农业科学院蔬菜研究所

（五）双孢菇苏棕磨 5 号

品种来源 单孢杂交选育而成。

审定情况 2010 年江苏省农委审定。

审定编号 苏农科鉴字 2011 第 15 号。

特征特性 子实体散生，少数丛生，菌盖棕色略有鳞片，朵型中等，采收期直径 3～5cm，开伞大菇直径可达 10cm；菌柄中生白色，长度 3cm 左右，直径 2～3cm，质地坚实紧密。发菌适温 22～25℃，最适出菇温度 16～18℃，子实体可耐受高温 25℃，最低温度 5℃；对疣孢霉病抗性较强。

产量表现 传统粪草床式栽培生物学效率可达到 35%。

栽培要点 适合传统双孢菇栽培和工厂化栽培模式。传统粪草培养基要充分腐熟，做好二次发酵管理。发菌期间温度控制 18~25℃，菌丝发透后进行覆土管理，覆土厚度 3cm 左右；出菇温度 16~18℃；做好各个阶段的喷水管理。在适宜条件下，一般可采收 3~4 潮，适宜七成熟或者采收开伞大菇。

适宜区域 在全国双孢菇产区适用。

选育单位 江苏省农业科学院蔬菜研究所

二、生产技术

（一）食用菌双翅目害虫综合防控技术

技术概况 该技术以病虫害发生较为严重的秀珍菇、双孢菇、茶树菇、草菇、平菇、竹荪等品种为防控对象，通过统一供种、场地选择、环境调控、优化配方、工厂化制作培养料、多品种轮作等技术措施，对栽培全程的病虫害防控采取物理、生态防控法，必要时施用生物源安全农药或经过登记的食用菌专用农药，确保产品的安全性，此技术经试验示范多年显示出较好的效果，具有较强的推广应用价值。

增产增效情况 通过对食用菌生产程序的科学规范操作，在栽培过程中重视病虫害的综合防控，做到物理预防和生态预防为主，生物防治和化学防治为辅，实现无公害和绿色标准生产，提高产品的质量和安全水平。虫害防效可提高 20% 以上，栽培效益提高 10% 以上。

技术要点

（1）核心技术 ①"小环境控制 + 成虫诱杀"技术：针对钢架大棚冬天保温、夏天降温的需求，以 60 目密度的防虫网围罩大棚，加诱虫灯或粘虫板诱杀棚内成虫，控制食用菌虫害数量。60 目密度防虫网在夏季围罩大棚后，既通气又能雾化雨水，增加大棚的湿度；棚顶不需覆盖薄膜，仅需加盖两层遮阳网或草帘即达到遮阴的作用，需保温时在防虫网上覆盖薄膜即可。在菇棚内四周通风方向间隔 2m 处悬挂诱虫黄板，高度离地面 1.5m，经常更换。或悬挂诱虫灯诱杀成虫。②"黄板监测 + 成虫诱杀 + 生物制剂"技术：砖混蘑菇房和露地小拱棚、毛木耳或秀珍菇大型菇棚，均以降温通气要求建造，防虫网覆盖后影响通风效果，但成虫易飞入菇棚产卵为害。鉴于无小环境控制的特点，应在菇棚内挂黄板引诱成虫，以便每天观察菇蚊成虫飞入被黄板诱粘的数量，黄板每 5 天调换一次；在菌丝发满袋后视黄板上的虫量达 50 只以上指标时，应开始用药防治菇房内菌袋上的第一代幼虫。

毛木耳（或秀珍菇）的菇棚内当黄板上的幼虫日诱量达 50 只以上时开始第

一次用药，宜选择施用 Bti 或菇净 1 000 倍量在每个出耳袋口喷雾，使袋口处幼虫食用后中毒死亡。在第一潮耳采收后及时施用第 2 次药剂，此时正值菇蚊、瘿蚊繁殖高峰期，宜选用成虫和幼虫兼治并长短效相结合的安全性药剂，可选用 Bti 和菇净各 1 000 倍混合喷雾，重点是对准出耳口（或出菇口）处喷匀喷透，让药液充分进入袋口料中并产生药效，在喷药后 5 天观察诱虫板上成虫消长动态，若成虫量在 10 只左右，可不用药，如成虫量 10 天后再上升至 50 只量，出耳口幼虫量增加则要再次施用药剂，其剂量同前。

双孢菇在覆土时第一次施用 Bti 制剂（苏云金芽孢杆菌以色列变种）1 000 倍液，用药液量 1～1.5kg/m²；在覆土后第 7～10 天，菇体未露出土面时施用第 2 次 Bti，药效可保持 15～20 天；此后在菇床上再次出现成虫时，黄板数量达到 50 只时就应进行第 3 次用药，随后视菇房内成虫和幼虫数量进行防治。施药时应在菇体采摘后进行，施药后间隔 2 天采菇。③"黄板监测＋生物制剂＋安全性药剂"技术集成：对于田野山坞栽培香菇、灵芝等食用菌的地棚，在无电源使用诱虫灯时，可采用"黄板监测＋生物制剂＋安全性药剂"的组合方式，多项措施结合控制菇蚊害虫。药剂可选择使用具安全低毒的甲阿维菌素、菇净或灭蝇胺杀虫剂，多种药剂轮换喷施，防止出现抗药性，可有效控制虫害发生。

（2）配套技术 ①合理选用栽培季节与场地：出菇期与当地主要害虫的活动盛期错开，尽量选择清洁干燥向阳的栽培场所。清除栽培场所周围 50m 范围内水塘、积水、腐烂堆积物、杂草，减少病虫源。②合理选用配方：栽培配方应以菌丝容易吸收转化但又不利于虫体寄生的培养基。适当减少糖用量或不用糖，适当增加木屑等用量。减少配方培养基中的水分控制杂菌污染，促使菌丝正常生长和及时出菇，提倡使用工厂化生产培养料和菌包。③多品种轮作：采用害虫种类差异大的菇种轮作或菇菜轮作，尤其在某种病虫害高发期选用该种虫害不喜欢取食的菇类栽培出菇，可使区域内病虫源减少或消失。④选用抗病品种：双孢菇建议选用 W2000、棕蘑 5 号等抗疣孢霉病菌株；香菇选用 808、武香一号等菌株；秀珍菇选用苏夏秀一号；毛木耳选用毛苏 3 号等抗病品种，提倡使用有资质单位生产的菌种。

注意事项 防虫网要求全棚覆盖，悬挂的黄板要定时更换；Bti 等生物制剂的使用时期要选择病虫害发生初期、蘑菇覆土前或刚开袋时、每潮菇采完后等安全时期。

适宜区域 全国食用菌产区。

技术依托单位 江苏省农业科学院

（二）优质蛹虫草工厂化生产技术

技术概况 通过蛹虫草高产培养基和高效培育方法、标准化生产技术体系和工厂化栽培智能控制技术的创新集成，构建完整的优质蛹虫草工厂化、标准化、智能化生产成套技术体系，具有较强的推广应用价值。

增产增效情况 通过优质蛹虫草生产菌种的制作，高产培养基配方和工厂化生产环境参数智能控制处系统的建立，形成了蛹虫草标准化生产技术体系，解决并克服了蛹虫草产业化开发所面临的菌种优良性保障、产量稳定、品质安全、有效成分含量高、标准化作业、环境气候对生产制约等关键核心问题，满足了项目实施产业化的技术需求，提高了蛹虫草产品质量：①虫草素≥1%；②多糖≥10%；③虫草酸≥12%；生物学效率提高5%，生产过程中容器损耗率降低90%以上，空间利用率提高15%以上，作业周期缩短5%。

技术要点

（1）核心技术　①菌种繁育技术：针对蛹虫草遗传性不稳定，菌种退化快的特点，对传统食用菌"三级固体菌种"进行改良，同时对菌种的转接代数、保存温度进行规定，确定了优质菌种标准，保证了菌种的活力，研制开发出蛹虫草菌种繁育技术。通过多个子囊孢子菌丝斜面繁育，获得优质菌种（通过外观、形态判定），再通过1次转管纯化培养后制备液体生产菌种。即孢子分离→转管分离纯化→液体生产种。该方法通过多孢子制备菌种，降低了单孢子菌丝遗传变异的风险；同时通过1次转接，配合采用液体生产种，降低了菌种退化的风险，适应工厂化生产要求。②蛹虫草高产、优质培养基配方：通过对母种培养基的碳源和氮源组成和最佳比例进行考察确定了蛹虫草母种培养基的最佳配方为：马铃薯200g，葡萄糖（或蔗糖）20g，琼脂20g，磷酸二氢钾1g，硫酸镁0.5g，牛肉膏10g，水1 000mL。优化出培养基配方为：大米（小麦）30～35g，蚕蛹粉（蚕虫粉）3～4g，葡萄糖、蛋白胨、硫酸镁、磷酸二氢钾、柠檬酸三氨、VB_1适量、水料比为1∶1.4。该配方成本低、原料充足，适合规模化生产。③蛹虫草生产工艺规程：对蛹虫草生长环境参数温度、湿度、氧气、光照度的研究，结合生产企业的实际生产情况，制订了一系列标准化生产操作规程，如菌种保藏管理规程、蛹虫草菌种培育工艺规程、栽培车间日常生产管理规程、菌种转管转瓶标准操作程序、常用培养基配制标准操作程序、制作生产用菌种标准操作程序、接种标准操作程序、蛹虫草采收标准操作程序、蛹虫草分捡岗位标准操作程序、蛹虫草包装岗位标准操作程序、蛹虫草干燥标准操作程序等。

（2）配套技术　①蛹虫草工厂化生产车间建设：需要涵盖接种、灭菌、接种、发菌、培育、采收、加工、包装、化验、仓储全部流程。其中灭菌车间、接种车间、制种车间、净化加工车间、化验中心的微生物检验室按照GMP标准建设，接种车间和微生物检验室为百级净化区，其余为万级净化区。②蛹虫草生产中配料、装料机械自动化设施。③选用优质品种：建议选用苏科蛹1号菌株（野生驯化获得）；提倡使用有资质单位生产的菌种。④环境清洁控制：采用物理灭菌替代化学药品灭菌。培养瓶进入栽培车间以前必须对环境进行全面的消毒和灭菌，杀死空气中原本大量存在的各种杂菌，包括空调滤网的清洁和消毒。栽培车间用来苏尔或新洁尔灭拖洗地面，以控制杂菌的生长。

注意事项　原料严格把关，避免劣质原料对生产的影响；蚕蛹粉碎前经过人工粒选，剔除颜色变深发黑的劣质蛹。蚕蛹粉必须在低温下密闭、干燥保存，以防止生虫和霉变；发现已经感染的菌瓶，即使可以出少量的草，也要整瓶清除出培养室，以保证收获产品无污染和避免重复感染。产品采收要在专门场所进行，禁忌在栽培车间采收。

适宜区域　全国食用菌产区。

技术依托单位　江苏省农业科学院蔬菜研究所

浙江省食用菌主要品种与生产技术

一、主要品种

（一）香菇 L808

品种来源　段木香菇组织分离，系统选育。

审定情况　2008 年通过全国食用菌品种认定委员会认定。

审定编号　国品认菌 2008009。

特征特性　属中高温型中熟品种，菌龄 100 ~ 120 天。菌丝生长适宜温度 23 ~ 26℃，出菇温度 10 ~ 28℃。子实体单生，菇盖圆整大型，丛毛状鳞片较多，菇盖直径 4.5 ~ 9.2cm，深褐色，菇肉厚 1.2 ~ 2.3cm，菇柄上粗下细，长 1.5 ~ 7.8cm，粗 1.5 ~ 2.5cm，圆柱形。菌丝生长和出菇阶段都需要充足的氧气。冬季出菇能力较弱，春季 4—6 月适宜出菇。该品种菇大型，肉厚特结实，柄较短，菇质特优，抗杂能力强，商品性好，货架期长，适应性广。

产量表现　秋栽鲜菇平均单产 0.6kg/棒。8 月上旬制棒的生物学效率 80% ~ 100%，较高管理水平下，生物学效率可达 120%；年前冬菇出菇 1 ~ 2 潮，占总产量的 30% ~ 40%，春菇产量较高，产量占 60% ~ 70%。10 月接种的翌年 3—4 月出第一潮菇，出二潮菇结束，一潮菇占总产量的 70% 左右，二潮菇占 30% 左右。

栽培要点　在丽水海拔 500m 以下的地区，适宜接种期为 8 上旬至 9 月上旬；海拔 500m 以上的地区，适宜接种期为 5 月上旬至 6 月上旬，越夏出的菇较秋季接种出的菇柄短、菇形好。采收期 12 月至翌年 5 月。配方为杂木屑 81% ~ 84%、麦麸 15% ~ 18%、石膏 1%，含水率为 50%。根据接种期的不同，合理添加麦麸，5 月上旬到 6 月上旬接种的需麦麸含量 18%，8 月上旬至 9 月上旬接种的需麦麸含量 15%。对于第一批出菇不多、转色不深、菌皮偏厚的菌棒，要及时盖膜保湿催蕾，使堆内温度升到 20℃ 左右，并保持 3 天。

适宜区域　适宜在国内各香菇主产区作高棚层架栽培花菇或低棚脱袋栽培普

通菇。

选育单位 云南省丽水市林业科学研究院

（二）香菇庆元 9015

品种来源 系统选育，亲本为引进品种。

审定情况 2007 年通过全国食用菌品种认定委员会认定。

审定编号 国品认菌 2007009。

特征特性 属中温偏低型中熟品种，菌龄 90 天以上。菌丝生长温度 5 ~ 32℃，最适温度 24 ~ 26℃；出菇温度 8 ~ 20℃，最适温度 14 ~ 18℃。子实体单生、偶有丛生；菌盖褐色、被有淡色鳞片，菇形大、朵型圆整、易形成花菇；菌盖直径 4 ~ 14cm，厚 1 ~ 1.8cm；菌柄白黄色，圆柱状，质地紧实，长 3.5 ~ 5.5cm，直径 1 ~ 1.3cm，被有淡色绒毛。菇蕾形成时需 6 ~ 8℃的昼夜温差刺激，菇潮明显，潮期间隔 7 ~ 15 天。头潮菇在较高的出菇温度条件下，菇柄偏长，菇体偶有丛生。耐高温、抗杂菌能力强。菇质紧实，耐贮存，适于鲜销和干制，鲜菇口感嫩滑清香，干菇口感柔滑浓香。

产量表现 庆元 9015 栽培花菇，产量 0.5kg/棒（棒规格为 15cm×55cm），花菇率高达 40% 以上；栽培普通菇鲜菇产量 0.8kg/棒，比 Cr02 增产 13% ~ 24%。

栽培要点 袋料和段木栽培两用品种，适宜接种时间为 2—7 月，采收期 10 月至翌年 4 月，适宜出菇温度 14 ~ 18℃；配方为杂木屑 78%、麦麸 20%、红糖 1%、石膏粉 1%，含水率 55% ~ 60%。菌棒震动催蕾效果明显，要提早排场，减少机械震动，否则易导致大量原基形成分化和集中出菇，菇体偏小；出菇期低温时节应及时稀疏菇棚顶部及四周的遮阴物，提高棚内光照度和温度，有利于提高菇质。

适宜区域 适宜在国内各香菇主产区作高棚层架栽培花菇或低棚脱袋栽培普通菇。

技术依托单位 浙江省庆元县食用菌科学技术研究中心

（三）香菇武香 1 号

品种来源 国外引进，系统选育。

审定情况 2007 年通过全国食用菌品种认定委员会认定。

审定编号 国品认菌 2007011。

特征特性 属中高温型早熟品种，菌龄为 60 ~ 70 天。菌丝生长温度范围 5 ~ 34℃，最适温度 24 ~ 27℃，子实体发生最适温度 16 ~ 26℃，在 26 ~ 34℃自然气温条件下也能正常生长发育。子实体大部分单生，少量丛生，菇蕾数多，菇形圆整，菌盖直径大多 4 ~ 8cm，菌柄长度 3 ~ 6cm，直径 1 ~ 1.5cm，中生，白色，菌肉厚度1.8cm，菌盖表面淡灰褐色，披有鳞毛，子实体有弹性，具硬实感。栽培场所要求通气良好，保持空气新鲜；晴燥天气要注意通风，并注意培养基湿度和空间相对湿度，避免过分干燥，同时需要注意菇棚的遮阴度。该菌株的菌丝满袋速度快，比其他中高温型菌株快1~9天，第一潮菇蕾出现的时间比其他菌株快2~9天，栽培周期快3~13天。抗逆性强、生长温度范围广、菌丝生长粗壮、耐高温、出菇早、转潮快、菇形圆整、不易开伞，是一个产量高、质量好、性状稳定、适宜高温季节栽培的香菇优良菌株，但在高温高湿、通风不足的环境下菌筒易受杂菌感染，且子实体发生量多，生长快，肉质薄、菇柄长、易开伞。

产量表现　生物学转化率平均达113%，一、二潮菇总产量0.53kg/袋（装干料0.8kg），全生育期产量0.92kg/袋，比其他菌株增产13%~29%；符合鲜香菇出口标准的比例达36%以上。

栽培要点　12月下旬至2月制棒接种，4—5月排场脱袋转色，5—6月和9—10月出菇。配方为杂木屑78%、麦麸20%、石膏1%、糖1%、含水率50%~55%。适宜出菇温度16~26℃。菌棒在排场前需具备3个特征：①瘤状隆起物占整个袋面的2/3；②手握菌袋时，瘤状物有弹性和松软感；③出现少许棕褐色分泌物。菌棒排场约1周后，瘤状物基本长满菌袋并约有2/3转为棕褐色时，即可脱袋。吐黄水期间，经常通风喷水，当菌棒含水率降至35%~40%时进行补水。

适宜区域　该菌株适宜在低海拔（100~500m）、半山区、小平原地区高温季节栽培，也适宜在海拔更高的地区进行夏季栽培。

技术依托单位　浙江省武义县真菌研究所

（四）金针菇江山白菇

品种来源　国外引进，系统选育。

审定情况　2008年通过全国食用菌品种认定委员会认定。

审定编号　国品认菌2008045。

特征特性　属低温型品种，菌丝在3~33℃范围内均能生长，在22~25℃条件下生长最适宜。子实体在4~22℃能生长，自然栽培10~15℃下子实体生长最好，工产化栽培子实体生长适宜温度7~12℃。子实体纯白色，丛生，菌盖球形，不易开伞，成熟时菌柄柔软度中性、中空，但不倒伏，下部有稀疏的绒毛。菌盖0.5~3cm，菌柄长8~20cm，粗0.2~0.4cm。发菌和出菇对光线不敏感。抗杂菌能力强，适应种植范围广。鲜食口感鲜嫩。鲜菇折干率为（7.5~10）∶1。

产量表现　产量表现同配方关系密切，鲜菇生物转化率100%~130%。

栽培要点　自然栽培适宜接种时间为9—11月，采收期为11月至翌年3月，适宜出菇温度8~15℃；工厂化栽培时间为一年四季，适宜出菇温度为7~12℃。培养基配方为：①棉籽壳64%，麸皮12%，木屑10%，玉米粉8%，豆粉2%，石膏1%，过磷酸钙1%，白糖1%，石灰1%；②棉籽壳60%，麸皮12%，木屑10%，玉米粉8%，棉（菜）籽饼6%，石膏1%，过磷酸钙1%，白糖1%，石灰1%，含水率均为65%左右。

适宜区域　该品种产量高，品质优，抗性较强，商品性较好，适应性广，适宜在包括浙江在内的中国大部分省市推广种植。

技术依托单位　浙江省江山市农业科学研究所

二、生产技术

（一）食用菌循环生产技术

技术概况　循环利用资源是食用菌产业的最大特点。食用菌可将农作物秸秆、桑果枝条等农林副产品分解并转化为健康食品——菌物蛋白，是发展农业循环经济、区域循环的重要载体。食用菌循环生产技术主要包括两个方面，一是产业间循环的载体作用，将麦稻、畜牧、水果、蚕桑等产业发展过程中产生的稻草、牛粪、桑果枝条等种养业副产品资源转化为食用菌产品；二是从菌糠或菌渣的进一步多层次综合利用角度，经适当处理可再用于生产食用菌，也可将蘑菇泥（栽培蘑菇后的废料）、菌糠等作有机肥还田，发展芦笋、铁皮石斛等高效经济作物，达到减少农业面源污染，增加农业生产效益。

增产增效情况　食用菌是实现废弃物利用资源化、发展农业循环经济的重要产业，食用菌循环利用途径：一是将稻草、牛粪、桑果枝条、棉籽壳等种养业副产品资源作为基质生产食用菌；二是将菌糠或菌渣经适当处理再生产食用菌的多层次综合利用，或作有机肥还田，发展芦笋、铁皮石斛、花卉等高效经济作物。据测算分析，每年浙江省共有100多万吨农作物秸秆、桑、果枝条等农林副产品被利用生产食用菌，为农业清洁化生产、农业增效，促进生态省建设发挥了积极的作用。大力推广食用菌循环生产模式，达到"千斤粮万元钱"，积极开发利用新资源示范应用。全省已利用桑枝、葡萄枝、梨枝栽培黑木耳、秀珍菇3 000万袋，产值达1亿多元。培育菌糠回收处理专业组织，引导菌糠收集和综合利用。全省每年利用菌糠作育苗基质或栽培高效经济作物，增效超亿元。

技术要点

（1）食物链能量传递模式　①奶牛—蘑菇—牧草种养模式。牛粪栽培蘑菇，蘑菇废料种植牧草，牧草饲养奶牛的循环生态种养模式。②稻草—蘑菇—芦笋模式。水稻种植后产生稻草，再以稻草为原料生产蘑菇，栽培蘑菇后的废料（蘑菇泥）作有机肥种植芦笋。③蚕桑—黑木耳（或香菇或秀珍菇）模式。养蚕后修剪下的桑枝，粉碎后用于栽培黑木耳、秀珍菇等食用菌，菌糠再还田。④果枝（或葡萄枝）—黑木耳（或秀珍菇、香菇）模式。⑤棉籽壳—金针菇。

（2）时空循环农作制度创新模式　①菇稻轮作模式。水稻—香菇/黑木耳/蘑菇。菇稻轮作是一种生态高效的新型栽培模式，主要有香菇、黑木耳、蘑菇与水稻轮作3种模式。食用菌与水稻轮作新模式，既稳定了粮食生产，又提高了种植效益，已经成为食用菌主产区的高效生产模式。②菌菜间套模式。如芋艿/大豆＋竹荪模式。③金针菇—秀珍菇轮作模式。④高温蘑菇/双孢菇模式。

（3）资源多级利用模式　菌糠是栽培食用菌后的培养料，含有丰富的蛋白质、氨基酸及微量元素，在农业生产上具有较高的利用价值。菌糠被广泛用于二次栽培食用菌、用作农作物肥料、加工成家畜（猪、牛）家禽饲料、生产沼气、饲养昆虫（蚧蟠）及作燃料等，做到清洁生产、"零排放"。①金针菇—金福菇。工厂化金针菇栽培后菌糠二次栽培秀珍菇或金福菇或大球盖菇模式。②杏鲍菇—香菇。利用栽培杏鲍菇后菌糠二次栽培香菇模式。③香菇—香菇。栽培香菇后菌糠加新料二次栽培香菇模式。④金针菇—牛饲料。⑤废菌料为培养基质，栽培铁皮石斛。

注意事项　一是需加强关键技术研究攻关和示范。在基质配方、桑枝条粉碎机械、适用品种、栽培技术、品质提升等加强协作攻关和技术培训。二是加强食用菌质量安全控制。香菇、黑木耳的镉、铅重金属含量问题屡被曝光，主要是吸附基质中重金属所致，成为产业发展、品质提升的一大诟病，对基质的安全性控制研究显得十分重要。

适宜区域　适宜在全国食用菌产区应用。

技术依托单位　浙江省农业技术推广中心

（二）食用菌菌棒工厂化生产技术

技术概况　菌棒工厂化生产是指应用拌料装袋机械、高效灭菌设备，在食用菌生产前端环节，以量化的技术参数完成配料、拌料、装袋、灭菌以及接种养菌，向农户提供订单料棒或菌棒。该技术的示范推广可加快推进"机器换人"和"专业制棒"，进而促进食用菌生产的机械化、规模化、专业化、标准化生产。

增产增效情况　浙江省大力推进"菌棒集中生产＋分散式出菇管理"的统分结合的新型生产模式。据初步统计，浙江的龙泉、庆元、景宁、莲都等食用菌主产区的专业村或集中生产区域已建有专业化菌棒生产场175家，订单生产菌棒1.8亿棒，还探索了接种服务。菌棒场成为生产方式转型的很好切入点，菌棒的专业化生产和社会化服务在食用菌产区得到广泛认同，取得了很好的社会效益。一是提高生产效率、节约生产成本。应用菌棒工厂化生产技术，较传统手工操作和常规生产，提高菌棒制作工效5倍，缩短灭菌时间50%和节约能源30%以上，节约生产成本10%（0.2元/棒）以上；二是提高菌棒质量，增加农民收入。菌棒质量提高，成品率和产量提高，效益增加5%以上。

技术要点

（1）品种要求　适用于香菇、黑木耳等袋栽食用菌菌棒工厂化生产。选用抗逆性较强、综合性状好的品种，如香菇 L808、庆元9015、庆科20、L9319、武香1号、黑木耳916等。

（2）料棒生产　①场地要求。菌棒生产场地要求地势高燥，水、电、路配套，机械装备、设施条件与生产能力匹配，空间布局合理，配料、拌料、装袋在下风口，灭菌、接种、冷却、培养在上风口，洁净度依次提高。拌料、装袋宜采用流水线、轨道作业，灭菌设施宜采用高效节能灭菌灶。②基质配方。香菇基础配方为杂木屑78%、麦麸20%、红糖1%、石膏1%。黑木耳基础配方为杂木屑79%、麸皮5%、棉籽壳5%、砻糠10%、碳酸钙0.5%、石灰0.5%。原料中有桑枝屑、棉籽壳的需提前8~12小时预湿，杂木屑比例、麸皮比例视品种要求适当增减，红糖可不加。③基质含水率。香菇菌棒含水率50%~65%；黑木耳菌棒基质含水率50%~55%。基质含水率视品种要求、栽培季节、套袋方式等作相应微调。④装袋灭菌要求。重点是掌握好时间和温度两个技术指标，防原料酸化和灭菌不彻底。机械拌料2次，保证混合均匀，4小时内完成装袋，装袋紧实度适中，黑木耳15cm×55cm规格单棒重量1.4~1.65kg，不宜低于1.4kg；香菇15cm×55cm规格单棒重量1.65~1.9kg，不宜高于1.9kg。并及时灭菌，宜采用灭菌架以利蒸汽流通，4小时内使料温升到97~100℃，保持16小时以上，视灭菌条件和装容量适当增减。同时，做好灭菌过程记录。

（3）接种养菌技术　①适期接种。香菇接种期视品种要求和栽培环境而定，黑木耳最佳接种期为8月上旬。接种应严格无菌操作，接种箱、接种帐的空间消毒选用经登记的气雾消毒盒消毒；洁净接种室接种可用紫外线消毒。接种用具、菌袋外表处理及接种者双手应采用75%~78%的酒精或0.2%高锰酸钾溶液擦洗消毒。在菌棒上用接种打孔棒均匀地打3个接种穴，接种期较迟的可接种4穴。接种口直径1.5cm左右，深2~2.5cm。打穴应与接种相配合，打一穴，接一穴。接种穴封口采用纸胶封、封口膜、套袋封口。不宜采用菌棒式繁育的菌种，香菇可选用胶囊菌种，高温期间宜在一天的早晚接种。②养菌管理。接种后的菌棒移至清洁、干燥、适温、通风、避光的培养场所进行培菌管理，提倡室外荫棚养菌。培菌管理主要是根据菌丝生长和菌棒的变化情况，做好翻堆及发菌检查、通风降温等工作。室温超过30℃香菇菌棒不应刺孔，在气温较高时分批刺孔，刺孔的部位不应触及未发菌的培养基，不应在料与袋壁脱空和已污染部位刺孔，刺孔后应减少单位面积的堆放量。香菇刺孔通气、温湿度管理参照《香菇安全生产技术规范》（DB 33/T 676）。黑木耳菌棒越夏，要求荫棚顶高3.5m以上，气温35℃以上时采取棚顶喷淋降温措施，高温期间不宜翻堆，但要加强通风，防止闷堆烧菌，一般45天左右发满菌棒。

注意事项 集约化菌棒灭菌经验性、盲目性仍比较明显，需要规范，以提高灭菌效率，另外需要延伸服务，开展社会化接种服务。

适宜区域 适宜在全国食用菌产区应用。

技术依托单位 浙江省农业技术推广中心

安徽省食用菌主要品种与生产技术

一、主要品种

（一）平菇茅仙1号

品种来源　野生菌种人工驯化。

审定情况　2009年安徽省审定。

审定编号　皖品鉴登字第0912001。

特征特性　该品种菌丝生长速度0.69cm/天，菌丝颜色白色，菌丝耐温性5~33℃。菌盖色泽深褐色，菌盖直径8cm，菌肉厚度0.89cm，菌褶色泽白色。菌柄长度6cm，菌柄直径0.74cm，菌柄特性。

产量表现　生物学效率160%，3kg/棒。

栽培要点　采用混合料栽培，子实体耐温性在10~20℃，最适温度为15℃。

适宜区域　适宜在淮河流域栽培。

选育单位　安徽省凤台县真菌研究所；安徽省凤台县永望食用菌专业合作社

（二）灵芝八公山仙芝1号

品种来源　野生灵芝人工驯化。

审定情况　2009年安徽省审定。

审定编号　皖品鉴登字第0912002。

特征特性　该品种菌丝生长速度0.28cm/天，菌丝颜色白色，菌丝耐温性5~40℃。菇形不规则圆形，菌盖色泽浅红色，菌盖直径5.31cm，菌肉厚度1.1cm。菌柄长度3.45cm，菌柄直径0.65cm，菌柄特性中硬。

产量表现　生物学效率90%，0.8kg/棒。

栽培要点　采用木屑等混合料栽培，子实体耐温性在22~30℃，最适温度为25~28℃。

适宜区域　适宜在淮河流域栽培。

选育单位 安徽省凤台县真菌研究所；安徽省凤台县永望食用菌专业合作社

（三） 金针菇茅仙 1 号

品种来源 福建三民 1 号×日本信农 2 号。

审定情况 2009 年安徽省审定。

审定编号 皖品鉴登字第 0912003。

特征特性 该品种菌丝生长速度 0.36cm/天，菌丝颜色白色，菌丝耐温性 4～33℃。菇形圆形，菌盖色泽白色，菌盖直径 0.25cm，菌肉厚度 0.15cm，菌褶色泽白色。菌柄长度 18cm，菌柄直径 0.22cm，菌柄特性中硬。

产量表现 生物学效率 100%，0.5kg/棒。

栽培要点 采用木屑等混合料栽培，子实体耐温性在 4～24℃，最适温度为 5～16℃。

适宜区域 适宜在沿淮淮北流域栽培。

技术依托单位 安徽省凤台县真菌研究所；安徽省凤台县永望食用菌专业合作社

（四） 黑木耳茅仙 1 号

品种来源 HM 08-1 人工诱变。

审定情况 2009 年安徽省审定。

审定编号 皖品鉴登字第 0912004。

特征特性 该品种菌丝生长速度 0.3cm/天，现耳时间 12.5 天。菌丝颜色白色，菌丝耐温性 5～34℃。菇形猫耳形，丛生，耳片色泽深褐色，耳片厚度 0.04cm，耳片没有鳞片或茸毛，单耳重 32g。

产量表现 生物学效率 90%，2kg/棒。

栽培要点 采用木屑等混合料栽培，子实体耐温性 15～30℃，最适温度为 5～16℃。拌料湿度不能大于 65%，pH 值应小于 7。

适宜区域 适宜在沿淮淮北流域栽培。

选育单位 安徽省凤台县真菌研究所；安徽省凤台县永望食用菌专业合作社

（五） 香菇茅仙 1 号

品种来源 XG 06-3 人工诱变。

审定情况 2009 年安徽省审定。

审定编号 皖品鉴登字第 0912005。

特征特性 该品种菌丝生长速度 0.29cm/天，菌丝颜色白色，菌丝耐温性 10～20℃。菇形圆形，菌盖色泽褐色，菌盖直径 4.5cm，菌肉厚度 1.89cm，菌褶色泽白色。菌柄长度 6.5cm，菌柄直径 0.93cm，菌柄特性中硬。

产量表现　生物学效率90%，2kg/棒。

栽培要点　采用木屑等混合料栽培，温度控制在 8～32℃，最适温度为 10～28℃。

适宜区域　适宜在沿淮淮北流域栽培。

选育单位　安徽省凤台县真菌研究所；安徽省凤台县永望食用菌专业合作社

（六）平菇皖平1号

品种来源　野生菌种人工驯化。

审定情况　2010年安徽省审定。

审定编号　皖品鉴登字第1012001。

特征特性　该品种生长势强，菌丝长速0.71cm/天，菌丝白色，菌丝生长耐温性4～34℃。菌盖浅白色。菌盖直径8.73cm，菌肉厚度0.91cm，菌褶色泽白色，菌柄长度4.63cm，菌柄直径0.8cm，菌柄中硬。

产量表现　生物学效率168%，3.4kg/棒。

栽培要点　采用木屑等混合料栽培，子实体生长耐温性2～34℃。最适温度为8～28℃。

适宜区域　适宜在江淮流域栽培。

选育单位　安徽省农业科学院园艺研究所

（七）平菇皖平2号

品种来源　野生菌种人工驯化。

审定情况　2010年安徽省审定。

审定编号　皖品鉴登字第1012002。

特征特性　该品种生长势强，菌丝长速0.66cm/天，菌丝白色，菌丝生长耐温性4～32℃。菌盖白色。菌盖直径9.30cm，菌肉厚度1.09cm，菌褶色泽白色。菌柄长度6.87cm，菌柄直径1.2cm，菌柄中硬。

产量表现　生物学效率148.3%，3.4kg/棒。

栽培要点　采用木屑等混合料栽培，子实体生长适宜温度4～33℃。最适温度为10～30℃。

适宜区域　适宜在江淮流域栽培。

选育单位　安徽省农业科学院园艺研究所

（八）香菇山华1号

品种来源　野生菌种人工驯化。

审定情况　2010年安徽省审定。

审定编号 皖品鉴登字第 1012003。

特征特性 该品种生长势强，菌丝长速 0.67m/天，菌丝生长耐温性 4 ~ 34℃。菌丝白色，菌盖褐色。菌盖直径 5.63cm，菌肉厚度 0.8cm，菌褶色泽白色。菌柄长度 3.47cm，菌柄直径 0.63cm，菌柄中硬。

产量表现 鲜菇产量 40.82kg，比对照品种增产 28.24%，生物学效率 108%。

栽培要点 采用木屑等混合料栽培，子实体生长适宜温度 3 ~ 25℃，最适温度为 7 ~ 15℃。

适宜区域 适宜在皖南山区及相近区域栽培。

技术依托单位 安徽农业大学；黄山山华集团有限公司

（九）香菇山华 3 号

品种来源 野生菌种人工驯化。

审定情况 2010 年安徽省审定。

审定编号 皖品鉴登字第 1012004。

特征特性 该品种生长势强，菌丝长速 0.67cm/天，菌丝生长耐温性 6 ~ 35℃。菌丝白色，菌盖褐色。菌盖直径 4.89cm，菌肉厚度 0.60cm，菌褶色泽白色。菌柄长度 2.67cm，菌柄直径 0.7cm，菌柄中硬。

产量表现 生物学效率 119.3%。

栽培要点 采用木屑等混合料栽培，子实体生长适宜温度 8 ~ 25℃，最适温度为 13 ~ 18℃。

适宜区域 适宜在皖南山区及相近区域栽培。

技术依托单位 安徽农业大学；黄山山华集团有限公司

（十）黑木耳徽耳 1 号

品种来源 野生菌种人工驯化。

审定情况 2011 年安徽省审定。

审定编号 皖品鉴登字第 1112001。

特征特性 该品种菌丝生长速度 0.48cm/天，现耳时间 13 天。菌丝颜色白色，菌丝耐温性 5 ~ 36℃。菇形花边状，大朵，耳片色泽黑褐色，耳片厚度 0.05cm，耳片没有鳞片或茸毛，单朵耳重 39g。子实体耐温性 15 ~ 30℃，

产量表现 干耳产量 100kg 为 2.6kg，比对照品种增产 11.54%，生物学效率 37%。

栽培要点 采用段木栽培，子实体生长适宜温度 15 ~ 30℃，最适温度为 22 ~ 25℃。

适宜区域　中温型菌株，一般春季种植，适宜在皖南山区及相近区域栽培。

技术依托单位　安徽农业大学；黄山山华集团有限公司

（十一）香菇徽菇1号

品种来源　野生菌种人工驯化。

审定情况　2011年安徽省审定。

审定编号　皖品鉴登字第1112002。

特征特性　该品种生长势强，菌丝长速0.64cm/天，菌丝生长耐温性6~38℃。菌丝白色，菌盖褐色。菌盖直径4.37cm，菌肉厚度0.5cm，菌褶色泽白色。菌柄长度2.4cm，菌柄粗度0.5cm，菌柄中硬。

产量表现　每棒产鲜菇为0.87kg，生物学效率116%。

栽培要点　采用木屑、麸皮等混合料栽培，子实体生长温度8~32℃，最适温度为26~28℃。

适宜区域　高温型菌株，适宜在皖南山区及相近区域栽培。

技术依托单位　安徽农业大学；黄山山华集团有限公司

（十二）平菇茅仙2号

品种来源　野生菌种化学诱变。

审定情况　2011年安徽省审定。

审定编号　皖品鉴登字第1112003。

特征特性　该品种生长势强，菌丝长速0.72cm/天，菌丝白色，菌丝生长耐温性4~34℃。菌盖浅白色。菌盖直径9.07cm，菌肉厚度0.92cm，菌褶色泽白色。菌柄长度2cm，菌柄直径0.8cm，菌柄中硬。菇形半圆花边状，叠生、肉厚，柄短，口感细腻，野生味较浓。

产量表现　生物学效率165.3%。

栽培要点　采用木屑、麸皮等混合料栽培，子实体生长温度2~34℃，最适温度为20~22℃。

适宜区域　适宜在淮河流域及相近区域栽培。

技术依托单位　安徽省凤台县真菌研究所；安徽省凤台县永望食用菌专业合作社

（十三）香菇茅仙2号

品种来源　茅仙香菇1号诱变。

审定情况　2011年安徽省审定。

审定编号　皖品鉴登字第1112004。

特征特性　该品种生长势强，菌丝长速0.28cm/天，菌丝生长耐温性10~

20℃。菌丝白色，菌盖红褐色。菌盖直径 4.6cm，菌肉厚度 1.89cm，菌褶色泽白色。菌柄长度 6.78cm，菌柄直径 0.96cm，菌柄中硬。

产量表现 生物学效率 119.3%。

栽培要点 采用木屑、麸皮等混合料栽培，子实体生长温度 5～24℃，最适温度为 15～17℃。pH 值在 5～6，常压灭菌 16 小时。

适宜区域 适宜在淮河流域及相近区域栽培。

技术依托单位 安徽省凤台县真菌研究所；安徽省凤台县永望食用菌专业合作社

（十四）黑木耳茅仙 2 号

品种来源 引进黑木耳 2 号×茅仙黑木耳 1 号。

审定情况 2011 年安徽省审定。

审定编号 皖品鉴登字第 1112005。

特征特性 该品种菌丝生长速度 0.29cm/天，现耳时间 12 天。菌丝颜色白色，菌丝耐温性 5～36℃。菇形猫耳状，中朵，耳片色泽黑褐色，耳片厚度 0.04cm，耳片没有鳞片或茸毛，单耳重 39g。

产量表现 100kg 木耳干耳产量为 2kg，比对照品种增产 10.54%，生物学效率 30%。

栽培要点 采用阔叶树木等木屑及农作物的秸秆等混合料栽培，子实体生长温度 20～30℃，最适温度为 23～26℃。常压灭菌，湿度控制在 80%～95%。

适宜区域 适宜在江淮流域及相近区域栽培。

技术依托单位 安徽省凤台县真菌研究所；安徽省凤台县永望食用菌专业合作社

（十五）灵芝八公山 2 号

品种来源 野生菌种变异单株人工驯化。

审定情况 2011 年安徽省审定。

审定编号 皖品鉴登字第 1112006。

特征特性 该品种菌丝生长速度 0.29cm/天，菌丝颜色白色，菌丝耐温性 4～40℃。菇形为不规则圆形，菌盖色泽浅红色，菌盖直径 4.5cm，菌肉厚度 1.2cm。菌柄长度 3cm，菌柄直径 0.6cm，菌柄特性坚硬。

产量表现 鲜芝产量为 0.35kg，生物学效率 93.0%。

栽培要点 采用玉米芯和大豆秸秆等混合料栽培，子实体生长温度 22～30℃，最适温度为 25～28℃。散气法灭菌，培养料水分不宜过大，应控制在 60% 左右。

适宜区域 适宜在江淮流域及相近区域栽培。

技术依托单位 安徽省凤台县真菌研究所；安徽省凤台县永望食用菌专业合作社

（十六）鸡腿菇茅仙 1 号

品种来源　野生菌种人工驯化。

审定情况　2011 年安徽省审定。

审定编号　皖品鉴登字第 1112007。

特征特性　该品种生长势强，菌丝长速 0.8cm/天，菌丝白色，菌丝生长耐温性 10~24℃。菌盖白色。菌盖直径 6.0cm，菌肉厚度 0.5cm，菌褶色泽白色。菌柄长度 8.0cm，菌柄直径为 0.96cm，菌柄中硬。

产量表现　鲜菇产量为 20kg/m²，生物学效率 110.0%。

栽培要点　采用食用菌废料发酵法栽培，一般选择春秋季栽培。子实体生长温度 12~22℃，最适温度为 16~20℃。

适宜区域　适宜在全国各地栽培。

技术依托单位　安徽省凤台县真菌研究所；安徽省凤台县永望食用菌专业合作社

（十七）金针菇茅仙 2 号

品种来源　茅仙金针菇 1 号诱变。

审定情况　2011 年安徽省审定。

审定编号　皖品鉴登字第 1112008。

特征特性　该品种菌丝生长速度 0.38cm/天，菌丝颜色白色，菌丝耐温性 4~32℃。菇盖圆形，菇盖色泽白色，菇盖直径 0.26cm，菌肉厚度 0.15cm，菌褶色泽白色。菌柄长度 20cm，菌柄直径 0.20cm，菌柄特性中硬。子实体耐温性 4~28℃。

产量表现　生物学效率 100.0%。

栽培要点　采用稻草、栽培，一般选择春秋季栽培。子实体生长温度 4~28℃，最适温度为 16~20℃。

适宜区域　适宜在江淮流域栽培。

技术依托单位　安徽省凤台县真菌研究所；安徽省凤台县永望食用菌专业合作社

（十八）香菇润莹 1 号

品种来源　野生香菇菌种组织分离人工诱变。

审定情况　2011 年安徽省审定。

审定编号　皖品鉴登字第 1112009。

特征特性　该品种菌丝生长速度 1.52cm/天，菌丝颜色白色，菌丝耐温性 4~38℃。菇形不规则圆形，菌盖色泽褐色，菌盖直径 5.5cm，菌肉厚度 1.4cm。菌柄长度 2.8cm，菌柄直径 1.2cm，菌柄特性中硬。

产量表现　鲜菇产量 0.82kg，生物学效率 109.3%。

栽培要点 采用木屑、麦麸等混合料栽培。子实体生长温度，5～32℃，最适温度为 18～30℃。

适宜区域 适宜在沿淮淮北流域栽培。

技术依托单位 安徽农业大学园艺学院；淮南润莹农业开发有限责任公司

（十九）香菇润莹 2 号

品种来源 野生香菇菌种组织分离人工诱变。

审定情况 2011 年安徽省审定。

审定编号 皖品鉴登字第 1112010。

特征特性 该品种菌丝生长速度 1.53cm/天，菌丝颜色白色，菌丝耐温性 6～38℃。菇形不规则圆形，菌盖色泽褐色，菌盖直径 5.2cm，菌肉厚度 1.6cm。菌柄长度 3.0cm，菌柄直径 1.3cm，菌柄特性中硬。

产量表现 鲜菇产量 0.87kg，生物学效率 116.0%。

栽培要点 采用木屑、麦麸等混合料栽培。子实体生长温度 6～38℃，最适温度为 20～30℃。

适宜区域 适宜在江淮流域栽培。

技术依托单位 安徽农业大学园艺学院；淮南润莹农业开发有限责任公司

二、生产技术

（一）优质黄山徽菇生产配套技术示范与推广

技术概述 该项技术属于安徽山华集团与安徽农业大学共同完成的优质食用菌新品种"黄山徽菇"中试与示范国家农业科技成果转化资金项目。项目对"黄山徽菇"新品种的节本增效无公害栽培技术体系和周年标准化栽培技术等进行了深入、系统的示范与推广，建立了"黄山徽菇"新品种的菌种繁育中心和菌种质量控制技术体系，选育出广适性、高产香菇品种徽菇 1 号、徽菇 3 号，对推进农业可持续发展具有重要意义。

增产增效情况 技术示范期间，分别在祁门等地建立了 5 个示范区，培育 20 多个种植示范大户，示范区累计示范栽培面积达 1 026 亩，示范区栽培香菇总量为 1 270 万袋，通过培训、展示等途径，累计带动祁门县、石台县、黄山区等地。累计辐射推广种植 10 226 亩以上，栽培香菇总量 16 440 万袋，在推广的香菇，除少部分由农户直接进行销售，大多数委托企业、合作社等机构通过订单式收购和销售，累计销售收入达到 3.2 亿元，去除成本，总利润约为 1.4 亿元，缴纳税金 173 万元，出口创汇 912 万美元。

技术要点 ①季节安排：菌筒制作 12 月至翌年 3 月，覆土转色 4—6 月，出菇管理 5—12 月。②养菌：接好种的栽培袋要放在洁净、通风、干燥无直射光的培养室内，以 5 ~ 7 层顺码堆放，控制培养室温度在 34℃以下，防烧菌，一星期翻堆，剔除污染菌袋，同时摆放成"△"形，待菌丝发满有少量原基时，打孔增氧，促进转色，培养室有少数散射光，通风良好，避免烧棒。③出菇管理：接种后 90 ~ 120 天的培养，转色良好，进行下田管理，脱袋选择晴天或阴天上午进行，脱好后盖膜 2 ~ 3 天，温度高时适当通风，然后拉温差进行出菇管理，湿度保持在 85% ~ 90%。采完后要及时养菌补水，采收时以不开伞为准，以保证菇的质量和经济价值。

注意事项 ①注意配方选择。②加强山区森林资源保护。

适宜区域 安徽省及其附近山区、丘陵地区。

技术依托单位 安徽农业大学

（二）农业废弃物栽培食用菌关键配套技术示范与推广

技术概述 该技术属于安徽山华集团与安徽农业大学、安徽省农业科学院、扬州大学共同完成的"农业废弃物栽培食用菌关键技术研究与应用"长三角联合攻关项目。选育出广适性、高产香菇品种 2 个和黑木耳品种 1 个，开展小麦、水稻秸秆袋料栽培木腐菌技术研究；桑枝屑袋料地栽黑木耳技术研究；棉秆规模化栽培木腐菌配套技术研究；菌糠有机肥效价评估体系及应用效果评价。集成组装了秸秆破碎、预处理、配方、栽培方式（袋栽、柱栽、块栽）的系列配套栽培木腐菌技术，对实施农业可持续发展具有重要意义。

增产增效情况 技术示范期间，采用加强组织管理，明确责任分工，强化宣传培训，逐步示范引导的科学组织管理模式，扎实推进项目实施。技术研发与集成创新相结合，建立了整套示范推广体系，结合不同农业区域特点推广与示范新型食用菌栽培模式，新配方推广 1 万亩。添加 25% ~ 50% 以下的秸秆屑袋式栽培平菇、香菇、金针菇和黑木耳等，可有效降低成本、提高效益、减少病虫害发生率。用碎段秸秆柱（块）式栽培平菇、香菇、金针菇和黑木耳，方法简便，用工少、成本低、效益高，在不减少收益的前提下，实现了秸秆完全替代棉籽壳栽培平菇、香菇、金针菇和黑木耳。规模化生产木腐菌，可降低成本 10% ~ 25%，提高经济效益 20% ~ 30%。

技术要点

（1）反季节高温黑木耳栽培 ①装袋一定要装紧，最好用装袋机装料，以免脱袋。灭菌、接种。在恒温室内培养发菌，控制室内空气相对湿度 70%；温度初为 27 ~ 28℃，菌丝定植后降至 25℃，直至菌丝长至菌袋 1/3 时，温度降到 22℃。培养室要经常通风换气，保持空气清新，直至菌丝长满袋为止。②长满菌的菌袋要进行后熟管理（困菌），一般中、晚熟品种在 15 ~ 18℃条件下后熟 30 ~

45 天达到生理成熟。困菌后要及时划口，划"V"，形小口，口的角度为45°~50°，深0.5cm左右，品字形排列，划12~15个。③做出耳床。可采取早、晚撤掉草帘和塑料薄膜，中午盖上的方法拉大昼夜温差催耳。在耳片生长期，要加强湿度管理，一般情况下都是早、晚浇水，晴天白天绝不浇水。

（2）反季节平菇栽培　①季节安排气温在20~38℃的月都可以种植，以夏秋最好。②栽培料配方：棉籽壳60%，稻草30%，麸皮5%，石灰5%。③菌袋制作：将材料按比例配好后混匀，按料水比1∶（1.35~1.4）边喷水边拌料，装袋一般采用23cm×45cm的低压聚乙稀制成栽培袋，装袋时培养料含水率为63%~65%，即手握培养料指缝间有水但水不下滴为宜。装好袋后袋口扎紧放入灭菌灶内常压灭菌，培养料温度达到100℃维持8~10小时；出锅后放入接种室内冷却至30℃时两头接种。菌种要选择菌丝粗壮、洁白、浓密、无杂菌虫害的适龄菌种。④养菌：接好种的栽培袋要放在洁净、通风、干燥无直射阳光的培养室内，温度高时两层井字形码放，温度低时4~5层顺码堆放。控制培养室温度在30℃以下，防烧菌，一星期检查一次，剔除污染的栽培袋。菌丝满袋接近生理成熟时要增加散射光的强度，促进原基的形成。⑤出菇管理：菌丝成熟现蕾前，每天要向出菇棚的空间和地面喷水，保持空气的相对湿度在80%左右；白天关闭棚门，夜晚开门通风拉大温差，促进原基形成；现蕾后去掉盖头纸，每天向空中和地面喷水2~3次，保持空气湿度在85%~90%，菌盖长至1.5~2cm时，可向菇体喷水，喷水时不要将水喷入袋口内，防菌丝腐烂；出菇期间，菇棚每天要通风2~3次，每次30分钟；当菌盖由内卷而展开时，要及时采收；菇采收完成后，要及时的清理菇根和老菌丝，5~7天后开始喷水，管理同上潮菇，出菇后可补充营养液。

注意事项　①注意配方选择。②选择好配套食用菌品种。

适宜区域　安徽省及其附近地区。

技术依托单位　安徽农业大学

（三）幸福菇高效种植技术

技术概况　由合肥市天都食用菌专业合作社近年研发推广，该技术能够充分消耗作物秸秆，几乎所有农作物秸秆及农副产品下脚料，如麦秸、玉米秸、稻草、木屑、花生藤（壳）、油菜籽（壳渣）等均可作培养料。可采用露地大田、树林下、玉米地、房前屋后等多种方式栽培。

增产增效情况　幸福菇（又称大球盖菇）呈葡萄酒红色，菇体清香味鲜，盖滑柄脆、口感好，有韧性，满口余香，内含有抗癌活性物质，有助于人体健康。该菇抗性强，适应性广，成本低、周期短、效益高，栽培技术容易掌握，不需灭菌，不需装袋，每亩可消耗5 000kg（10~15亩秸秆）左右秸秆原料，亩成本3 000元，纯收益超过万元，目前在安徽省合肥、淮南、阜阳、宿州、巢湖等地示范推广种植。

技术要点　①栽培处理。将农作物秸秆先浸水，使之充分吸水，以软化和降低 pH 值。稻草浸泡24～36小时，麦秸、玉米秸、豆秸等需浸泡48小时。原料浸湿后沥干，使培养料含水率在70%～75%。②铺料播种。播种时，把栽培畦墒整理成高30cm，宽1.3m，长度不限的龟背形，畦墒与畦墒之间留40cm操作道，土壤干燥应先喷水湿润后再铺料。第一层料厚8～10cm，播入50%菌种，一共3层草3层菌种，每平方米用干料10kg左右，料层总厚20～25cm。播完后压实，料面先盖上3cm厚腐殖土保湿。刚播种下雨时需要盖上薄膜，以防料太湿影响菌丝生长。③发菌处理。播种后，3～5天菌丝开始生长，此期内要重点管理好温度和水分，防止料温过高，控制料温在20～30℃。当料温高于30℃，应及时揭膜通风，在料面覆盖物上喷冷水降温。当料面局部发白变干，应通过喷水增湿，即喷小水，使菇床四周及侧面多接触水分，畦床沟内不得有积水存留。当菌丝形成尖端扭结菌蕾时，加大水份，空气相对湿度保持在80%～90%，土层水分含水率掌握55%～65%，喷水时应根据出菇量，菇多多喷，促进子实体生长。④出菇管理。除了保持覆盖物和覆土层湿润状态，晴天应勤喷水，喷细水，使泥土保持较高的湿度，在正常管理条件下，幼小菇蕾到成菇，一般需5～10天。⑤成熟的幸福菇，菇体外层菌膜刚破裂，菌盖内卷不开伞时采收，采摘时不宜用手直接拔出，应慢慢摘除，除去带土菇脚即可上市鲜销或供加工。出菇后一般可采4～5茬，每茬间隔5天左右。采收后要及时清除残菇残渣。

注意事项　①种植季节。该菇以自然气温为主，人为设施调节为辅，南北皆可栽培。当气温稳定在28℃以下就可制种，旬均温度稳定在16～27℃时就可播种栽培。沿淮、淮北地区，春季栽培3—4月播种，4—6月出菇；秋季栽培以7月底至8月中旬播种，8月中下旬至10月出菇。沿江、江南地区，春季栽培3月底至4月中旬播种，4月底至5月中旬出菇；秋季栽培为7月底至8月下旬播种，8月底至9月中旬出菇。②环境要求。该菇生长需要湿度培养料含水率为70%～75%，高于多数菇类。在发菌阶段，空气湿度为70%左右，在子实体形成阶段，空气湿度要求在85%～95%。属中温型菇类，生长温度范围为5～36℃，最适温度为23～27℃，10℃以下和32℃以上生长缓慢。该菇菌丝生长可以不需要光照，但要有散射光，对空气要求较严，当空气不流通氧气不足时，菌丝和子实体生长受到抑制。菌丝要求 pH 值4.5～9的生长环境，其中以 pH 值5～7为最适。该菇不经覆土也能出菇，但经覆土才能正常出菇和创高产。③原料选择。几乎所有农作物秸秆均可作培养料。培养料要求新鲜，颜色、气味正常，无霉变现象。

适宜区域　全省各食用菌主产区。

技术依托单位　安徽省合肥市天都食用菌合作社

福建省食用菌主要品种与生产技术

（一）双孢菇 W192

品种来源　以"As2796"的单孢菌株 2796—208 与"02"的单孢菌株 02—286 杂交选育而成。

审定情况　2012 年福建省认定。

审定编号　闽认菌 2012007。

特征特性　菌落形态贴生，气生菌丝少；子实体单生，菌盖扁半球形、表面光滑，直径 3～5cm；菌柄近圆柱形，直径 1.2～1.5cm。播种后萌发快，菌丝粗壮、吃料较快，抗逆性较强，爬土速度较快。原基纽结能力强，子实体生长快，转潮时间短，潮次明显，从播种到采收 35～40 天。

产量表现　经福建省蘑菇主产地多年多点试种，平均产量 15.73kg/m²，比对照 As2796 增产 21.17%。

栽培要点　培养料以稻草、牛粪为主料，需二次发酵，C∶N≈28～30∶1，含氮量 1.4%～1.6%，含水率 65%～68%，pH 值 7 左右。自然季节栽培，每平方米投干料 30～35kg。菌丝培养阶段适宜料温 24～28℃，出菇菇房适宜温度 16～22℃，喷水量比 As2796 略多。

适宜区域　适宜福建省蘑菇产区季节性栽培，也适宜工厂化栽培。

选育单位　福建省农业科学院食用菌研究所。

（二）双孢菇 W2000

品种来源　以"As2796"的单孢菌株 2796—208 与"02"的单孢菌株 02—280 杂交选育而成。

审定情况　2012 年福建省认定。

审定编号　闽认菌 2012008。

特征特性　菌落形态中间贴生、外围气生；子实体多单生，菌盖半球形、表面光滑，直径 3～5.5cm；菌柄近圆柱形，直径 1.3～1.6cm，子实体结实、较圆整。播种后萌发快，菌丝吃料较快，抗逆性较强，爬土速度较快。原基纽结能力强，子实体生长快，转潮快、潮次明显。从播种到采收 35~40 天。

产量表现 经福建省蘑菇主产地多年多点试种，平均产量 15.31kg/m²，比对照 As2796 增产 17.89%。

栽培要点 培养料以稻草、牛粪为主料，需二次发酵，C：N≈28~30：1，含氮量 1.4%~1.6%，含水率 65%~68%，pH 值 7 左右。自然季节栽培，每平方米投干料 30~35kg。菌丝培养阶段适宜料温 24~28℃，出菇菇房适宜温度 16~22℃，喷水量比 As2796 略多，覆土薄、不均匀易出现丛菇。

适宜区域 适宜福建省蘑菇产区自然季节栽培。

选育单位 福建省农业科学院食用菌研究所

（三）白玉菇闽真 2 号（金山 2 号）

品种来源 采用凤尾菇（凤杰 1 号）的遗传物质改造白玉菇 007 选育而成的真姬菇新品种。

审定情况 2011 年福建省认定。

审定编号 闽认菌 2011002。

特征特性 子实体丛生，每丛 35~45 株，有效菇体数多，产量高，品质优。菌盖洁白色、表面光滑、半球形、边缘内卷后逐步平展，菌盖直径 1.2~2.1cm，菌褶白色；菌柄白色、中生、圆柱形、中空，长 13~17cm。原基形成快，生长周期 100~110 天，比对照种"白玉菇"短 5~8 天，出菇整齐、均一。菌丝生长适宜温度为 22~26℃，pH 值 6.5，培养基含水率 60%~65%。

产量表现 在福建产区经多年多点试种，平均每袋（干料 350g）产量为 345g，比对照"白玉菇"增产 27.8%。

栽培要点 工厂栽培培养料配方：棉籽壳 49%、木屑 15%、玉米芯 10%、麸皮 20%、玉米粉 5%、生石灰 1%、含水率 65%。24℃恒温培养 80~90 天，转入菇房开袋，17℃刺激原基形成，原基形成后 15℃进行出菇管理，菇房相对湿度 90%~95%，菇蕾分化时菇房二氧化碳浓度 0.05%~0.1%，子实体长大时菇房二氧化碳浓度 0.2%~0.4%，菌丝生长阶段不需要光照，但菇蕾分化期间需要 50~100lx 微弱的散射光刺激，子实体生长阶段光照 300~1 000lx。菌丝体生长和子实体发育都需要充足的氧气。

适宜区域 适宜福建省工厂化周年栽培。

选育单位 福建农林大学生命科学学院

江西省食用菌主要品种与生产技术

一、主要品种

（一）茶树菇赣茶 AS-1

品种来源　由野生茶树菇菌株经人工选育而成。

审定情况　2008 年由全国食用菌品种认定委员会认定。

审定编号　国品认菌 2008036。

特征特性　子实体单生或丛生，菇盖暗红褐色有浅皱纹，菇柄浅棕褐色中实。中偏高温型品种，菌丝生长范围在 8～35℃，最适温度为 24～28℃，出菇温度范围在 10～33℃，最适温度为 16～26℃。该品种菌丝生长速度快，抗杂性好，抗逆性强。子实体口感脆嫩、风味浓郁。

产量表现　该品种产量高，生物学效率在 90% 以上。

栽培要点　赣茶 AS-1 品种属于中偏高温型品种，自然条件下采取春、秋两季栽培，春季栽培 2—3 月制袋，4—6 月出菇后越夏 9—10 月出菇。秋季栽培 9—10 月制袋，11—12 月出菇后越冬 4—6 月出菇。设施化条件下，可以实现周年化栽培。推荐栽培配方：棉籽壳 45%、木屑（阔叶树）27%、麦麸 20%、玉米粉 6%、石膏粉 1%、磷肥 1%，秋季栽培添加 1% 的石灰。拌料、装袋、灭菌、接种、发菌按常规。菌丝长至菌袋 2/3 的时候，松开袋口增氧。菌丝长满袋 10～15 天后打开袋口搔菌，去除老菌块，同时通过增湿、通风、6～8℃温差刺激进行催蕾，采取墙式堆叠或者直立排放出菇方式出菇。出菇期间空气相对湿度提高到 85%～95%，温度控制在 18～28℃范围。当茶树菇子实体菌盖由褐色变暗红色或土黄色，菌膜未破时采收。采收 2 潮菇后对菌袋进行补水。一个栽培周期采收 4～5 潮菇。

适宜区域　适宜在长江以南地区栽培。

选育单位　江西省农业科学院农业应用微生物研究所

（二）茶树菇古茶 2 号

品种来源 优良子实体多次研究、驯化选育。

审定情况 2008 年国家农业部品种认定。

审定编号 国品认菌 2008037 号。

特征特性 中温偏低形，早熟、耐寒、好氧、转潮快。一年四季可栽培。子实体丛生，菇柄长，菌盖褐色，耐低温、冬季出菇量多，出菇转潮快，抗逆性强，不易开伞，适合保鲜。

产量表现 出菇时间从 120 天缩短到 50 天，产量从 150g 提高到 350～500g。

栽培要点 常规熟料栽培。菌丝生长温度 5～38℃，最适宜温度为 23～26℃，子实体形成温度 15～35℃，最适温度为 17～25℃，pH 值 7～7.5。出菇温度控制在 17～25℃，湿度 85%～90%，每天喷水 1～2 次。子实体初期湿度控制为 90%。菇房每天通风 2 次（早晚），每次通风时间 60～90 分钟。在正常温度和湿度情况下菇蕾从形成到采收时间为 5～7 天。冬季气温变化打，以保温、保湿、通风、光照为主。子实体生长达 8 分成熟（菇膜未破）即可采收，无论大小全部采下。

适宜区域 作为适宜鲜销品种，在茶树菇产区适用。

选育单位 福建省古田县科兴食用菌研究所

（三）金针菇航金菇 1 号

品种来源 菌株江山白（F_{21}）经搭载卫星，诱变选育的白色金针菇品种。

审定情况 2011 年江西省认定。

审定编号 赣认金针菇 2011001。

特征特性 属低温型品种。子实体丛生，整体纯白色，生长整齐。菌盖幼小时球形后变成半球形，直径 0.8～1.7cm，湿时黏滑，菌褶离生、稍疏，菇盖肉厚不易开伞；菌柄长 22～24cm，直径 2～4mm，中空、圆柱形，粗细均匀，口感脆嫩、黏滑。该品种适应环境能力强，菌丝较耐高温，菌丝在 3～33℃下均能生长，4～24℃能分化原基，6～22℃子实体正常生长，比同类品种高 2℃。栽培一次可连续采收 3～4 潮，生物学效率在 120% 以上。子实体中氨基酸总量为 1.8%。

产量表现 该品种产量高，生物学效率在 120% 以上。

栽培要点 "航金菇 1 号"属低温型品种，子实体正常出菇温度为 6～22℃。自然条件下，栽培季节为 9 月上旬至 11 月下旬，出菇期为 11 月上旬至翌年 3 月下旬。采用熟料袋栽的方式。栽培袋一般用 17cm×（33～38）cm 的聚丙烯塑料袋或聚乙烯袋；栽培原料以棉籽壳为主料，辅料要添加玉米粉等。在培养料配方中，适当增加氮源营养，有利于"航金菇1号"的菌丝和子实体生长发育，有利于提高产量和品质。适宜的栽培配方：棉籽壳70%、麦麸15%、玉米粉8%、菜籽饼3%、石膏1%、石灰1%、过磷酸钙1%、糖1%，含水率65%左右；配料、装袋、灭菌、接种按常规；菌丝生长要求黑暗，通风，干燥，室温在23～25℃，空气相对湿度以60%左右为宜；菌丝长满袋搔菌，现蕾后进行抑制处理；出菇管理要求暗光，少通风，空气相对湿度85%～90%；当菌柄长到20cm以上，菌盖呈半球形、直径1～1.5cm，菇体鲜度好，即可采收。

适宜区域 建议在长江以南地区种植。

选育单位 江西省农业科学院农业应用微生物研究所；中国南方航天育种技术研究中心

（四）香菇 L808

品种来源 现有代料香菇品种而选育的菇形和菇质优良菌株。

审定情况 2008 年国家审定。

审定编号 国品认定 2008009。

特征特性 子实体单生，中大叶，朵形圆正，畸形菇少、菌盖直径4.5～7cm，半球形，深褐色，颜色中间深，边缘浅，菌盖丛毛状鳞片较多，呈圆周形辐射分布。肉质厚，组织紧密，白色，不易开伞，厚度在1.2～2.2cm。菌褶直生，宽度4mm，白色，不等长，密度中等。菌柄短而粗，长约1.5～3.5cm，粗1.5～2.5cm，上粗下细，纤维质，实心白色，圆柱形，基部圆头状。孢子银白色。

产量表现 生物转换率一般为100%。

栽培要点 常规熟料栽培。菌丝最适生长温度为5～33℃，最适合生长温度25℃。出菇温度为15～25℃，最适合出菇温度为15～22℃，子实体分化时需要6～10℃以上的昼夜温差刺激。菌丝生长阶段室内相对湿度70%以下，菇蕾分化阶段以90%左右为宜，子实体生长阶段以85%比较适宜，培养料的含水率比常规菌株稍高，以55%为宜。菌棒培养期间不需要光线，以遮光培养为宜，菌丝生长后期则需要适当光照，促进菌丝的成熟和向出菇方向转化。菌丝生长和出菇阶段都需要充足的氧气，后期适当的二氧化碳浓度有利于诱发菇蕾的形成。

适宜区域 作为适宜鲜销品种，在香菇产区适用。

技术依托单位 浙江丽水市联成农业技术服务站；丽水市农作物站；庆元县食用菌科研中心；浙江丽水大山菇业研究开发有限公司。

（五）香菇 SD-2

品种来源 香菇 L26 与香菇泌阳 3 号杂交选育而成。

审定编号 鲁农审 2009088 号。

特征特性 属中高温型品种。菌丝浓白，绒毛状。子实体单生或丛生，菌盖浅褐色，有少量鳞片，直径 4.5～5.8cm，厚度 1.6～2.5cm；菌柄白色，中生，柄长 3.2～4.8cm，伞柄比为（3.6～4.5）∶1；菌褶细白，孢子印淡白色；制干率高，适合干制加工。

产量表现 2007—2008 年春夏季全省香菇品种区域试验中，两季平均生物转化率为 90.28%，比对照品种 L26 低 1.87%，制干率比 L26 高 2.52%；在 2009 年春夏季生产试验中，平均生物转化率 90.63%，比 L26 高 11.8%，制干率比 L26 高 2.96%。

栽培要点 常规熟料栽培。菌丝最适生长温度为 22～25℃，子实体生长温度范围为 8～28℃，适宜温度为 l5～22℃，耐温性强，空气相对湿度 85%～90%，光线 500lx。发菌期料温控制在 22～25℃，避光培养，适度通风，空气相对湿度 65%～70%；转色期温度控制在 18～25℃，空气相对湿度 80%，散射光照；转色后加大温差刺激催蕾；出菇期温度控制在 16～28℃，空气相对湿度 85%～90%。第一茬菇采收后，补水至原重，准备第二茬菇生长。

适宜区域 作为适宜鲜销品种，在香菇产区适用。

选育单位 山东省农业科学院土壤肥料研究所

（六）香菇武香 1 号

品种来源 引自浙江省武义县真菌研究所。

审定情况 浙江省科技厅鉴定。

特征特性 属高温型品种，菌丝为白色绒毛状，爬壁能力较强，大部分菌丝紧贴培养基表面，生长速度快。子实体多数单生，少数丛生，朵形圆整，菌盖通常 5～10cm，表面茶褐色，披有鳞片，幼时边缘内卷，有白色绵毛，随着生长而消失。菌柄 3～6cm，直径 1～1.5 cm，中生，内部结实，纤维质，白色。菌褶白色。

产量表现 2003—2004 年铜鼓香菇产区试验中，两季平均生物转化率为 93.7%，比对照品种 L26 生物转化率高 12.4%，比对照多收一批鲜菇。

栽培要点 常规袋料袋栽香菇模式。9 月下旬制作母种，10 月上旬制作原种，11 月中下旬制作栽培种，1—3 月投料制作栽培袋，4 月搭建出菇大棚，遮阴度要"八阴二阳"，大棚水源方便，5—6 月上旬排场覆土出菇，亩排菌袋10 000袋。菌丝最适生长温度为 22～25℃，子实体生长温度范围 10～35℃，最适温度 16～28℃。子实体生长期空气相对湿度 85%～90%，光线 500lx，菌丝生长阶段空气相对湿度度保持在 70% 以下。

注意事项 ①优化培养基配方；②严格把好菌袋灭菌关；③把握好无菌接种

关；④调控好培养室的温湿度；⑤适时排场、脱袋、覆土；⑥防暑降温；⑦合理掌握菌筒含水量并及时补水；⑧及时防治病虫害。

适宜地区 该品种抗逆性强，生长温度范围广，耐高温，出菇早，转潮快，产量高，质量好，性状稳定，是适宜高温季节栽培的优秀品种。适宜在低海拔（100～500m）、半山区、小平原地区高温季节栽培，也适宜在海拔更高的地区夏季栽培。

（七）香菇 L-868

品种来源 浙江龙泉真菌研究所。

特征特性 属中偏低温型早熟品种，出菇温度在 8～25℃，子实体中、大型，菌盖褐色，圆整，披有鳞片，肉较厚，柄细短。抗杂能力强，出菇早，菌龄70 天左右，自然转色，适鲜销，是赣西地区秋冬季鲜销主要栽培品种。

产量表现 2007—2009 年连续 3 年赣西秋冬季栽培试验中，平均转化率达96.8%，比对照品种 L-26 高 15.5%，且香菇朵形圆整，很受市场欢迎。

栽培要点 常规熟料栽培。菌丝最适宜生长温度为 22～25℃，子实体生长范围为 8～25℃，适宜温度 10～18℃。子实体生长期空气相对湿度在 85%～90%，光线500lx，发菌期料温控制在 22～25℃，避光或弱光培养，空气相对湿度70%以下，转色温度控制在 18～25℃。

注意事项 ①选择最适应栽培的时间，江西省栽培时间应选择在 8 月至 9 月上旬；②严把菌袋灭菌关；③培养期间防止高温烧包；④适时脱袋排场，控制色温度在 18～25℃；⑤转色后加大干湿度和温度刺激催蕾；⑥第一茬菇采收后及时补水至原重。

适宜区域 江西境内适宜栽培。

技术依托单位 江西省宜春市食用菌研究所

（八）香菇 18-1

品种来源 浙江省。

特征特性 属中高温品种。菇体中型，单生，菇题圆整，菇体厚，品质上等。

产量表现 平均生物转化率为 80%～100%。

栽培要点 常规熟料栽培。菌丝生长温度 5～33℃，最适温度 22～25℃，出菇温度 10～32℃，最适温度 15～26℃，子实体分化时需要 5℃以上的昼夜温差刺激，菌龄 80～100 天。子实体生长期的空气相对湿度 85%～95%，光线 500lx。发菌期料温控制在 22～25℃，避光培养，适度通风，空气相对湿度 70%以下，转色期温度控制在 18～25℃，空气相对湿度 85%，散射光照，转色后后熟至少

20 天，脱袋喷水，给予温差刺激催蕾，出菇温度控制在 12~28℃，空气相对湿度 85%~90%。第一潮脱袋菇出菇结束后，进行复菌、注水管理。

适宜区域 适宜鲜销，在香菇产区适用。

技术依托单位 江西省上饶市农用微生物科学研究所

（九）竹荪长裙

品种来源 野生植物（原种引进于福建）。

特征特性 子实体中等至较大，幼时卵球形，后伸长，高 12~20cm，菌托白色或淡紫色，直径 3~5.5cm，菌盖钟形，高宽 3~5cm，有明显网络，具微臭而暗绿色的孢子液，顶端平，有穿孔，菌幕白色，从菌盖下垂达 10cm 以上，网眼多角形，宽 5~10mm。柄白色，中空，壁海绵状，基部粗 2~3cm，向上渐细。

产量表现 2013—2015 年平均产量（干产量为 35~45kg/亩）。

栽培要点 棘托长裙竹荪，属于高温型，其子实体生产发育期为每年夏季 6—9 月间。此时正值各种农作物如大豆、玉米、高粱、瓜类等茎叶茂盛期，夏季果园、林场的林果树木郁蔽，遮阴条件良好，而且上述农作物及林果树木每天呼出大量氧气，对竹荪子实体生长发育十分有利，这些天然的环境为免棚栽培竹荪创造良好的生态条件，有机结合形成生物链。一般采用大田遮阳网覆盖栽培。播种时间一般在阳历 3 月初播种，气温高的年份，有些农户提早至元月底或 2 月初。菇床先开好排水沟，床宽 1m，长度视场地而定，一般以 10~15m 为好。床与床之间设人行通道，宽 20~30cm，床面"龟背形"，距离畦沟 25~35cm，防止积水。竹荪播种采取一层料、一层种，菌种点播与撒播均可。每平方米培养料 10kg，菌种 5 瓶，做到一边堆料，一边播种。堆料播种后，在畦床表面覆盖一层 3cm 厚的腐殖土，腐殖土的含水率以 18% 为宜。覆土后再用稻草或竹屑（含竹子废料）覆盖表面，防止雨水淋浸。播种后，正常温度培育 25~33 天，一般在 4 月底左右，菌丝爬上料面，在畦面上要拾架盖上遮阳率为 95% 的遮阳网遮阴，有利于小菇蕾形成。菌丝经过培养不断增殖，吸收大量养分后形成菌索，并爬上料面，由营养生长转入生殖生长，很快转为菇蕾，并破口抽柄形成子实体。出菇期培养基含水率以 60% 为宜，覆土含水率不低于 20%，要求空气相对湿度 85% 为好。菇蕾生长期，必须早晚各喷水 1 次，保持相对湿度不低于 90%。菇蕾膨大逐渐出现顶端凸起，继之在短时间内破口，尽快抽柄撒裙。竹荪栽培十分讲究喷水，具体要求"四看"，即一看盖面物，竹叶或秆草变干时，就要喷水；二看覆土，覆土发白，要多喷、勤喷；三看菌蕾，菌蕾小，轻喷、雾喷；菌蕾大多喷、重喷；四看天气，晴天、干燥天蒸发量大，多喷、阴雨天不喷。这样才确保长好蕾，出好菇，朵形美。无条件的地方可以采用沟灌（半沟）跑马水增加田间湿度。

适宜区域 作为干货销售品种，在竹荪产区适用。

二、生产技术

（一）食用菌无公害生产技术

该技术本地生产的平菇、香菇、木耳和金针菇等品种为栽培对象，通过统一供种、场地选择、环境调控、优化配方、工厂化制作培养料、多品种轮作等技术措施，对栽培全程的病虫害防控采取物理、生态防控，必要时施用生物源安全农药或经过登记的食用菌专用农药，确保产品的安全，具有较强的推广应用价值。

增产增效情况 通过对食用菌生产程序的科学规范操作，在栽培过程中重视生产原料选择和配比、生产过程控制和病虫害的综合防控，实现无公害生产，提高产品的质量和安全水平。

技术要点

（1）核心技术 ①"小环境控制＋成虫诱杀"技术：针对钢架大棚冬天保温、夏天降温的需求，以60目密度的防虫网围罩大棚，加诱虫灯或粘虫板诱杀棚内成虫，控制食用菌虫害数量。60目密度防虫网在夏季围罩大棚后，既通气又能雾化雨水，增加大棚的湿度；棚顶不需覆盖薄膜，仅需加盖两层遮阳网或草帘即达到遮阴的作用，需保温时在防虫网上覆盖薄膜即可。②"黄板监测＋生物制剂＋安全性药剂"技术集成：对于田野山坳栽培香菇、灵芝等食用菌的地棚，在无电源使用诱虫灯时，可采用"黄板监测＋生物制剂＋安全性药剂"的组合方式，多项措施结合控制害虫为害。药剂可选择使用具安全低毒的甲阿维菌素、菇净或灭蝇胺杀虫剂，多种药剂轮换喷施，防止出现抗药性，可有效控制虫害发生。

（2）配套技术 ①合理选用栽培季节与场地：出菇期与当地主要害虫的活动盛期错开，尽量选择清洁干燥向阳的栽培场所。清除栽培场所周围50m范围内水塘、积水、腐烂堆积物、杂草，减少病虫源。②合理选用配方：栽培配方应以菌丝容易吸收转化，但又不利于虫体寄生的培养基。适当减少糖用量或根本不用糖，适当增加木屑等用量。减少配方培养基中的水分控制杂菌污染，促使菌丝正常生长和及时出菇，提倡使用工厂化生产培养料和菌包。③多品种轮作：采用害虫种类差异大的菇种轮作或菇菜轮作，尤其在某种病虫害高发期选用该病虫害不喜欢取食的菇类栽培出菇，可使区域内病虫源减少或消失。④选用抗病品种：香菇选用808、武香一号等菌株；平菇选用夏抗50、特抗650等菌株；金针菇选用8801等菌株；毛木耳选用新科4号等抗病品种，提倡使用有资质单位生产的菌种。⑤全部采用熟料栽培无菌接种技术：减少和消灭培养料种的病原物，为栽培出菇期的菇体安全打好基础。

适宜区域 全国食用菌产区。

技术依托单位 江西省农业科学院微生物研究所

（二）液体菌种在食药用菌生产上的应用技术

技术概况 "液体菌种"是用液体培养基，在生物发酵罐中，通过深层培养（液体发酵）技术生产的液体形态的食用菌菌种。

"液体"指的是培养基物理状态，"液体深层培养"就是发酵工程技术。"液体制种"实质是利用生物发酵工程生产液体菌种，取代传统、朴素的固体制种；利用生物发酵原理，给菌丝生长提供一个最佳的营养、酸碱度、温度、供氧量，使菌丝快速生长，迅速扩繁，在短时间达到一定菌球数量，完成一个发酵周期，即培养完毕。

增产增效情况 液体菌种应用于食用菌的生产，对于食用菌行业从传统生产上的繁琐复杂、周期长、成本高、凭经验、拼劳力、手工作坊式向自动化、标准化、规模化升级具有重大意义。

液体菌种接入固体培养基时，又具有流动性、易分散、萌发快、发菌点多等特点，较好解决了接种过程中萌发慢、易污染的问题，菌种可进行工业化生产。

技术要点 常规制备液体菌种多采用"母种——一级摇瓶种—二级摇瓶种—培养（发酵）器"的生产工艺，环节多，操作复杂，周期长。全禾菌业研制的CQY系列液体菌种培养器及其配技术，将母种经过提纯、活化制备成大量的"液体菌种专用母种"，直接接种到培养器中培养。使用液体专用母种，解决了液体菌种生产及使用上的一系列难题。传统的生产从一级摇瓶、二级摇瓶到培养器一个生产周期需 9～13 天，而专用种直接接到培养器上到生产出成品液体种只需 2～4 天时间，使得液体菌种自身的生产周期大大缩短。同时，节约了投资和生产成本，减少了中间环节的污染；菌球量大，菌龄一致。

液体菌种制种工艺流程如下：清洗和检查→培养基配制→上料装罐→培养基灭菌→降温冷却→接入专用菌种→发酵培养→接出菌种。

注意事项 全程操作必须是无菌条件下。

适宜区域 全部食用菌的生产区。

技术依托单位 福建农林大学

（三）夏季地栽香菇栽培技术

技术概况 夏季地栽香菇是近几年来江西省开发推广的一项新的栽培技术，有效解决了在高温夏季缺少鲜香菇上市的局面，与错季优质香菇形成了良好的优势互补。经过大量的生产实践，夏季地栽香菇技术日益成熟，形成了一套较完备的技术模式。

技术要点 ①选择当家品种，选择香菇 L808 品种。②掌握生产季节：菌丝生长从播种到出菇需 70～90 天，其制袋发菌适宜温度 15～25℃，出菇适宜的地表温度 10～25℃，根据不同地区气候特点，适时栽培。一般选择在 1—2 月播种，3—4 月发菌 5 月上旬下地催蕾，出菇期为 5 月中下旬至 10 月下旬。③完善栽培设施：菇棚建设选择地势平坦、排灌方便、通风良好、环境卫生的地块。一般出菇棚可按东西走向建中柱高 2.5m 以上，边柱高 1.5 m 以上，宽 6.2m，长 35～40m 的塑料拱棚，可摆放出菇袋 3 000～3 600 袋。菇棚内挖 4 排畦床，畦床稍高些，防止存水，床间留 50cm 的操作道。出菇棚用竹、木、镀锌管等为骨架搭设。拱棚外用草帘或一层 95% 的遮阳网等遮阴，棚间距 1.4～1.6m。④掌握生产工艺：配方采用阔叶硬杂木屑 78%，麦麸 20%，石膏 1%，糖 1%。阔叶硬杂木屑以陈木屑或干木屑为宜，麦麸要新鲜、干燥、无霉变、无虫蛀。拌料时培养料按配比采用拌料机搅拌均匀，含水率达 55%～60%，一般 15.3cm × 55cm ×（0.045～0.05）的袋装完净剩 42cm，重量 1.9～2kg 为宜。⑤装袋：采用 15.3cm ×55cm 的低压聚乙烯菌袋。用装袋机装袋。装袋时要将拌好的料尽早完成，防止时间过长培养料变酸；装好的菌袋要求密实、挺直、不松散；装袋时不能蹾，不能摔，不能揉，要轻拿轻放；扎好口后及时细心检查是否有破孔，发现后立即用胶带纸粘上或将料倒掉重新装袋。⑥灭菌：装袋后应及时进行灭菌，采用常压灭菌锅炉进行蒸汽湿热灭菌。每锅灭菌 5 000 袋内，开始时要大火猛攻，争取 5 小时内底层袋料内温度达 100℃，灭菌锅内料温达 100℃时保持 20 小时以上。灭菌完毕后，当料温降至 90℃左右时趁热出锅，出锅时检查菌袋，发现破损及时用胶带纸粘上。⑦接种：将灭菌结束的菌袋放在事先消毒过的清洁、干燥、通风的棚室中冷却。待料温降到 20℃以下时，进行无菌接种。接种前，接种室（接种箱）提前用食用菌专用消毒剂消毒；接种工具和菌种也要用 75% 酒精或 0.1% 高锰酸钾等进行消毒，接种时要求做到堵实菌穴，并偏高些，接菌迅速，不可耽搁时间过长，防止有杂菌侵入，接种后用胶带纸或地膜封好菌穴口。⑧菌袋摆放：接种后的菌袋堆放方式可根据气温和发菌情况而定。低温季节，室（棚）温度低于 20℃时，为提高堆温，可将菌袋菌坑朝上顺式摆放，垛高不超于 12 层，两排留出 40cm 以上的一排通道，便于通风换气和检查污染的菌袋。随着温度升高，为使菌垛通气好，第一遍倒垛要将菌袋摆成"#"字形，排与排间留有通道，利于空气流通。尤其注意的是接种完成后，随时注意测量垛内袋的料温，如有异常提高，及时采取措施处理。⑨发菌温度、湿度控制：调节室（棚）温达 10～24℃，尽量做到恒温培养，空气相对湿度控制在 60%～65%，注意通风换气，保持室（棚）内空气新鲜。发菌期间一般进行 2 次刺孔增氧，第一次菌丝吃料 10cm 以上，各菌坑菌丝基本相连或发至菌袋一半时进行，刺在菌丝蔓延末端

2cm 以内的菌丝上，每个接种点处刺孔 2～4 个；第二次在菌丝发满菌袋后进行，每袋刺24～32 个，孔深 2～4cm。总刺孔数要达到 40～45 个。发菌期间，特别注意刺孔时，袋内温度不可超过23℃。

注意事项 提高出菇产量可用如下方法。①场地准备：菌棒入棚前，棚内地面暴晒 2～3 天，然后再用石灰撒施畦面。新菇区可按正常的出菇技术操作进行管理，老菇区特别是在同一片菇棚连续栽培两年或两年以上的生产户，在香菇下地前，应对出菇畦床做好杀菌除虫处理，以防出菇期发生大面积病虫害。据以往的生产情况看，地栽香菇生产中多以病害为主，虫害以螨类等有少量发生，最理想有效的杀菌除虫方法是用生石灰对畦床处理，先去除畦床里上一栽培周期残存的菇棒碎屑及填充物，原畦床表层至3cm 深的土壤，最好用小型旋耕机对畦床进行土壤旋耕，使床面有更多的新鲜土壤，平整床面后用生石灰处理，通常每100m² 的栽培畦床均匀撒生石灰 2～3kg。②下地管理：菌丝发满菌袋后，在菌袋内菌丝体出现有皱褶和隆起的瘤状物且逐渐增加，但菌袋未转色时，就可下地管理。为了避免第一潮菇带沙子的问题，应选择晴朗的天气将地面喷湿，将菌棒脱袋排列在畦内，实行泥栽，使泥土填满菌袋间的缝隙，菌棒露出 1/4 左右，不可让菌棒在外面露的过多。③转色期：菌袋转色要在下地栽培后进行，形成有弹性松软感的原基，末端稍有褐色，这表明菌丝已达到生理成熟，逐渐变成褐色的菌皮，这时应控制室内温度 20～25℃，空气相对湿度 80%～95%，适当通风，给予温差刺激，利于菌袋转色。④催蕾期：喷水时要使用微喷或雾喷设施，菇棚内温度控制在 10～25℃，拉开 8℃以上的温差，保持棚内空气新鲜有充足的氧气；调节空气相对湿度 85%～90%，也可采取振袋等方式催蕾。⑤幼菇期：当菇蕾长至 0.5～1cm 时，要每袋留 6～8 朵菇形好、分布均匀的菇蕾进行蔬蕾。保持棚内袋上 10cm 空间温度 25℃以上，调节空气相对湿度 80%～90%，并根据天气情况适当通风，但不可大量通风，以免造成菇蕾被风催死。⑥采收：当采收时待菌盖直径长至 3～8cm 时菌膜不开伞或半开伞，做到及时采收。采收时随时把菇柄残留物清除掉。⑦转潮管理：每采收一潮菇后要进行休菌。主要措施有适当提高棚内温度，减少温差刺激，保持通风，减少喷水量，保持适量空气湿度及出菇袋表面湿度，时间一般在 10 天以上，转色袋标准是有一定弹性，菌丝健壮，菇脚坑转色，有 10% 左右的袋现蕾后即可进入下一潮出菇管理。

适宜区域 香菇周年生产产区。

技术依托单位 江西省新干县农业局

（四）莲子壳替代棉籽壳高产栽培平菇技术

技术概况 该技术以价格更为廉价的莲子壳为主料代替棉籽壳栽培平菇，通过对栽培品种的选育，莲子壳为主料合理营养成分的搭配，使莲子壳为主料栽培平菇产量达到或超过棉籽壳为主料栽培平菇产量，使整个经济效益提高 10% 以上。

核心技术 ①莲子壳预湿。莲子壳质地较硬，需要预先进行预湿软化。莲子壳加 3% 的石灰一起加水堆沤数天。②翻堆添加填充物。莲子壳颗粒较大，表面光滑，装袋后培养料空隙大，吸水保水性较差，需要添加统糠进行填充。方法是在莲子壳堆沤 7 ~ 8 天后进行第一次翻堆，添加 30% 左右的统糠，再次进行堆沤，补充水分。③合理配搭营养。莲子壳含营养成分较低，在经过半个月左右堆沤发酵后，再添加 20% 的麦麸，调节好水分、酸碱度，培养料搅拌均匀后进行装袋，常规管理。④选择广温型平菇品种，高温型平菇品种用莲子壳栽培产量较低。

适宜区域 平菇生产产区。

技术依托单位 江西省宜春市食用菌研究所

（五）黑木耳仿野生高产栽培技术

技术概况 传统的代料栽培黑木耳由于需要搭建菇棚、覆盖薄膜，大大增加了栽培成本和管理难度，制约了生产发展。黑木耳仿野生栽培综合传统袋料栽培生产工艺和段木栽培露天出耳方式，节省大棚、薄膜投资和出耳管理劳力，结合微喷技术，模仿自然环境使黑木耳生长。

增产增效情况 黑木耳仿野生栽培不仅可以提高产量 10%，而且由于产品品质好，市场价格较传统的产品高 20%。

技术要点

（1）核心技术 黑木耳仿野生栽培综合传统代料栽培生产工艺和段木栽培露天出耳方式，利用微喷方法，在纯自然的环境中让黑木耳出耳。

（2）配套技术 ①选择合适的栽培季节：根据黑木耳对温度和水分的要求，结合上饶市秋冬温度低，气候干燥，春季温度较高，雨水充沛的特点，选择在 8 月下旬至 9 月上旬制袋，10 月中下旬下田，翌年 4 月中旬结束，高山地区适当提前半个月。此时室温一般在 26 ~ 33℃，空气相对湿度 65%，有利于黑木耳菌丝定植吃料，到菌丝满袋刚好在 10 月中旬，此时气温非常适合黑木耳子实体生长，可以多出秋菇，提高产量，增加效益。②选择合适的栽培料：黑木耳栽培以杂木粉碎的木屑为主要的培养料，木屑粗细要过 8mm 的筛孔，添加 10% 锯板厂的细木屑以提高料筒的结实性，添加 7% 的棉籽壳以提高培养料的韧性和持水性，所有原料必须新鲜、无霉变。③选择合适的制袋方法：传统袋料栽培黑木耳一般采用 17cm×33cm 聚丙烯塑料袋，高压灭菌，单头接种，打孔出耳。仿野生栽培应采用 15cm×55cm 聚乙烯塑料袋，常压灭菌，打洞接种（一般打四洞），套袋发菌，打孔机打孔出耳。此栽培方法既便于野外耳筒排放，出耳管理，提高效率，缩短菌袋生长时间，又提高产量，适合大面积生产。④选择合适的耳场：选择通风良好、阳光充足、水源方便、无污染源、防涝的田块、旱地或空闲地作耳场。田畦整成龟背状，耳床宽0.5m，长度不限，两耳床之间以0.3m作过道。耳床以干稻草覆盖以利于保湿，或用地膜打洞覆盖，防止泥沙溅上耳片。整个耳床不搭建荫棚，露天排放，使生长环境更接近于自然。安装一水泵，在每条过道上摆放一根直径为2cm的微喷管，使用微喷浇灌。⑤狠抓出耳管理：耳筒扎孔后，等耳孔菌丝恢复开始喷水。早晚各喷1次，每次0.5小时。做到气温低时少喷勤喷，气温高时白天不喷，晴天刮风时早晚多喷，阴天随时喷水。原基形成后，栽培场空气相对湿度应利用微喷管喷水维持在90%~95%，干湿交替，气温高就早晚喷水，空气干燥就增加喷水次数。⑥选择合适的采收时间：耳片8~9分熟（耳片边缘变薄，耳根发红）即采收，采大留小。采收前1天停止喷水，采收后养菌7天，第8天喷细水是培养料湿润，等新的耳芽形成后，继续喷水。料筒采两批耳后，上下换头。

注意事项 ①制袋过程中，极易装料不紧实，既不利于打洞接种，影响菌袋成品率，又会因菌袋松紧不一，造成打孔深浅不同，有的甚至未打穿塑料袋，直接影响出耳，严重时造成烂筒。②出耳管理过程中，水分管理是关键，但水分管理技术不易掌握，直接影响产量。

适宜区域 全国黑木耳产区。

技术依托单位 江西省上饶市农用微生物科学研究所

（六）冬闲田（稻草）高产栽培大球盖菇技术

技术概况 以稻草做原料，利用冬季农村劳动力和农田的空闲时段，在大田里露天栽培大球盖菇的技术。栽培技术简单，投资少，具有广阔的前景，对促进农村经济发展具有积极的意义。

增产增效情况 每亩投入稻草5 000kg，产菇3 000kg，农民可增收7 200元。不仅因时制宜的利用冬季农村空闲的劳动力和农田，还充分利用了稻草资源，避免了因焚烧秸秆造成的环境污染，又取得了可观的经济效益。

技术要点

（1）核心技术 大球盖菇主要的栽培原料是稻草，又充分利用了冬闲田和冬季农村剩余的劳动力，栽培技术简便，无需搭建任何附属设施，直接在大田野外栽培。①稻草处理：播种前3天，将干稻草捆成小把，整齐排放在稻田里，往稻田里灌水，浸泡2天2夜。②作畦：把稍微晾干的稻草做成宽1m，高25cm，长度不限的草畦，松紧适中，畦与畦之间间隔1m。③播种：采用撒播播种。播种后覆盖2cm厚的稻草。④盖膜：播种后盖上宽2m，厚2mm的黑色塑料薄膜，出菇时用毛竹片搭成秧棚。⑤覆土：播种1个月后，覆盖2~3cm厚的稻田土。

（2）配套技术 ①选择合适的栽培季节：根据大球盖菇的生活习性，选择

11 月至翌年 4 月进行栽培出菇。此时冬季稻田空闲，劳动力资源丰富，气温适合菌丝生长，也适合出菇。②选择合适的栽培场地：选择近水源、排水方便，土壤肥沃、富含腐殖质又松软，交通便利、取材方便的稻田旱栽培场地。③选择合适的采摘时间：在大球盖菇长至菌盖直径 5cm 左右，菇盖外层菌膜刚破裂，盖内卷不开伞时进行采摘。

注意事项 ①选用的稻草要新鲜无霉变，以中晚稻草最佳。②出菇管理主要是水分管理，要视菇棚的湿度情况调整喷水次数。有薄膜破裂要及时更换。③要适时结束大球盖菇的出菇时间，不要影响春耕生产。栽培结束留下的肥料可作为有机肥料还田。

适宜区域 南方冬季大球盖菇产区

技术依托单位 江西省上饶市农用微生物科学研究所

（七）香菇温控大棚层架式栽培技术

技术概况 采用层架式栽培模式，利用水帘人工调控棚内温度，以达到香菇周年生产的目的。

增产增效情况 层架式栽培最大限度地利用了大棚的空间，节省了成本，提高了单位空间的产量。水帘人工调控温度可以根据市场情况随时调控香菇的生产出菇，大大地提高了经济效益。

技术要点

（1）核心技术 ①在大棚里搭建菇架，菇架宽 30cm，高度视大棚高度而定，每层间隔 30cm，每个菇架之间留 50cm 的过道。②安装水帘和排风扇。利用水帘和排风扇来调控棚内温度。

（2）配套技术 ①安装微喷管调节棚内的湿度。②安装杀虫灯杀灭菇类害虫。

注意事项 ①根据市场情况合理安排香菇的生产、出菇时间。②根据气候的变化适时进行温度的调节。

适宜区域 香菇周年生产产区。

技术依托单位 江西省上饶市农用微生物科学研究所

（八）香菇袋料栽培

技术要点

（1）核心技术 ①香菇袋料栽培模式的菌株一般选用中温型、中温偏高及中温偏低型，避免选用高温型及低温型。农作物生长在土壤上，野生香菇生长在倒木枯桩上，而人工袋栽香菇就是把香菇种在人工配制的培养基上，培养基就是香菇生长的土壤。培养基是用几种适合香菇生长的培养料配制的，培养料有主料、辅料之分。阔叶树木屑是主料，除泡桐、杨树木屑营养较差外，其他阔叶树木屑都是栽培香菇的优质主料，以栲类、槠类、栎类、枫类、桦类等硬质树种为最好。一般木材加工厂的木屑虽可使用，但纯度难以掌握，混有松、杉、柏、樟等树的木屑时会抑制香菇菌丝生长，且粗细不一，带锯的木屑较细，圆盘锯的较粗。栽培香菇用的木屑最好是专门粉碎，这样不仅可以保证木屑的纯度，而且大小粗细可根据需要调整。一般以2mm左右为好。干湿木屑均可使用，但发霉的木屑不能使用。②辅料如麸皮、米糠等，是用量较多的辅料，要求新鲜、无霉变虫蛀。石膏粉和白糖是用量较少的辅料，石膏粉越细越好。常用的培养基配方是：阔叶树木屑78%、麸皮或米糠20%、石膏粉1%、白糖1%。加水使培养基含水率达到55%~60%。此配方中的木屑一部分可以用甘蔗渣、棉籽壳、玉米芯粉、豆秸粉等代替，其用量为20%~40%。气温高时栽培，可加入1%~3%的石灰粉。③采用低压聚乙烯筒袋，厚度为0.04~0.05mm，折幅宽25cm，将低压聚乙烯筒料截好后，用线将一端扎紧，折转再扎1次，并用火熔封，以不漏气为准。袋子扎好后，搅拌均匀的培养基要立即装袋。装袋可以手工装，也可用装袋机装袋，1台装袋机每小时可装400袋左右，不但工效高，而且装的松紧适中，均匀一致。装袋时5人1组，1人把培养基装入料斗，1人把塑料袋套在出料筒上，1人把住料袋，装满取下，另1人把袋口扎紧，1人运输。装好料后，应及时扎紧袋口，然后将袋口折转再扎1次，以不漏气为准。装袋和搬运培养基袋时，应轻拿轻放，严防被锐物刺破塑料袋。装好培养基的袋子，要立即灭菌。

（2）配套技术　①塑料罩膜灭菌。具体操作是在一块平坦的地上放置一个长4m宽3m的大栅格，将装好培养基的袋子一层一层堆在大栅格上，注意堆要牢固，又要留有适当的蒸气通道，一次可堆2 000~3 000个袋子，然后在堆上用塑料薄膜或苫布盖好，四周用绳捆紧，四边压上沙袋，以防漏气。堆旁置一台蒸汽发生设备，将一根通气管由蒸汽发生设备通入堆下的底部，蒸汽发生设备产生100℃的蒸气后，借管道通入袋子堆内，当堆中达到100℃时，维持18~20个小时即达到灭菌要求。装满培养基的袋子灭菌后，要搬放在干净的室内冷却。冷却的场所要和接种场所相连。②无菌操作及接种技术。在接种前把接种箱洗刷清理干净，进行第一次灭菌，按每立方米15g硫黄的用量进行熏蒸。具体操作是：按需要量将硫黄放入瓷碗内，将瓷碗放在接种箱中央，用纸片引火点燃硫黄，密闭接种箱。硫黄燃烧产生的烟雾弥漫在接种箱内空间，维持24小时，可达到彻底灭菌。

将灭过菌的培养基袋子移入接种箱内摆放平稳，袋子移入接种箱时可用0.1%高锰酸钾溶液擦洗塑料袋表面，以除去灰尘和杂菌。将接种工具、原种、酒精灯等也同时放进接种箱。然后密闭，用气雾消毒盒熏蒸灭菌，气雾消毒盒的用量为3~4g/m³，点燃熏蒸半小时以上。有条件的可用紫外线灯照射灭菌半小时。

接种使用双人接种箱，2人1组。操作人员先用酒精棉球擦洗手臂，然后双手插入接种箱内，1人先将接种工具消毒，把菌种瓶口消毒，火焰烧一下棉塞，另1人将袋表面用酒精棉球擦拭，并打等距离的4个接种孔，接种孔直径2cm左右，深1.5～2cm。另1人将菌种放入接种孔内，贴上胶布或专用胶片。如此一袋一袋接完。每箱装多少袋子，依接种箱大小而定。接完的袋子要及时运往培养室培养。一般每瓶750mL装的木屑菌种，可接15袋左右。除用胶布或专用胶片封接种口外，也有用石蜡溶化后封口的。封口蜡的配方是：石蜡4份、菜籽油2份，松香0.5份，加温熔化后用毛笔抹涂封口。

接种时要掌握"一快二满三严"。

注意事项　装好培养基的袋子，要立即灭菌。

适宜区域　全国食用菌产区。

技术依托单位　江西省遂川县农业局

山东省食用菌主要品种与生产技术

一、主要品种

（一）平菇丰5

品种来源　采集野生子实体经组织分离育成。
审定情况　2008 年国家审定。
审定编号　国品认菌 2008025。
特征特性　子实体丛生；菌盖直径 5~8cm，菌盖厚 1~1.8cm，柄长 2.5~3.5cm；菌丝体生长温度 4~35℃，最适生长温度 24~26℃；子实体形成温度 8~28℃，最适生长温度 12~24℃；子实体幼菇期灰黑色，随生长发育逐渐变为浅灰色；子实体颜色随温度变化较大，在 6~12℃时颜色灰黑，12℃以上颜色浅灰；抗杂、抗病性强，适于生产鲜菇和腌渍加工。
产量表现　生物学效率在 120% 以上。
栽培要点　适宜春季和早秋季节栽培，以棉籽壳、玉米芯为主料，使用生料或发酵料栽培，袋栽选用折径 25~28cm，长 45cm 聚乙烯塑料袋，分 4 层播种；23~25℃环境条件发菌，控制料温不超过 30℃；菌丝发满后，移至出菇房；原基形成前，空气湿度控制在 80% 以内，并给予 5~8℃温差刺激；原基形成后，空气湿度提高至 90%，定期通风，控制菇房温度 12~20℃；喷孢之前采收，第一茬菇采收后，停止喷水 2~3 天，适时通风，准备第二茬菇生长。
适宜区域　适宜在江苏、山东、河北、河南、吉林、山西等地区栽培。
选育单位　山东省农业科学院土壤肥料研究所

（二）灵芝 TL-1 泰山赤灵芝 1 号

品种来源　泰山野生种驯化育成。
审定情况　2007 年国家审定。
审定编号　国品认菌 2007047。

特征特性 子实体单生或丛生；菌盖半圆形或近肾形，具明显的同心环棱，红褐色至土褐色，有光泽，腹面黄色，厚 1~1.5cm，直径 5~20cm；菌柄深红色，光滑有光泽，柱状，长 1~2cm，特殊培养可长达 10cm 以上。袋料栽培发菌期 45 天左右，无后熟期；原基形成不需要特殊温差刺激，原基形成到子实体采收需时 60 天左右；菌丝体耐受最高温度 33℃，最低温度 4℃；子实体耐受最高温度 35℃，最低温度 18℃。

产量表现 每百千克棉籽壳产干品 15~25kg。

栽培要点 长江以北地区 2—4 月制袋，5—9 月为子实体生长期。长江以南地区接种期可延续到 6 月。栽培袋菌丝长满后，即可打开袋口通风加湿催蕾。开袋的同时向空间喷水（不要喷料面），使空气相对湿度保持在 90% 左右，温度控制在 25~33℃；保持通风良好，适时增加光照。北方大多数地区只收 1 潮；南方可根据当地气候条件，延长栽培时间，可收 2 潮，也可 1 年进行 2 次栽培。

适宜区域 适宜在国内灵芝产区栽培。

选育单位 山东省泰安市农业科学研究院

（三）平菇 SD-1

品种来源 平菇超强 581（SA10027）与平菇 2002-4（SA10008）杂交选育而成。

审定情况 2009 年山东省审定。

审定编号 鲁农审 2009082 号。

特征特性 属中低温型品种。菌丝体浓密、洁白、粗壮，生长整齐，气生菌丝较多。子实体丛生，菌盖扇形、平展，直径 10~15cm，较大，厚度 1~1.4cm，肉质厚、有韧性，不易破碎，菌盖在 4~15℃ 时黑色，15℃ 以上时灰黑色；菌柄原白色，实心，长 1.0~2.5cm，直径 1.1~1.8cm；菌褶白色；孢子印灰白色。

产量表现 在 2007—2008 年秋、春季山东省平菇品种区域试验中，两季平均生物转化率 130.2%，比对照丰 5 提高 19.58%；在 2009 年春季生产试验中，生物转化率 130.36%，比对照丰 5 提高 18.5%。

栽培要点 适宜秋、冬季选用棉籽壳、玉米芯等原料生料或发酵料栽培。菌丝适宜生长温度 22~25℃，子实体生长温度范围 3~25℃，适宜生长温度 10~18℃。发菌期料温控制在 22~25℃，避光，适度通风，25 天左右菌丝发满，发满菌后 5~8℃ 温差刺激、散射光照、提高空气相对湿度到 80%，适量通风进行催菇处理。出菇期温度控制在 8~22℃，空气相对湿度控制在 90%，适度光照，定期通风。第一茬菇采收后，停水 2~3 天，少量通风，准备第二茬菇生长。

适宜区域 山东省平菇主产区栽培。

选育单位 山东省农业科学院土壤肥料研究所

（四）平菇 SD-2

品种来源 平菇早秋 615（SA10002）与平菇 2004（SA10083）杂交选育而成。

审定情况 2009 年山东省审定。

审定编号 鲁农审 2009083 号。

特征特性 属中高温型品种。菌丝体浓密、洁白，生长整齐，气生菌丝较多。子实体叠生，菌盖扇形、表面有条纹、边缘下卷，直径 6 ~ 14cm，厚度 0.6 ~ 1.1cm，肉质略疏松，菌盖在 10 ~ 18℃ 时灰色，18℃ 以上时灰白色；菌柄白色，实心，长 1.0 ~ 2cm，直径 0.7 ~ 1.5cm；菌褶细白；孢子印白色。

产量表现 在 2007—2008 年秋、春季山东省平菇品种区域试验中，两季平均生物转化率 127.03%，比对照丰 5 提高 16.41%；在 2009 年春季生产试验中，生物转化率 125.84%，比对照丰 5 提高 13.98%。

栽培技术要点 适宜夏末、早秋栽培，选用棉籽壳或玉米芯料发酵栽培。菌丝适宜生长温度 24 ~ 27℃，子实体生长温度范围 12 ~ 30℃，适宜生长温度 16 ~ 29℃。发菌期料温控制在 24 ~ 27℃，避光，适度通风，22 ~ 23 天左右菌丝发满，发满菌后 5 ~ 8℃ 温差刺激、散射光照、提高空气相对湿度到 80%，适量通风进行催菇处理。出菇期菇房温度控制在 16 ~ 29℃，空气相对湿度控制在 95%，适度光照，定期通风。第一茬菇采收后，停水 2 ~ 3 天，少量通风，准备第二茬菇生长，生物转化率 120% 以上。

适宜区域 在山东省平菇主产区利用。

选育单位 山东省农业科学院土壤肥料研究所

（五）金针菇 SD-1

品种来源 金针菇 FL16 菌丝紫外诱变选育而成。

审定情况 2009 年山东省审定。

审定编号 鲁农审 2009085 号。

特征特性 属低温型品种。菌丝体浓厚、细密，呈白色绒毛状，粉孢子少。子实体丛生、直立，通体纯白色。菌盖呈半圆球形，边缘内卷，直径 0.7 ~ 1.1cm，厚度 0.7 ~ 0.9cm，不易开伞；菌褶白色，离生；菌柄长 16 ~ 20cm，直径 0.25 ~ 0.35cm，韧性较强，菌柄近基部有细密、白色绒毛，粘连少、无褐变；孢子印白色。

产量表现 在 2007—2008 年秋冬季山东省金针菇品种区域试验中，两季平均生物转化率达 103% 以上，比对照品种金杂 19 提高 15% 以上；在 2009 年秋冬生产试验中，比对照品种金杂 19 提高 14% 以上。

栽培要点 适宜工厂化控温菇房栽培。菌丝生长适温 20～25℃，子实体生长发育适温 5～16℃，最高耐温 19℃。采用熟料袋栽或瓶栽，每袋装干料 350～450g 或每瓶装干料 280g 左右。发菌期料温控制在 20～25℃，避光培养，适度通气，35～40 天发满菌袋，30 天左右发满瓶。出菇期菇房温度控制在 5～12℃，空气相对湿度控制在 85%～90%，灯光诱导，CO_2 浓度控制在 0.15% 左右。该品种菇潮间隔期 12～14 天。注意根据季节调整菌袋培养料含水率。

适宜区域 适宜在山东省金针菇种植地区尤其工厂化生产企业利用。

选育单位 山东省农业科学院植保所

（六）金针菇 SD-2

品种来源 金针菇 FL07 和 FL09 多孢杂交选育而成。

审定情况 2009 年山东省审定。

审定编号 鲁农审 2009086 号。

特征特性 属偏低温型品种。菌丝体浓密，呈白色绒毛状，贴生，粉孢子少。子实体丛生，乳黄至淡黄色。菌盖淡黄色，近半球形，顶部稍凸起，直径 0.7～1.3cm，厚度 0.7～0.8cm；菌褶乳白色，离生；菌柄上中部乳白至乳黄色，下部淡黄至黄色，长 15～19cm，直径 0.3～0.4cm，基部有褐变及少量黄色绒毛；孢子印白色。

产量表现 在 2007—2008 年秋冬季山东省金针菇品种区域试验中，两季平均生物转化率达 115.6% 以上，比对照品种金杂 19 提高 26.8%；在 2009 年秋冬生产试验中，比对照品种提高 31.1%。

栽培要点 常规熟料栽培。菌丝生长适温 22～26℃，子实体生长发育适温 6～19℃，最高耐温 22℃。袋栽装料 350～450g。发菌期料温控制在 22～26℃，避光培养，适量通气，33～38 天发满菌袋。出菇期控制菇房温度在 7～15℃，空气相对湿度在 80%～90%，散射光，CO_2 浓度控制在 0.12% 左右。第一潮菇采收后，间隔期 9～11 天，保持低温环境，空气相对湿度 80%～85%，适度通风，给予微弱散射光照，促进第二潮菇蕾分化。注意不能直接向菇体喷水，及时采收。

适宜区域 适宜在山东省金针菇产区利用。

选育单位 山东省农业科学院植物保护所

（七）香菇 SD-1

品种来源 香 62 与野生香菇（2004 年采自湖北远安）杂交选育而成。

审定情况 2009 年山东省审定。

审定编号 鲁农审 2009087 号。

特征特性 属中温型品种。菌丝浓白，绒毛状。子实体丛生，菌盖浅褐色，覆有少量鳞片，直径 4.4～6.5cm，厚度 1.2～2.3cm；菌柄白色，中生，柄长 2.2～4.5cm，伞柄比为 (4～5)：1；菌褶细白；孢子印淡白色。

产量表现 在 2007 年秋季及 2008 年春季山东省香菇品种区域试验中，两季平均生物转化率为 93.19%，比对照品种 L26 提高 8.84%，在 2009 年春季生产试验中，平均生物转化率 100%，比对照品种 L26 提高 21.44%。

栽培要点 常规熟料栽培。菌丝最适生长温度为 22～25℃，子实体生长温度范围为 7～22℃，适宜温度为 10～17℃。子实体生长期的空气相对湿度 85%～90%，光线 500lx。发菌期料温控制在 22～25℃，避光培养，适度通风，空气相对湿度 70% 以下；转色期温度控制在 18～25℃，空气相对湿度 85%，散射光照，转色后加大温差刺激催蕾；出菇期温度控制在 7～22℃，空气相对湿度 90%。第一茬菇采收后，补水至原重，准备第二茬菇生长。

适宜区域 作为适宜鲜销品种，适宜在山东省香菇产区利用。

选育单位 山东省农业科学院土壤肥料研究所

（八）香菇 SD-2

品种来源 香菇 L26 与香菇泌阳 3 号杂交选育而成。

审定情况 2009 年山东省审定。

审定编号 鲁农审 2009088 号。

特征特性 属中高温型品种。菌丝浓白，绒毛状。子实体单生或丛生，菌盖浅褐色，有少量鳞片，直径 4.5～5.8cm，厚度 1.6～2.5cm；菌柄白色，中生，柄长 3.2～4.8cm，伞柄比为 (3.6～4.5)：1；菌褶细白，孢子印淡白色；制干率高，适合干制加工。

产量表现 在 2007—2008 年春夏季山东省香菇品种区域试验中，两季平均生物转化率为 90.28%，比对照品种 L26 减产 1.87%，制干率比对照品种 L26 提高 2.52%；在 2009 年春夏季生产试验中，平均生物转化率 90.63%，比对照 L26 提高 11.8%，制干率比对照 L26 提高 2.96%。

栽培要点 常规熟料栽培。菌丝最适生长温度为 22～25℃，子实体生长温度范围为 8～28℃，适宜温度为 15～22℃，耐温性强，空气相对湿度 85%～90%，光线 500lx。发菌期料温控制在 22～25℃，避光培养，适度通风，空气相对湿度 65%～70%；转色期温度控制在 18～25℃，空气相对湿度 80%，散射光照；转色后加大温差刺激催蕾；出菇期温度控制在 16～28℃，空气相对湿度 85%～90%。第一茬菇采收后，补水至原重，准备第二茬菇生长。

适宜区域 作为干制品种，适宜在山东省香菇产区利用。

选育单位 山东省农业科学院土壤肥料研究所

（九）灰树花泰山-1

品种来源 野生灰树花（泰山）人工驯化选育。

审定情况 2009 年山东省审定。

审定编号 鲁农审 2009090 号。

特征特性 菌丝体较浓密、白。子实体覆瓦状叠生；菌柄多分枝，末端生重叠成丛的菌盖；菌盖直径 2～7cm，扇形，表面灰褐色，有细毛，老后光滑，有放射状条纹，边缘内卷；菌肉厚 1～3mm，白色，肉质；管孔延生，孔面白色，管口多角形。

产量表现 在 2007—2008 年春夏季山东省灰树花品种区域试验中，两季平均生物转化率92.72%，比对照品种灰树花 1 号高 14.13%。在 2009 年春夏季生产试验中，生物转化率平均为 93.84%，比灰树花 1 号高 15.13%。

栽培要点 适宜春、秋两季常规熟料栽培。发菌温度 18～25℃，空气相对湿度 65% 以下，发菌期避光；子实体原基形成温度 16～24℃，生长温度 16～28℃；湿度85%～95%；子实体分化需氧量大，通气不够易形成畸形；需要散射光。有条件栽培场所门窗加防虫网防止害虫进入。

适宜区域 在山东省灰树花种植地区利用。

选育单位 山东省泰安市农业科学研究院

（十）鸡腿菇泰山-2

品种来源 野生鸡腿菇（泰安徂徕山）人工驯化选育。

审定情况 2009 年山东省审定。

审定编号 鲁农审 2009093 号。

特征特性 属中温型品种。菌丝体较密集、灰白，气生菌丝少。子实体单生或群生，中粒。菌盖幼期圆柱形，表面光滑，白色至乳白色，后期呈钟形，色深，表皮裂开，有鳞片，菌盖宽 3～6cm，高 3～5cm；菌褶密集，与菌柄离生，白色，后变黑色；菌柄白色，有丝状光泽，长 7～15cm，粗 1～3.2cm；菌环乳白色，脆薄，易脱落。

产量表现 在 2007 秋季及 2009 年春季山东省鸡腿菇品种区域试验中，两季平均生物转化率113.58%，比对照品种瑞迪 2000 高 20.9%。在 2009 年春季生产试验中，生物转化率平均为 92.65%，比瑞迪 2000 高 14.78%。

栽培要点 适宜春、秋季发酵料覆土栽培。菌丝适宜生长温度 20～28℃，空气相对湿度 65% 以下，暗光培养；覆土取地表 20cm 以下菜园土，加 2% 石灰拌匀，覆土厚 3～5cm，含水率 30%～40%；出菇温度 10～28℃，空气相对湿度

85%~90%，适当增加散射光，光照 100~900lx；每天通风 3~4 次，每次 30 分钟。

适宜区域 适宜在山东省鸡腿菇种植地区利用。

选育单位 山东省泰安市农业科学研究院

（十一） 褐蘑菇 SD-1

品种来源 引进品种棕色蘑菇经过常规选育而成。

审定情况 2010 年山东省审定。

审定编号 鲁农审 2010088 号。

特征特性 菌丝体表现为气生型菌丝，灰白；子实体散生，少有丛生；菇体中型大小，单菇平均重 37.38g；菇盖近半球形，直径 3.15~8.35 cm，厚度 1.1~3.7cm，棕褐色，内部菌肉白色，肉质紧密，口感脆；菇柄白色，长度为 2.3~7cm，肉质厚，有韧性；菇盖与菇柄的直径比 1.6~2.72；菌褶褐色，孢子褐色。菌丝体适宜生长温度为 25℃，子实体适宜生温度为 12~18℃，孢子散发温度为 25℃左右。

产量表现 2008—2009 年两季品种区域试验中，平均生物转化率 49.37%，比对照提高 9.31%，在 2010 年春季生产试验中，平均生物转化率为 52.67%，较对照提高 10.3%。该品种平均产量为 14kg/m²。

栽培技术要点 适宜秋、春季栽培，智能化菇房可周年生产。培养料发酵前碳氮比控制在（30~33）：1，发酵后培养料含水率为 50%~55%，pH 值 7.2~7.5。播种时料温在 28℃以下，菌丝体长至料厚一半时，用耙将料松动一下，增加通气，覆土厚度 3~3.5cm，出菇期间，避光，空气相对保持在湿度 85%~90%，不能将水直接喷在菇体上。

适宜区域 在山东省双孢菇种植地区尤其是工厂化生产企业推广应用。

技术依托单位 山东省食用菌工作站

二、生产技术

（一） 食用菌周年高效栽培技术示范与推广

技术概况 通过实施食用菌周年高效栽培技术示范推广项目，可在同一传统栽培设施内，通过不同温型优良品种进行合理搭配、选用高产配方、加强科学发菌、出菇管理和综合防控病虫害等配套措施的实施，实现 1 年栽培 2~3 季或 1 年栽培 2~3 个品种，达到食用菌传统栽培设施周年利用的目的。

增产增效情况 通过在山东省 70 余个县（市、区）次的大面积推广应用，对于丰富国内食用菌市场品种，调整品种结构，有效利用秸秆资源，减少环境污染以及农民增收和农产品出口创汇起到了重要的推动作用，其经济、社会、生态效益非常显著。在经济效益方面，一是示范品种的单产水平较常规品种生物学效率提高10%以上。二是由原来的一季栽培改为2~3季栽培。三是加大了对当地作物秸秆资源的利用率，减少了秸秆焚烧造成的环境污染。四是解决了项目区近万名菇农在项目实施前大棚闲置时的就业问题，受到了广大菇农高度赞扬，同时由于周年搭配模式品种的增加，为社会提供了越来越多的食用菌，逐步满足了社会对不同食用菌种类日益增长的需求。

技术要点 ①选择适宜栽培设施。简易大棚、生产菇房（无控温设备）、土洞等。大棚包括简易冬暖式大棚，半地下冬暖式塑料大棚；菇房指无控温设备砖混式结构菇房、土坯结构菇房。②选择适宜的周年化栽培模式。在不同栽培设施内，通过高温平菇、草菇等高温品种与中低温型食用菌如杏鲍菇、白灵菇、金针菇等品种的合理搭配实现周年化栽培。主要推广高温平菇（草菇）搭配杏鲍菇，高温平菇（草菇）搭配白灵菇，香菇不同温型周年搭配，金针菇搭配鸡腿菇等多种周年化栽培模式。③筛选优良菌株，推广应用优质高产、适销对路及价值较高的适宜周年化栽培的品种，且按照食用菌菌种生产技术规程进行母种、原种、栽培种生产。④采用优化高产配方。选用秸秆主料基质并经过验证的优化高产栽培配方。栽培原料要求新鲜、无霉变，不含有毒有害物质，保持适宜的颗粒度和一定的吸水能力。培养料采用通风发酵处理和高压、常压灭菌，达到防霉速生增产的效果。⑤科学发菌技术。根据不同品种温型特点，进行科学的发菌管理。例如，白灵菇发菌温度24~26℃，菌丝长满后在18~25℃进行30~50天后熟培养，菌袋生理成熟后低温温差刺激出菇；杏鲍菇发菌温度20~22℃，菌袋发满后低温刺激出菇；高温平菇发菌温度25~30℃，发满后直接出菇。在不同品种搭配衔接过程中，对需要提前发菌的品种，控制好发菌的温度和时间。⑥加强出菇期管理。根据推广品种的生物学特性，合理调控温度、湿度、光照、通风等因子，进行科学出菇管理。例如，白灵菇菇蕾发育成小幼菇后，应逐渐增加菇棚通气量，温度在12~16℃；空气相对湿度在85%~90%，光照强度150~300lx较为适宜；杏鲍菇温度在16~20℃，空气相对湿度在85%~90%，光照强度以300~800lx为宜；高温平菇菌墙内部菌料温度在26℃以下，空气相对湿度达到85%~95%，菇棚中CO_2浓度一般应控制在0.06%以下。⑦综合防控病虫害。坚持以环境控制、栽培、物理、生物防治措施为主，化学防治为辅的综合防治原则，使用已在食用菌上登记的高效低毒低残留药剂。以喷洒走道或菌畦覆土为主，且要无菇、避菇使用。

注意事项 因地制宜，做好不同温型品种的科学合理搭配。在两季或三季栽培的衔接环节特别注意做好环境消毒。

适宜区域 食用菌主产区。

技术依托单位 山东省农科院农业资源与环境研究所；山东省农业技术推广总站

（二）秸秆栽培珍稀食用菌技术集成与推广

技术概况 引进杏鲍菇、白灵菇、茶树菇等优良品种，筛选优良配方，创新集成高效安全并进行大面积推广，对于促进珍稀菇类标准化生产，发展循环、高效农业，促进农作物秸秆高效利用，促进农民增收、农业增效都具有重要意义。该技术是2007年省财政支持食用菌技术推广项目，通过在山东省的推广，取得了显著的经济效益、社会效益和生态效益。同时通过该技术推广，使山东省珍稀食用菌的生产和标准化达到优质高效，也解决了由于秸秆焚烧带来的环境污染和资源浪费问题，为秸秆资源的利用找到一条更为合理、有效的途径。

增产增效情况 通过技术推广，提高了珍稀食用菌单位面积的产出，提高了土地利用率和单位土地面积的经济收入，增加了产值，提高了农民收入，并逐步满足了社会对珍稀食用菌日益增长的需求。提高了产品质量，让消费者吃上了更加放心的食用菌产品，使食用菌"绿色、营养、安全、保健"的功能得以回归，产品的市场竞争力也得到了进一步增强，出口创汇能力不断加强，并形成区域特色，成为对外宣传和发展的窗口，同时通过小区域的推广、应用，还辐射带动了周边的地、市县的食用菌的发展，一方面解决了部分农村剩余劳动力的就业问题，另一方面通过利用多种廉价农业废料及副产品（麦秸、稻草、玉米秸、花生壳、锯木屑、大豆秸等）进化为人类可食用优质蛋白的重要途径，最大限度地利用了生物能的转换，增加了产品输出，同时生产完食用菌的废料还田后，大大提高了土地肥力，进入了新的生物循环，构成了生物链与生态链的良性循环，促进生态农业的可持续协调发展。取得了显著的经济效益、社会效益和生态效益。

技术要点 ①适宜秸秆栽培的白灵菇、杏鲍菇、茶树菇优良菌种的培育。通过对比试验和区试试验，筛选具有优良农艺性状，丰产性、稳定性高，抗逆性强，商品率高的优良菌株，在示范区进行推广应用。②珍稀食用菌菌种标准化生产和管理技术。按照国家食用菌菌种生产操作规程进行菌种标准化生产和管理，利用高压灭菌生产母种、原种，利用高压灭菌和常压灭菌生产栽培种，保证菌种纯度高，质量优。利用发酵技术、低能耗高压或常压灭菌技术进行菌包生产，确保推广菌种和菌包的质量。③培养料科学发酵及高产配方。推广玉米芯、玉米秸、棉籽壳等优化高产配方，培养料采用通风发酵处理和高压、常压灭菌，达到防霉速生增产的效果。通过科学配方，规范培养料的前处理和合理科学堆肥发酵，灭菌消毒，使珍稀菇类生产达到高产优质。④珍稀食用菌优质栽培管理技术。严格发菌管理，通过遮阴、通风降温和机械制冷等措施，保证发菌期间温度在25℃左右；出菇期间，按照菇蕾分化、生长发育对温度、湿度、通风和光线等影响因子的要求，通过合理安排栽培季节和及时调节通风设施、覆盖物，确保出菇期间达到最优化的通风、光照、温度和湿度，使珍稀食用菌出菇管理规范化、标准化，提高商品率。⑤珍稀食用菌无公害生产技术集成推广。通过对菌种安全生产、菌包正常发菌、出菇规范化和标准化、综合预防，以环境控制、栽培、物理、生物防治等手段控制病虫害等单项技术集成，制订珍稀食用菌生产的安全生产规程，并进行推广示范。⑥栽培设施改进。在现有栽培模式基础上，对有一定经济基础的企业和农户进行栽培设施改进。推广简易工厂化食用菌生产技术，达到周年栽培的目的。

适宜区域　食用菌主产区。

技术依托单位　山东省农科院农业资源与环境研究所；山东省食用菌工作站

（三）杏鲍菇、双孢菇高效栽培及病虫害综合防控技术

技术概况　该技术可充分利用山东省丰富的农作物废弃资源如玉米秸、麦秸、玉米芯、棉籽壳及畜禽粪便资源牛粪、马粪、鸡粪等，生产高蛋白菌类食品，实现农业废弃资源的可持续、高效循环利用，推广前景广阔。该技术2009年被列入省财政支持食用菌技术推广项目。

增产增效情况　该技术通过在武城、淄川等5个县市区进行推广，杏鲍菇等品种生物学转化率均平均提高20%以上，生产的双孢菇和杏鲍菇等产品90%以上其质量达到了《绿色食品　食用菌》标准的有关要求，推广核心区秸秆利用率提高了30%以上。项目实施取得了显著的经济效益、社会效益和生态效益。

技术要点　①菌种生产技术。选用生活力和抗逆性强的优良抗病品种，采用食用菌菌种常规生产技术进行母种、原种、栽培种生产。②培养料选用。玉米秸、玉米芯、棉籽壳、麦秸选用没有淋雨和霉变的；牛粪、马粪、鸡粪选用干的，使用前进行堆积发酵。③培养料处理、播种。杏鲍菇采用袋栽熟料，具体方法为选用16cm×28cm或17cm×60cm聚丙稀折角袋，装料后在1.5Mpa压力下保持2.5~3小时或在100℃下保持12小时，一头接种或打穴接种，接种后的栽培袋放置在洁净的培养室于23~25℃下避光发菌。双孢菇采用二次发酵料栽培，具体方法为一次发酵15天左右，培养料进出菇房（棚）后再进行二次发酵7~10天，接种采用混播或穴播方法。④科学调控生长环境。日光温室、半地下冬暖式塑料大棚、专用菇房、简易工厂化菇房均可作为栽培设施，为提高菇房（棚）空间利用率可进行层架式栽培。保持菇房（棚）内外的清洁卫生、无废菌料等污染源；菇房（棚）门窗、通风口封防虫纱网；菇房（棚）周边、门口设置消毒防虫阻隔带；菇房（棚）内吊挂黏虫板和电子杀虫灯；菇床层架设置黑光灯、糖醋药液诱杀害虫。⑤出菇前管理。杏鲍菇菌袋发满菌7~10天后，将塑料绳揭开，将袋口轻轻上提，待出现原基后再将袋口稍稍扩展，打穴接种的将接种口处

打开即可，原基形成过密要适当疏蕾。控制菇房内温度在 10～15℃，刺激原基形成。双孢菇菌丝生长至料厚 2/3 或基本长透时开始覆土，覆土材料使用前用无毒或低毒杀菌杀虫剂堆闷消毒处理。⑥出菇期管理。杏鲍菇原基形成后，保持菇房（棚）内温度 15～18℃，控制空气相对湿度在 85％，随子实体生长发育空气相对湿度提高至 90％，喷洒水分时使用符合生活饮用水卫生标准的水源。采收前 1～2 天，降低空气相对湿度到 85％，出菇期间光照强度在 500～1 000lx，CO_2 浓度控制在 0.1％以下。随子实体的生长发育，菇房要加大通风量。双孢菇覆土后，菇房（棚）内温度保持在 16℃左右，空气相对湿度在 85％～90％，出菇期间需要避光，菇房（棚）要经常通风，二氧化碳浓度控制在 0.1％以下。出菇期间发生病害使用生物农药杀病、杀虫，无菇或避菇使用，以喷洒走道或菌畦覆土为主。

适宜区域　食用菌主产区。

技术依托单位　山东省农科院农业资源与环境研究所；山东省食用菌工作站

（四）食用菌夏季高效安全生产关键技术

技术概况　在不同的栽培设施或林下、露天、房前屋后等不同栽培场所，通过选择适宜夏季栽培的品种，选用以棉秆为主料栽培平菇，以玉米芯为主料栽培草菇，配套棉秆发酵转化技术，地栽香菇高效安全关键生产技术以及高温平菇高效安全生产关键技术，对提高中高温型食用菌产品的供应率，满足社会对食用菌产品的周年需求具有重要意义。该技术 2014 年、2015 年被列入山东省主推技术，2014 年被列入山东省财政支持食用菌技术推广项目。

增产增效情况　该技术已在莘县、郯城、东平、台儿庄区、河口区等地已累计示范推广应用面积达 50 万 m^2 以上，通过推广应用，生物转化率较常规栽培平均提高 15％以上，商品率高，符合行业标准《绿色食品　食用菌》要求，经济效益较提高 20％以上。通过示范推广适宜夏季栽培的优良品种和配套高效安全生产关键技术，有力促进了食用菌规模化、产业化和标准化发展，取得了显著的经济生态和社会效益，对促进农民增收作出了巨大贡献。

技术要点　①适宜夏季栽培的中高温型栽培品种。该技术选用高产、商品率高、抗病、耐贮运适宜在夏季栽培的中高温型品种，例如，高温平菇、夏季香菇、草菇等。②高产栽培配方。选用新鲜、无霉变、具有一定吸水能力和适宜颗粒度的栽培原料，通过高压、常压灭菌和通风发酵对培养料进行处理，达到增产效果。如以棉秆为主料的平菇配方，以玉米芯为主料的草菇配方，以木屑为主料的香菇配方。平菇高产配方：棉秆 55％，棉籽壳 15％，玉米芯 15％，麦麸 6％，玉米粉 4％，尿素 0.2％，过磷酸钙 1.5％，石膏粉 1％，生石灰 2.3％。香菇高产配方：木屑 78％，麦麸 20％，蔗糖 1.0％，石膏粉 1.0％。草菇高产配方：玉米芯48%，白灵菇菌糠15%，牛粪6%，鸡粪12%，生石灰19%。③采用科学发菌管理技术。根据不同品种的温型特点，进行科学的发菌管理。例如，高温平菇适宜发菌温度25~28℃，发满后直接出菇。夏季香菇适宜发菌温度22~26℃，需经过3个月发菌转色，接种后当白色菌丝基本长满菌棒，可进行扎眼透气，加快菌丝的生理成熟，扎眼后5~7天，浇水保湿闷棚2~3天，菌棒即转变成棕褐色，完成转色。草菇适宜发菌温度32~38℃。④采用科学出菇管理技术。高温平菇菌墙内部菌料温度控制在28℃以下，空气相对湿度控制在85%~95%，菇棚中CO_2浓度一般应控制在0.06%以下。夏季香菇菌丝达到生理成熟后，通过干湿交替或10℃左右昼夜温差，刺激形成原基，出菇期温度应控制在22~28℃，空气相对湿度在85%~90%。草菇在播种后7~8天，床面开始有菇蕾扭结。出菇期料温控制在35℃左右，空气相对湿度在90%~95%，每天注意通风。⑤推广病虫害综合防控技术。坚持以环境控制、栽培、物理、生物防治措施为主，化学防治为辅的无害化原则，使用已在食用菌上登记的高效低毒低残留药剂。以喷洒走道或菌畦覆土为主，避菇使用。夏季高温高湿的环境易造成杂菌污染，需要做好环境的彻底消毒，同时在每一个生产环节，严格规范化生产，努力做好病虫害的预防。

适宜区域　食用菌主产区。

技术依托单位　山东省农科院农业资源与环境研究所；山东省农业技术推广总站

（五）食用菌工厂化生产关键技术

技术概况　该技术既解决了工厂化生产设施条件建设盲目性和工艺缺乏科学性的突出问题，又提升了栽培工艺，确立了适宜的环境条件，为食用菌工厂化的健康快速发展奠定了科学基础。该技术2014年、2015年连续两年被列入山东省主推技术。

增产增效情况　通过该技术的推广应用，单菇种产量提高5%以上，生产成本降低10%以上。较传统生产模式单产提高15%，综合效益提高20%以上。

技术要点

（1）栽培设施　菇房采用钢结构或砖混结构建设，按冷库标准要求进行建造，具备通风、保温、保湿功能。生产场地布局合理，生产区、加工区和原料仓库、生活区应严格分开。生产区中原料区、堆制发酵区或拌料区、装料区、灭菌区、冷却区、接种区应各自独立，又相互衔接。其中灭菌区、冷却区、接种区应紧密相连，废料堆放、处理区应远离生产区，防止生产环节之间及生产区与周围环境产生交叉污染。

（2）生产设备　配置与冷库大小相匹配的制冷机及制冷系统、风机及通风系统和自动控制系统；应有健全的消防安全设施，备足消防器材。主要包括配料、拌料机械设备、装瓶（袋）设备、高效灭菌设备、接种设备、培养栽培环境调控设备、通风照明设备、采收包装设备和采后清理设备等满足生产要求的自动化或半自动化先进机械设备。

（3）品种选择　选用经过出菇试验、高产、优质、抗逆性强、适宜工厂化生产、商品性好、货架期长的优良菌株。

（4）工艺流程　①配料。根据所栽培菇种的生物学特性选择栽培原料及适宜配方。②拌料。一是搅拌促使原材料混合物和湿度的均一性，无死角，无干料块，如木屑可以通过室外日晒雨淋，以促使其提高自身含水率；二是确保在搅拌的过程中不致使原料酸败。如玉米芯应采用浸水短期预湿的方法使其增加含水率，减少搅拌时间。③装瓶（袋）。将培养料均匀地装入栽培用的容器（瓶或袋）中，上紧下松，培养料的含水率必须均匀一致，一般63%～65%，然后在中央打直径1.5～2cm的通气、接种孔。瓶肩、袋壁无空隙，培养基质之间的空隙度一致，确保菌丝发菌均匀。④消毒灭菌。灭菌锅内的数量和密度按规定放置，灭菌前期，尤其是高温季节，应用大蒸汽或猛火升温，尽快使料温达到100℃。高压灭菌培养料在121℃保温1.5～2小时。⑤冷却。冷却室必须进行清洁消毒，最好安装空气净化机，至少保持10 000级的净化度。冷却室中的制冷机应设置为内循环，要求功率大，降温快，减少空气的交换率，降低污染的风险。⑥接种。接种室温度保持18～20℃，地面必须易于清理，须安装紫外灯或臭氧发生器，对室内定期进行消毒、杀菌，室内必须保持一定的正压状态，新风的引入必须经过高效过滤，室内保持10 000级，接种机区域保持100级。接种工作按照无菌操作规程进行。⑦发菌培养。置于清洁干净、黑暗、恒温、恒湿，并且能定时通风的环境中培养。正常情况下（室温18～20℃，料温23～25℃），接种后发菌时间因不同菇种而异。⑧搔菌。瓶（袋）栽菇种需搔菌。菌丝生理成熟结束后，用搔或耙剔除培养料表面5～6mm老菌种及表层老菌丝。或采用专用搔菌机，将培养料面中央用爪形刀刃旋转而下，形成环沟，环沟距瓶口的距离为15～20mm，使料面成圆丘状。⑨催蕾管理。待菌丝呈绒絮状时，色泽变灰即进入催蕾处理。将菇房温度降至12～14℃，7天左右料面上出现针头状菇蕾。菇蕾形成后，给予一定散射光。⑩出菇管理。待菇蕾高出瓶口1cm时揭去覆盖物，库房的温度控制在14～16℃，空气相对湿度控制在80%～95%之间（菇种不同，温湿度略有不同），采取向空间和地面喷水的办法，切忌直接向菇蕾喷水，随子实体或菇丛的增大逐步降低其空气相对湿度，加强通风，保持空气新鲜，二氧化碳浓度控制在0.1%以下，光照强度控制在500～1 000lx，5～7天即可培育成商品菇。⑪采收。当菇体大小达到客户要求后即可采摘。采收时将菌瓶整筐移至采菇包装车间，集中进行采收与包装处理。床栽品种要清床，清床后根据覆土干湿和菇蕾情况加水 2~3 次。⑫病虫害防控。食用菌工厂化生产病虫害坚持预防为主的防控原则。包括原料的选择要干燥、无霉变，培养料水分控制要适宜，环境卫生要清洁、灭菌要彻底，接种室消毒，空气要充分净化、人员操作要规范。发菌出菇期间严格按照每个菌种的生物学特性进行科学、规范的温度、湿度、光照、通风管理，创造适宜的生长条件，预防病虫害的发生。

适宜区域　食用菌主产区。

技术依托单位　山东省农业技术推广总站；山东省农科院农业资源与环境研究所

（六）食用菌菌渣基质化和肥料化利用关键技术

技术概况　我国食用菌年产量已接近 3 000 万吨，由此而产生的菌渣在 1 500 万吨左右，而我国菌渣的循环利用一直没有得到足够重视，菌渣的年综合利用率还不到 30%，大部分菌渣被随意堆放或燃烧，造成资源浪费和环境污染。如何处理和利用菌渣是保证食用菌产业高效利用、生态循环和可持续发展亟须解决的关键问题。检测分析结果表明，菌渣有机质含量基本在 35%~70%，氮磷钾养分含量也在 4% 左右，在分析食用菌菌渣理化特性和营养构成的基础上，研发出利用食用菌菌渣生产栽培基质和有机堆肥的发酵前处理、快速发酵和规模化堆制、发酵后处理等关键技术，建立了菌渣基质化和肥料化处理微生物发酵技术体系，充分改善了食用菌菌渣的理化性状，得到优质的栽培基质和有机肥，可实现食用菌菌渣的高值化利用。

增产增效情况　该技术已在济南、济宁、滨州、淄博、临沂、杭州、拉萨等地推广应用，实现了食用菌菌渣无害化、资源化高效利用，栽培基质和有机肥生产企业可增加效益 20% 以上，利用菌渣基质或菌渣有机肥种植生姜、黄瓜、番茄、花生、芦笋、棉花、油菜等作物，化肥用量可以减少 30% 以上，每亩可增产 8%~30%，增收 10%~40%，而且能够明显改善产品品质。

技术要点

（1）原料预处理　将食用菌生产结束后的菌棒或菌瓶及时进行脱袋（瓶）处理，菌渣粉碎至粒径 ≤1.5cm，牛粪、羊粪等配料粉碎至粒径 ≤1.2cm，并剔除其中的硬结块、石块、塑料膜、金属物等杂物。

（2）原料混合调配　使用装载机或人工将食用菌菌渣和其他配料混合均匀（基质化发酵时可按干菌渣 80%~90%、干牛粪和或干羊粪等 10%~20% 比例配制），加入混合物料干重 0.1%~0.2% 的微生物发酵剂。固体菌剂与麦麸按 1：5 的比例预混后，再与混合物料拌匀，液体菌剂可直接均匀喷洒到混合物料中。发酵时调整混合物料的 C/N 为（20~40）：1，含水率为 50%~60%，pH 值在 6.5~8。

（3）发酵处理　①基质化发酵技术：使用装载机或人工将食用菌菌渣混合

物料建成高 0.8 ~ 1.2m、底宽 2.5 ~ 3m、顶宽 1.5 ~ 2m、长度大于 3m 的梯形条垛发酵堆。堆体顶面间隔 50cm 垂直到底均匀打制通气孔，孔径约 3cm，表面覆盖一层塑料薄膜。当最高堆温升到 60℃ 以上，保持 3 天，采用机械或人工翻堆，以后每天翻堆 1 次，共翻堆 5 次。最后一次翻堆后，用塑料薄膜覆盖料堆，堆置 5 天左右，使用金属数字温度计测温，将温度感应端插入堆体距离顶面约 30cm 深处，当料温接近环境温度、不再升高时发酵完成。发酵总时间为 13 ~ 15 天，期间应预防雨淋和积水。②肥料化发酵技术：采用条垛式、圆堆式、机械强化槽式和密闭仓式堆肥等技术进行好氧堆肥处理，发酵过程中可通过机械翻堆、机械搅动、机械通风等方式保证氧气需求，可根据建设和运营成本、技术要求、占地面积等因素选择发酵方式。好氧堆肥工艺包括一级发酵和二级发酵。一级发酵过程即高温阶段，应保证堆体内物料温度在 50 ~ 60℃，当堆体温度超过 65℃ 时应进行翻堆操作或强制通风，此过程发酵温度在 50℃ 以上保持 7 ~ 10 天或 45℃ 以上的时间不少于 15 天，一级发酵过程适宜的含水率控制在 50% ~ 60%，发酵周期为 35 ~ 40 天。二级发酵即降温阶段，堆体温度控制在 50℃ 以下，适时控制堆高、通风和翻堆作业，此过程物料的含水率控制在 35% ~ 45%，发酵周期为 15 ~ 20 天。二级发酵结束后物料含水率降到 25% ~ 35%，当堆温不再上升时，料呈黑褐色或黑色、无异味时发酵结束。

（4）发酵后处理　①基质化发酵后处理：若发酵后的食用菌菌渣含盐量较高，可采用清水淋溶或其他方法降盐，处理后的菌渣基质含盐量应符合栽培基质的指标要求。再经粉碎过直径 1.2cm 的网筛，可适量添加自然或人工生产的增加透气和持水能力的固体物质，加工成适宜植物生长的菌渣基质。②肥料化发酵后处理：发酵处理后可直接施用于大田或林间，也可以按照有机肥、有机无机复混肥等标准作基础原料再利用。

适宜区域　全国。

注意事项　选择新鲜、无霉变腐烂的食用菌菌渣，做好菌渣原料的储存工作，新鲜菌渣应有避雨设施，并及时使用，原料量大长期存放时，将鲜菌渣粉碎晒干或烘干，放于专门的储存区域。

技术依托单位　山东省农业科学院农业资源与环境研究所；山东省农业技术推广总站

（七）平菇人工辅助发菌方法和小孔定位出菇技术

技术概况　平菇传统自然发菌方式，直接开袋出菇方式导致生产成本增加、产量降低、品质下降、病虫害加剧、劳动强度加大。通过人工辅助发菌方法和小孔定位出菇生产技术，不仅大大提高栽培袋发菌速度，而且出菇管理期间补水次数减少，生长的子实体子实体韧性好、肉厚，产量高，质量好，提高了生产效益，达到了节本增效的目的。

增产增效情况　人工辅助发菌方法满袋时间比常规发菌方法至少提前 15 天，缩短发菌周期，提高成品率，减少了用工量，产品可提前上市；小孔出菇裸露出菇面小，利于料面保湿，菌袋失水少，子实体韧性好、肉厚，有利于下潮菇的出菇，补水次数减少；开口面积减少，养分分散，朵形变小；培养料中总的养分没有流失和减少，朵形虽然变小，但出菇潮数增加，一般能出 6 潮菇左右，产量也不会降低，反而会增加，一般产量增加 20% 左右；无效菇少，菇柄短，菇型好，采摘子实体不带培养料，子实体商品性优于传统出菇方式；出菇分散，易调节市场。采用该技术后，平均生物学效率达到 120% 以上，子实体质量比全开口提升 21.28%，市场价格比其他栽培方式每千克高 0.4 ~ 1 元，经济效益提高 15% 以上。

技术要点　①人工辅助发菌方法：栽培袋高温灭菌，两端接种。栽培袋两端菌种萌发、菌丝封面后，用消毒过的 8 号铁丝在菌袋两端菌种处扎孔，间隔 3 cm 左右，扎破料袋即可，通气增氧，促进发菌；菌袋走菌 10 cm 左右后，用直径 2 cm 左右带尖光滑圆木棒蘸石灰水（或克霉灵水剂），从菌袋两端分别均匀扎 3 个孔，深度 10 cm，促进通气增氧，加快发菌速度。②小孔定位出菇技术：小孔定位出菇是在人工辅助发菌基础上创新的。菌袋发满，在菌袋进棚前，用石灰水全面喷洒一遍大棚杀菌驱虫，然后做宽 30cm、高 15cm 的畦背，间隔 70cm，均匀撒一层石灰粉，在畦上覆盖地膜，以防出菇后地下泥土污染子实体。最后把菌袋一一摆放在地膜之上，码成墙式，6 ~ 9 个袋高，摆放整齐，每亩菇棚投料约 1 500 ~ 2 000kg。在适宜条件下，原基即从菌袋两端发菌时扎孔位置分化，逐步形成子实体，而不从其他位置分化。

适宜区域　平菇适宜种植区均可应用该生产技术。

注意事项　人工辅助发菌扎孔技术是关键，发菌时最后扎孔的孔径不可过大或过小，过大起不到小孔出菇的效果，过小原基诱导困难或不出原基；扎孔时注意工具消毒，防止杂菌感染；人工辅助发菌时注意菌袋发菌温度，避免烧菌。

技术依托单位　山东省泰安市农业科学研究院

（八）棉秆栽培食用菌及林菌间作优质高产配套技术

技术概况　近年来，食用菌传统栽培原料大幅涨价，资源减少，而各地棉秆闲置及焚烧量逐年增加，林地空荒面积不断扩大，针对山东省棉秆资源和林地利用率低、农民增收慢的现实问题，研究建立了利用棉秆高效栽培食用菌及林地生产食用菌的优质高产标准化配套技术体系，对拓宽棉秆综合利用新途径和林地生产安全优质食用菌具有重要的应用价值，为提高棉秆利用率、增加棉花产业综合效益及利用林地高效栽培食用菌提供了可靠的技术支撑。

增产增效情况 该成果确立了以棉秆为主料栽培双孢菇、金针菇、毛木耳、平菇和鸡腿菇培养料高产配方，形成了促进棉秆发酵转化的配套技术，生物转化率较常规配料栽培平均提高 15% 以上，商品率高，符合行业标准《绿色食品 食用菌》要求。建立了林地栽培鸡腿菇、毛木耳和高温平菇关键配套技术和周年高效生产食用菌的模式。已在利津、河口、垦利、广饶、东营区及沾化、滨城区、寿光等地示范推广应用。通过示范推广适宜优良品种和技术，及时对菇农进行培训，累计应用面积达 150 万米² 以上，年转化利用棉秆等秸秆 17 800 吨，产生直接经济效益 1.62 亿元，有力促进了食用菌规模化、产业化和标准化发展，取得了显著的经济生态和社会效益，对促进农民增收作出了巨大贡献。

技术要点

（1）选择适宜林下栽培品种 适合在林地栽培推广的双孢菇、鸡腿菇、毛木耳、高温平菇优质高产菌株 6 个，分别为"双孢 258-LJ"、"鸡腿菇 6 号"、"鸡腿菇 2 号""高温平菇 2 号""高温平菇 3 号""毛木耳 DY-1"，其外观品质好，商品率高，高产，抗病，耐贮运。

（2）选用不同林地周年栽培模式 林地毛木耳菌袋直立排放出耳模式、林地简易拱棚栽培鸡腿菇、高温平菇高产配套技术和双孢菇、鸡腿菇、高温平菇品种组合林地周年栽培模式。

（3）选用以应棉秆主料的配方 栽培金针菇、毛木耳、平菇、双孢菇和鸡腿菇的系列高产配方：①金针菇配方：棉秆 65%，棉籽壳 15%，麦麸 12%，玉米粉 3%，棉籽饼粉 3%，石膏粉 1%，轻质碳酸钙 0.5%，生石灰 0.5%。②毛木耳配方：棉秆 58%，玉米芯 15%，麦麸 15%，玉米粉 5%，棉籽饼粉 5%，石膏粉 1%，轻质碳酸钙 1%。③平菇配方：棉秆 55%，棉籽壳 15%，玉米芯 15%，麦麸 6%，玉米粉 4%，尿素 0.2%，过磷酸钙 1.5%，石膏粉 1%，生石灰 2.3%。④双孢菇配方：棉秆粉 1 500kg，废棉渣 750kg，玉米芯 750kg，干牛粪 1 200kg，促酵菌剂 10kg，石膏粉 75kg，石灰 50kg。⑤鸡腿菇配方：棉秆 60%，玉米芯 20%，棉籽壳 10%，麦麸 5%，尿素 0.3%，石膏粉 1%，过磷酸钙 1%，生石灰 2.7%。

（4）应用双孢菇、毛木耳、高温平菇、金针菇和鸡腿菇安全优质生产标准化技术体系。《良好农业规范 林地栽培双孢菇技术规程》（DB37/T 1661—2010）；《良好农业规范 林地栽培毛木耳技术规程》（DB37/T 1663—2010）；《绿色食品 山东高温平菇生产技术规程》（DB37/T 1651—2010）；《秸秆栽培鸡腿菇安全优质生产技术规程》（DB37/T 1282—2009）；《秸秆栽培金针菇安全优质生产技术规程》（DB37/T 1283—2009）；《秸秆栽培毛木耳安全优质生产技术规程》（DB37/T 1532—2010）；《秸秆栽培双孢菇安全优质生产技术规程》（DB37/T

1285—2009）；《秸秆栽培平菇安全优质生产技术规程》（DB37/T 1284—2009）。

适宜区域　山东省食用菌主产区。

注意事项　棉秆使用前应经日光暴晒 2～3 天，粉碎细度为 0.1～0.3cm ≥ 80%。林地栽培双孢菇、高温平菇和鸡腿菇要搭建简易拱棚设施。

技术依托单位　山东省农业科学院农业资源与环境研究所；山东省农业技术推广总站

河南省食用菌主要品种与生产技术

一、主要品种

（一）白灵菇白雪七号

品种来源　从野生白灵菇 Pn48 中选育而来。

审定情况　未审定。"白雪七号白灵菇新品种的繁育和推广"通过河南省科技厅技术鉴定，并获开封市科技进步二等奖。

审定编号　成果证书号为 2011-J-16。

特征特性　属低温型品种。菌丝洁白、浓密、粗壮，绒毛状。生长整齐，生长速度较快，气生菌丝弱。子实体手掌状，洁白，边缘内卷，菌褶细密，菌肉厚而硬实。

产量表现　经过近几年大面积推广，生物学效率稳定在 60% 以上。

栽培要点　常规熟料栽培。但和常规的白灵菇栽培相比生产季节发生较大变化。常规栽培是早秋栽培冬季出菇。该栽培技术的特点是春季栽培，冷库保存越夏，秋季出菇。菌丝最适生长温度为 22 ~ 25℃，子实体生长温度范围为 8 ~ 20℃，最适生长温度为 13 ~ 18℃。子实体生长期空气相对湿度 85% 左右，光照强度 150 ~ 200lx。发菌期料温控制在 2 ~ 25℃，避光培养，适度通风，空气相对湿度 70% 以下。后熟期 30 ~ 40 天，温度控制在 22 ~ 25℃，空气相对制度 70% 左右，光照强度 250 ~ 300lx。菌丝浓白、菌袋变硬、个别菌袋出现原基后解开袋口，拉大温差刺激出菇。原基形成期保持温度 10 ~ 16℃，空气相对湿度 85% 左右，光照强度 200lx 左右。菇蕾长度达到 5 ~ 6cm 时进行疏蕾，每袋留一个菇蕾。子实体生长期保持温度 10 ~ 16℃，空气相对湿度 85% 左右，光照强度 150lx 左右。菌盖边缘基本平展时采收。白灵菇一般只出一茬菇。

适宜区域　作为适宜鲜销品种，在长江以北地区适用。

技术依托单位　河南科技学院食用菌研究所

（二）黑木耳 916

品种来源　20 世纪 80 年代初由黑龙江引进，经试验确定适用后在生产中推广应用。

审定情况　不详。

审定编号　不详。

特征特性　中温型菌，生育期约 6 个月，晚熟品种；菌丝洁白，子实体菊花状，黑褐色，子实体背面有隆起的筋，耳片较厚，抗流耳能力强。

产量表现　2011—2014 生产试验，使用段木黑木耳露天栽培新技术后，每棒接种 150g 菌种约产干耳 150g。

栽培要点　段木栽培。改只用中等粗细段木为增加利用细段木小径材，提高了林木利用率；改接种密度由稀为密、加大穴孔直径，加大用种量，加快了发菌速度，使生长周期由 3 年缩短为 1.5～2 年，提高了生产效率；改边打穴边接种为打穴架晒 2～3 天后接种，封口由圆形树皮盖改为方形木质盖，加快了发菌速度；改起堆盖膜发菌为排场发菌，提高了耳棒发菌质量；改搭设荫棚起架出耳为露天起架出耳，改善了产品的品质，提高了产量，减轻了病虫杂菌发生为害程度。

适宜区域　河南、湖北、四川、陕西、山西等段木黑木耳种植区。

技术依托单位　河南省信阳市农业科学院

（三）黑木耳新科

品种来源　野生种质驯化，系统选育，采自浙江云和县。

审定情况　国家认定。

审定编号　国品认菌 20008017。

特征特性　朵形单片、耳状、肉质厚；生育期 3～4 个月，早熟品种；菌丝洁白。

产量表现　2011—2014 生产试验，使用段木黑木耳露天栽培新技术后，每棒接种 150g 菌种约产干耳 130g。

栽培要点　段木栽培。改只用中等粗细段木为增加利用细段木小径材，提高了林木利用率；改接种密度由稀为密、加大穴孔直径，加大用种量，加快了发菌速度，使生长周期由 3 年缩短为 1.5～2 年，提高了生产效率；改边打穴边接种为打穴架晒 2～3 天后接种，封口由圆形树皮盖改为方形木质盖，加快了发菌速度；改起堆盖膜发菌为排场发菌，提高了耳棒发菌质量；改搭设荫棚起架出耳为露天起架出耳，改善了产品的品质，提高了产量，减轻了病虫杂菌发生为害程度。

适宜区域 河南、湖北、四川、陕西、山西等段木黑木耳种植区。

技术依托单位 浙江省丽水市云和县食用菌管理站

（四） 平菇新831

品种来源 831 菌株与野生驯化的 Pl-3 菌株单孢杂交选育而成。

审定情况 通过河南省科技成果鉴定。

审定编号 豫科鉴委字 ［2004］第 857 号。

特征特性 属广温型品种。菌丝旺盛、浓白、整齐、粗壮，抗杂能力强。子实体叠生，灰白色，菌盖较大、扇形，菌肉厚，菌柄短，菇体韧性好，耐储运。

产量表现 产量较高，平均生物学效率100%以上。

栽培要点 可用于常规发酵料栽培和熟料栽培。菌丝生长温度范围 5 ~ 35℃，最适温度 22 ~ 28℃。子实体生长温度范围 5 ~ 32℃，最适温度 15 ~ 22℃。菌丝生长期要求空气相对湿度 70% 以下，暗光，通风良好。子实体生长期要求空气相对湿度 90% 左右，光照强度 600lx 左右，通风良好，氧气充足。

适宜区域 适于在全国平菇栽培区应用。

技术依托单位 河南农业大学

（五） 平菇99

品种来源 中国农业科学院农业资源与农业区划研究所选育。

审定情况 通过国家品种审定。

特征特性 属广温型品种。菌丝旺盛、浓白、整齐、粗壮，抗杂能力强。子实体覆瓦状，深灰色，中等大小，菌盖直径7 ~ 20cm，厚度0.5 ~ 1.1cm，菌柄粗短，3 ~ 4cm。

产量表现 产量较高，平均生物学效率100%以上。

栽培要点 可用于常规发酵料栽培和熟料栽培。菌丝生长温度范围 5 ~ 35℃，最适温度 20 ~ 25℃。子实体生长温度范围 5 ~ 32℃，最适温度 15 ~ 22℃。菌丝生长期要求空气相对湿度 70% 以下，暗光，通风良好。子实体生长期要求空气相对湿度 90% 左右，光照强度 600lx 左右，通风良好，氧气充足。

适宜区域 适于在全国平菇栽培区应用。

技术依托单位 河南农业大学

（六） 平菇豫平5号

品种来源 河南省科学院生物研究所选育。

审定情况 未审定。

特征特性 属低温型品种。菌丝旺盛、浓白、整齐、粗壮，抗杂能力强。子实体覆瓦状,深灰色,菌盖较大,菌柄较短。

产量表现 出菇整齐,产量较高,平均生物学效率100%以上。

栽培要点 可用于常规发酵料栽培和熟料栽培。菌丝生长温度范围5~35℃,最适温度20~25℃。子实体生长温度范围5~32℃,最适温度12~20℃。菌丝生长期要求空气相对湿度70%以下,暗光,通风良好。子实体生长期要求空气相对湿度90%左右,光照强度600lx左右,通风良好,氧气充足。

适宜区域 适于在全国平菇栽培区应用。

技术依托单位 河南农业大学

(七) 平菇新科1号

品种来源 新乡农科院选育。

审定情况 未审定。

特征特性 属广温型品种。菌丝旺盛、浓白、整齐、粗壮,抗杂能力强。子实体覆瓦状丛生,中等大小,菌褶有网纹,柄短。

产量表现 产量较高,平均生物学效率100%以上。

栽培要点 可用于常规发酵料栽培和熟料栽培。菌丝生长温度范围5~35℃,最适温度20~25℃。子实体生长温度范围6~30℃,最适温度16~22℃。菌丝生长期要求空气相对湿度70%以下,暗光,通风良好。子实体生长期要求空气相对湿度90%左右,光照强度600lx左右,通风良好,氧气充足。

适宜区域 适于在全国平菇栽培区应用。

技术依托单位 河南农业大学

(八) 平菇苏引6号

品种来源 河南省科学院生物研究所选育。

审定情况 未通过审定。

特征特性 属高温型品种。菌丝旺盛、浓白、整齐、粗壮,抗杂能力强。子实体中等大小。

产量表现 产量较高,平均生物学效率100%以上。

栽培要点 可用于常规发酵料栽培和熟料栽培。菌丝生长温度范围5~35℃,最适温度20~25℃。子实体生长温度范围6~31℃,最适温度16~25℃。菌丝生长期要求空气相对湿度70%以下,暗光,通风良好。子实体生长期要求空气相对湿度90%左右,光照强度600lx左右,通风良好,氧气充足。

适宜区域 适于在全国平菇栽培区应用。

技术依托单位 河南农业大学

（九） 双孢菇 M2796

品种来源 单孢杂交选育，亲本为 02（国外引进），8213。

审定情况 国家认定。

审定编号 国品认菌 2007036。

特征特性 子实体大型、单生；菌盖白色、半球形、直径 2～10cm，厚 2～2.5cm，表面光滑；菌柄白色，圆柱形，质地致密，中生。

产量表现 稻草为主料栽培，生物学效率 35%～40%，管理水平高的情况下生物学效率 40%～45%。

栽培要点 菌丝生长温度 10～35℃，最适温度 24℃，该品种较耐热、耐肥、耐水，比一般品种种植时间可提前 10 天左右，要求投料量足，喷水量应充足，出菇后保持菇房内湿度 90%，喷出菇水后要及时通风。北方地区要在秋季和春季栽培。可鲜销、可加工成罐头。

适宜地区 蘑菇主产区均可栽培。

技术依托单位 福建省蘑菇菌种研究推广站

（十） 双孢菇 W192

品种来源 单孢杂交选育，亲本为 As2796，02。

选育单位 福建省农业科学院食用菌研究所。

特征特性 子实体单生，组织致密；菌盖白色，扁半球形，直径 3～5cm，厚 1.5～2.5cm，表面光滑；菌柄白色、圆柱形，长 1.5～2cm，中生、肉质，无绒毛和鳞片。菌丝生长最适温度 10～32℃。

产量表现 在适宜的栽培条件下产量 10～12kg/m²。

栽培要点 适用于经二次发酵的粪草料栽培，1m² 投料 30～35kg，碳氮比为 28～30:1，含氮量 1.6%～1.8%，含水率 65%～70%，pH 值 7 左右。子实体原基形成不需要温差刺激和光刺激，子实体生长温度 16～20℃，空气相对湿度 90%～95%。该品种较耐肥，耐高温，耐水，爬土能力强，扭结快，成活率高，前四潮菇产量集中。

适宜地区 适合各蘑菇产区。

（十一） 双孢菇 W2000

品种来源 单孢杂交选育，亲本为 As2796，02。

选育单位 福建省农业科学院食用菌研究所。

特征特性 子实体单生，菌盖白色，扁球形，直径 3～5.5cm，表面光滑，菌柄白色、圆柱形，长 1.5～2cm，中生，肉质、无绒毛和鳞片。菌丝生长温度

10~32℃，最适宜温度24~28℃，耐高温为34℃。

产量表现 在适宜的栽培条件下产量9~11kg/m²。

栽培要点 该品种较耐肥，喜水。要求投料要足，1m²投料不少于30kg，含氮量达到1.6%以上，菌种萌发力强，菌丝吃料快，生长健壮。该品种较耐高温，22℃持续3~4天仍然能正常出菇。适合罐头加工和鲜菇销售。

适宜地区 适合各蘑菇主产区。

（十二）香菇 L808

品种来源 段木香菇组织分离获得。

审定情况 2008年国家审定。

审定编号 国品认菌2008009。

特征特性 子实体单生、大型、肉厚、质地结实；菌盖幼时深褐色，渐变黄褐色和深褐色，且随温度和湿度的变化而变化：温度低时色深呈褐色，温度高时色浅呈黄褐色；湿度高时色深呈褐色，湿度低时呈灰褐色。菌盖扁半球形，直径3~7cm，一般5~7cm，厚1.4~2.8cm，一般2.5cm，中间平顶，部分下凹，边缘内卷，成熟时菌盖边缘出现波状内卷，表面有较多白色鳞片，呈明显的同心环状，中间少，边缘多；菌柄中生、棒状，粗短，绒毛较多，质地较实，菌柄长4~9cm（视温度和通风情况而不同），冬天一般长为3~5cm，粗1.5~3.5cm，春天柄较长，一般长6cm，粗1.0~2.7cm，一般1.5cm，菌柄基部较细，中部到顶部膨大；菌褶白色、较密，生长发育过程中孢子释放晚，只有当子实体完全成熟，才开始大量弹射孢子，孢子印白色。

产量表现 采用常规配方，8月上旬制棒接种，生物学效率可达80%~100%，较高管理水平下，生物学效率可达120%，年前冬菇出菇1~2潮，约占总产量的30%~40%，春菇产量较高，产量约占60%~70%；10月接种，第二年3—4月出第一潮菇，出二潮结束，第一潮菇占总产量的70%左右，第二潮占30%左右。

栽培要点 ①配方及营养需求：根据接种期的不同，合理配置麦麸：5月上旬至6月上旬，越夏后出菇的建议配方为杂木屑81%，麦麸18%，糖0.1%，石膏粉1%，料含水率55%，每1000袋（15cm×55cm筒袋）菌棒，需杂木屑（干）729kg，麦麸162kg，糖0.9kg，石膏粉9kg；8月上旬至9月上旬接种的建议配方为杂木屑84%，麦麸15%，丰优素0.16%，石膏粉1%，料含水率55%，每1000袋（15cm×55cm筒袋）菌棒，需杂木屑（干）756kg，麦麸135kg，糖1.6kg，石膏粉9kg。秋季制棒的麦麸添加量必须减少。②季节安排：不同栽培地方和同一地方不同海拔、气候差异较大，应根据各栽培地方气候条件合理安排栽培季节：在丽水地区，海拔500m以下的村庄，适宜接种期为8月上旬至9月上旬；海拔 500m 以上的村庄接种期可以选择在为 5 月上旬至 6 月上旬，越夏后出菇，采用越夏出菇的菇形比秋季接种的要好，菌柄也短；在东北、华北夏季气温不超过 32℃ 的地区，选择 5 月上旬至 6 月上旬接种，可以获得优质高产，如果选择下半年接种，当年产量不高，效果不好。③菌棒制作：实践中发现，L808 品种制作菌棒的含水率要比 939 等稍高才能获得高产，因此，菌棒制作时，每袋装干料 0.9kg，加水后湿料为 1.8 ~ 1.9kg，含水率 55% 左右。接种可采用开放式接种法，避开一天的高温期，秋栽早期接种应安排在晚上至凌晨，可以提高成活率。④发菌管理：接种后的料袋置于室温 20 ~ 25℃，湿度 68% ~ 70%，避光通风的环境条件下培养，发菌管理的重点是刺孔通气和防止高温闷棒。根据发菌情况对菌棒进行 3 次通气：菌丝生长圈将要相连时，进行第一次通气，可以采用脱去外套袋方或采用 1.5 寸铁钉在每个接种四周刺 4 个孔，深度在 1.0cm 以内；第 2 次通气在菌丝布满全袋后 5 ~ 10 天，当菇木表面出现部分白色瘤状物凸起时，采用 2.5cm 长的 1 寸铁钉在每段菇木刺孔 20 个左右；第 3 次通气是在菌棒排场脱袋前 7 ~ 10 天，沿纵向刺孔 4 排，每排孔数为 10 ~ 12 孔，孔深 1.5cm。刺孔时，要注意气温和堆间变化，室温超过 30℃ 要禁止刺孔；菌棒堆放密度较高的的培养室，在气温较高时要分批刺孔，防止烧堆；在杂菌较多的培养场地刺孔前进行空气消毒以防止刺孔后杂菌感染，消毒药液用 800 倍 50% 的多菌灵液喷雾。⑤出菇管理：当菌棒大部分转色，并有少量菇蕾出现时，可以判断菌棒菌丝达到生理成熟，此时可以将菌棒转到出菇场地。脱袋还要注意天气情况，要等到气温降至 20℃ 以下，阴天脱袋，边脱袋边盖内膜，2 天后，每天通风喷水 1 次。只要第一批出菇好，后面管理就很容易，只需通风喷水，采后养菌注水即可；对于第一批出菇不多，转色偏深厚的菌棒，要及时采取堆式盖膜保温保湿催蕾法进行催蕾，即把菌棒移到阳光充足的地方堆叠起来，上盖薄膜，使堆内温度升到 20℃ 左右，连续 3 天，堆内温度超过 22℃ 时，及时掀膜通风降温。

冬季气温低，出菇量偏少，要采取掀去大棚外的遮阳网，或放到大棚内，以增加棚内温度，促进多出冬菇。

春季气温明显回升，降水量也明显增多，冷暖空气交汇，常出现较明显的降温和降水过程，气候变化大，温差也大，是香菇旺发期，要抓住春季的有利气候做好以下几点：抓好菌棒补水工作，对重量在 1kg 以上的菌棒，要及时补水，促使菇蕾发生；抓转潮管理，减少每潮的养菌时间，及时注水，多出菇；做好防高温高湿工作，及时把遮阳网位置恢复原位，同时加强通风，预防香菇烂棒和霉菌的发生；晴天要及时采用喷雾带喷水，每天 1 次，防止菌棒失水。⑥采收：要根据市场需求掌握不同的成熟度进行采摘，鲜销的要在未开膜前采收，烘干的应在菌盖尚未全展开仍保持内卷即 7 ~ 8 分成熟时采收。⑦生产周期：20 ~ 30℃ 发菌的条件下，常规配方、8 月上旬接种 3 个点，需要 35 ~ 45 天菌丝发满，110 天左右出菇，即 12 月初开始出菇，到翌年 5 月结束，整个生产周期 9 个月，270 天左右。

适宜区域　适宜鲜销品种，在香菇产区适用。

技术依托单位　浙江省丽水市大山菇业研究开发有限公司

（十三）香菇 9608

品种来源　9015 系统选育。

审定情况　无认定。

特征特性　子实体朵型十分圆整，盖大肉厚，菌肉组织致密，畸形菇少，菌丝抗逆性强，较耐高温，接种期可跨越春夏秋三季，越夏烂筒少，在适宜条件下易形成花菇，是春季花菇栽培的首选品种，栽培产量高。系中温型中熟菌株，其最适出菇温度 14 ~ 18℃，从接种到菌段菌丝生理成熟，可以出菇需要 120 天以上时间，子实体分化需要 6 ~ 8℃的昼夜温差刺激。

栽培要点　菌株的适宜接种期长，无论是早在阳春 3 月接种，还是迟至 8 月，都可在秋冬季正常出菇。其最佳接种期因栽培管理方式不同而有所差别，普通菇低棚栽培 3—8 月接种均可，而作为花菇栽培管理的最迟接种期为 6 月上旬，在 6 月中旬后接种的菌段，出菇潮次明显，不利花菇管理。

属子实体多发生型菌株，当菌段的水分、养分不足（菌段过轻）时，子实体发生的量（个数）多而集中，并且菇体较小。因此，在人造菌段生产时，特别强调要按配方要求用足麦麸（每段 0.2kg），培养料含水率达到 60% ~ 65%，每段菌段重 1.9 ~ 2.1kg（15cm×55cm 栽培袋）。

刺孔通气是培菌管理阶段所不可少的工作，对于 9608 菌株的菌段一般进行 2 ~ 3 次刺孔，总孔数 70 左右（要求均匀分布），其出发点是不使菌段失水过多（到出菇时菌段重应 1.65kg 以上），又能保证菌丝生产对氧气的需求。

9608 菌株，菌段菌丝生理成熟后，在出菇的适温环境中，对外界刺激如击木（惊蕈）、温度、湿差等非常敏感，只要给予一定的刺激如拍打、搬动、注水等，即会使子实体大量发生，在管理上必须十分注意：在 3 月底前接种的菌段，应避免在 5—6 月寒潮降温时搬动，拍打菌段，否则会在春夏不适时出菇（高山区更应注意）；秋季最迟应在出菇期来临的 15 天前将菌段搬进菇棚；采用惊蕈（拍打、击水）方式催蕾不能过重，只能轻轻搬动，否则会造成大量集中出菇，不利管理，并且菇形偏小。

9608 菌株菌肉的香菇子实体较强的光照条件下生长，则柄短肉厚，菇质优，并易形成花菇，其菌丝又具较强的抗逆性。因此，可在出菇期及时稀疏棚顶部及四周的遮阴物，增强棚内光照、提高菇质。

菌段在冬季遇气温低出菇少时，可采用堆式盖膜保温保湿催蕾法行催蕾，其做法是：将菌段移至阳光充足的棚外叠成堆，上盖薄膜，使堆内温度长至上20℃左右，连续3天后检查菌段，发现长菇的及时搬入菇棚，没长菇的继续堆叠盖膜，堆内温度超过25℃时，要及时掀膜风降温。

适宜区域　适宜鲜销和烘干品种，在香菇产区适用。

（十四）香菇雨花5号

品种来源　L087系统选育。

审定情况　无审定。

特征特性　子实体单生、大型、肉厚、质地结实；菌盖幼时深褐色，渐变黄褐色和深褐色，且随温度和湿度的变化而变化：温度低时色深呈褐色，温度高时色浅呈黄褐色；湿度高时色深呈褐色，湿度低时呈灰褐色。菌盖扁半球形，直径3～7cm，一般5～7cm，厚1.4～2.8cm，一般2.5cm，中间平顶，部分下凹，边缘内卷，成熟时菌盖边缘出现波状内卷，表面有较多白色鳞片，呈明显的同心环状，中间少，边缘多；菌柄中生、棒状，粗短，绒毛较多，质地较实，菌柄长4～9cm（视温度和通风情况而不同），冬天一般长为3～5cm，粗1.5～3.5cm，春天柄较长，一般长6cm，粗1～2.7cm，一般1.5cm，菌柄基部较细，中部到顶部膨大；菌褶白色、较密，生长发育过程中孢子释放晚，只有当子实体完全成熟，才开始较大量弹射孢子，孢子印白色。

产量表现　采用常规配方，8月上旬制棒接种，生物学效率可达80%～100%，较高管理水平下，生物学效率可达120%，年前冬菇出菇1～2潮，占总产量的30%～40%，春菇产量较高，产量占60%～70%；

栽培要点　①配方及营养需求：建议配方为杂木屑81%，麦麸18%，糖0.1%，石膏粉1%，料含水率55%；②季节安排：不同栽培地方和同一地方不同海拔、气候差异较大，应根据各栽培地方气候条件合理安排栽培季节：在丽水地区，海拔500m以下的村庄，适宜接种期为8月上旬至9月上旬；海拔1000m以上的村庄接种期可以选择在为5月上旬至6月上旬，越夏后出菇，采用越夏出菇的菇形比秋季接种的要好，菌柄也短；在东北、华北夏季气温不超过32℃的地区，选择5月上旬至6月上旬接种，可以获得优质高产，如果选择下半年接种，当年产量不高，效果不好。③菌棒制作：实践中发现，制作菌棒的含水率要比939等稍高才能获得高产，因此菌棒制作时，接种可采用接种帐式接种法，避开一天的高温期，秋栽早期接种应安排在晚上至凌晨，可以提高成活率。④发菌管理：接种后的料袋置于室温20～25℃，湿度68%～70%，避光通风的环境条件下培养，发菌管理的重点是刺孔通气和防止高温闷棒。根据发菌情况对菌棒进行3次通气：菌丝生长圈将要相连时，进行第一次通气，可以采用脱去外套袋方或采用1.5寸铁钉在每个接种四周刺4个孔，深度在1cm以内；第2次通气在菌丝布满全袋后 5～10 天，当菇木表面出现部分白色瘤状物突起时，采用 2.5cm 长的 1 寸铁钉在每段菇木刺孔 20 个左右；第 3 次通气是在菌棒排场脱袋前 7～10 天，沿纵向刺孔 4 排，每排孔数为 10～12 孔，孔深 1.5cm。刺孔时，要注意气温和堆间变化，室温超过 30℃ 要禁止刺孔；菌棒堆放密度较高的的培养室，气温较高时要分批刺孔，防止烧堆；在杂菌较多的培养场地刺孔前进行空气消毒以防止刺孔后杂菌感染，消毒药液用 800 倍 50% 的多菌灵液喷雾。⑤出菇管理：当菌棒大部分转色，并有少量菇蕾出现时，可以判断菌棒菌丝达到生理成熟，此时可以将菌棒转到出菇场地。脱袋还要注意天气情况，要等到气温降至 5℃ 以下，开始泡水催菇。冬季气温低，空气干燥，是出花菇的好时机，要采取相应的措施使之多出花菇。春季气温明显回升，降水量也明显增多，冷暖空气交汇，常出现较明显的降温和降水过程，气候变化大，温差也大，是香菇旺发期，要抓住春季的有利气候抓好菌棒补水工作，做好防高温高湿工作，及时把遮阳网位置恢复原位，同时加强通风，预防香菇烂棒和霉菌的发生；晴天要及时采用喷雾带喷水，每天 1 次，防止菌棒失水。⑥采收：要根据市场需求掌握不同的成熟度进行采摘，鲜销的要在未开膜前采收，烘干的应在菌盖尚未全展开仍保持内卷即 7～8 成成熟时采收。

适宜区域　适宜烘干菇模式，在北方香菇产区适用。

二、生产技术

（一）白灵菇越夏高效栽培技术

技术概况　该技术通过新品种示范和新技术应用，采用春季栽培，夏季冷藏越夏，秋季出菇的生产模式。春季制袋栽培降低了污染率，秋季出菇产品早上市提高了收益，具有较强的推广应用价值。

增产增效情况　通过对"白雪七号"新品种的推广应用、生产周期的调整、栽培技术的创新，菌袋污染率控制在 5% 以内，参照 2014 年河南产区的生产销售情况，顺季节栽培白灵菇产品在 12 月底至翌年 3 月上市，市场收购价为 12 元/kg，以生物学效率 60% 计，10 000kg 培养料栽培白灵菇的产值为 72 000 元；越夏栽培的白灵菇产品在 11—12 月上市，市场收购价为 20 元/kg，同样投料产值为 120 000 元，减去越夏栽培需要的冷藏投资 10 000 元（冷库租赁费），越夏栽培较顺季节栽培增收 38 000 元，生产效益提高 20% 以上。

技术要点

（1）核心技术　①生产周期由秋种冬收调整为春种秋收：顺季节栽培的时间为 8 月 20 日至 9 月 20 日，正是农忙季节，也是多种其他食用菌的栽培季节，容易产生与其他产业或食用菌生产的劳动力和生产设备的竞争。越夏栽培的时间为 2 月 10 日至 4 月 10 日，是农闲及其他食用菌生产的淡季，可以充分利用劳动力和生产设备资源。②低温冷藏越夏：白灵菇是低温型食用菌，越夏栽培时，菌丝长满后气温偏高，不能出菇。而且白灵菇菌丝必须经过后熟阶段，只有当菌丝积累足够的营养，达到生理成熟后才能进入出菇阶段，后熟期最少需要 30 天。由于上述原因，在 5 月底至 6 月初白天气温超过 30℃时，将长好的菌袋及时移至 0 ~ 4℃的冷库中越夏，冷贮时间一般从 6 月初持续到 10 月中旬或下旬。③新品种推广应用："白雪七号"具有发菌快、出菇早、产量高、品质优等优良特性，产品菌肉厚，菌柄短，商品性状明显优于对照菌株"天山 2 号"和出发菌株"Pn48"，生物学效率分别提高 15.3% 和 12.9%。

（2）配套技术 ①科学配制培养基：优化后的配方为：玉米芯 40%，豆秸粉 40%，麸皮 12%，玉米粉 5%，尿素 0.5%，过磷酸钙 0.5%，石膏 1%，石灰 1%，料水比1：1.4，pH 值 7 ~ 7.5。该配方栽培白雪七号白灵菇菌丝生长旺盛，发菌期缩短，生产成本有较大下降，产量有较大提高。②规范栽培工艺：培养料首先发酵软化 3 ~ 5 天，再调整好培养基的含水率在 65% 左右，装袋适当紧实，保证和灭菌彻底，抢温接种，严格按照无菌操作规程接种，适时割袋疏蕾。发菌期、后熟期、原基形成期和出菇期满足白灵菇对温、湿、光、气的要求，进行科学管理。

注意事项 发菌后期防止烧菌，出菇阶段避免湿度过低，子实体适时采收及正确冷藏。

适宜区域 作为适宜鲜销品种，在长江以北地区适用。

技术依托单位 河南科技学院食用菌研究所

（二）段木黑木耳露天栽培新技术

技术概况 在段木栽培黑木耳常规技术基础上通过试验，有针对性地进行多项技术改进，构建了段木黑木耳高产稳产露天栽培新型技术体系：①改只用中等粗细段木为增加利用细段木，提高了林木利用率；②接种密度改稀为密，加大穴孔直径，增加用种量 1 倍，生产周期由 3 年缩短为 1.5 ~ 2 年，省工省时，显著提高了劳动生产率；③接种改打穴后架晒 2 ~ 3 天再接种，封口用方形木质盖，提高了发菌成功率；④发菌管理改起堆盖膜发菌为排场晾摊发菌，提高了耳棒质量；⑤改荫棚下起架育耳为露天起架育耳，节约了成本，提高了木耳产量和质量。

增产增效情况 ①增加利用细段木，不再砍树搭棚，节约了大部分林木资源，大大缓解了木耳生产与林业生产的矛盾，具有良好的生态效益。②发菌技术改进后缩短了生产周期，简化了操作规程，使段木黑木耳栽培变得更简捷、更高效，省工省时，加快了生产资金的周转，为山区留守老人妇女开辟了致富的新途径，具有良好的经济效益和社会效益。③集成示范的段木黑木耳高产栽培技术体系顺应了黑木耳自身生长发育规律，木耳高产、稳产、优质、高效，耳片黑厚，一般比传统方法种耳增产一倍以上，具有极高的经济效益。据统计，2007—2012年期间，每年栽培段木黑木耳8000万棒（每棒用种150g）以上，产干耳1200万kg（每棒产干耳150g），产值9.6亿元（80元/kg），每棒减去5元生产成本，获纯利5.6亿元，5年创造经济效益达28亿元。

技术要点

（1）核心技术　①增加利用小径材：100kg细段木产耳量与粗段木相当。细段木栽培还表现出发菌快、出耳早的特点，细段木小径材出耳周期为一年半时间，而粗段木的出耳周期为两年时间，从而缩短了生产周期。从耳木林资源的利用角度看，它还大大提高了林木的利用率，为黑木耳栽培开辟了更多的资源。②加密打穴和增大穴孔：打穴方法改常规法冲锤打穴或手电钻打穴为台钻打穴，提高了打穴效率，又便于利用小径材。穴孔由小改大，孔径由常规的1.2cm改为1.6cm。调查显示，增大穴孔好处是点种快，易操作，不悬空，发菌快，不死穴；还克服了小孔穴易于贮水生虫，引起烂耳的弊端。打穴深度1.5～2cm（深入木质部1cm以上）。打穴密度由常规法的穴距7cm，行距4cm，加密到穴距5cm，行距2.5cm，直径10cm左右的段木，每棒打穴数由常规的50～60穴，加密到100～110穴。加密打穴和增大穴孔势必要加大用种量。直径8～10cm的段木，每棒用种量加大到100～150g，比常规法约增加一倍。选用适龄优质菌种接种，按压密实，而后加盖封口。③接种改为打穴后架晒2～3天再接种，因为架晒后穴孔出现微小裂隙，透气性更好，更利于菌丝定植和萌发。封口改树皮盖为方形木质盖，敲入穴孔，四角卡紧，四边透气。这些改进能以促菌早发、抢先占住料面的优势抑制杂菌发生，保证了发菌成功率，加快了发菌速度。④改进发菌管理方式：改接种后起堆盖膜发菌为排场发菌，接种后随即排场晾摊。排场发菌的耳棒菌丝比盖膜发菌的菌丝萌发的要早，菌丝生长健壮、洁白，发菌成功率几乎达100%。而盖膜发菌的耳棒菌丝长势较弱，个别菌穴有杂菌危害发生。通过比较得出结论，排场发菌方式既能吸收地潮，透气性又好，收到了定植早、萌发快、发菌整齐均匀的效果，为早出耳打下基础。⑤改荫棚下起架育耳为露天起架育耳：荫棚下起架育耳黑木耳生长较差，耳片较薄、色泽不深、病虫害发生严重，露天起架育耳的耳片黑厚、健壮，几乎没有病虫害发生。露天起架育耳要注意，不可过早起架，以免导致耳木蓄积养分不足，出耳不整齐，黑木耳长势差。

（2）配套技术　①合理选用栽培品种：选用的主栽品种有916、新科1号。916耳片黑厚，朵型中等大小，展耳好，出耳偏迟，早春接种，出耳期多赶在9月下旬；新科1号出耳早，出耳期多赶在6月中旬，子实体单生，耳片大小均匀，产量略低于或相当916，但其商品性好，为出口的首选品种，干耳售价比其他品种高15%～20%，因此使用这两个品种收益相当。②合理防治病虫害：对黑木耳病虫害防治问题，研究结果表明，在少用或不用化学农药的指导思想下，可以生产出无公害食品标准的黑木耳产品。具体做法是主攻春耳，控制夏耳，促进秋耳。春秋季节气温较低，一般无病虫害发生，无须施药防治，夏季气温高，适宜病虫害发生，应停止喷水等技术措施，控制出耳，以避免病虫为害。新法种耳，排场发菌，露天起架育耳，与常规法相比，通风好，光照强，通过生态条件的变化减轻了病虫害。但是，生态条件的变化，势必导致病虫种群和危害程度的变化，表现为新法栽培中黄褐耙菌偶有发生。这种杂菌在长时间阳光直射下会加重危害，常表现为耳棒向阳的一面长满这种杂菌，背阴的一面才有耳子发生，严重的也有耳棒通体受害而无收成的。可采取以下防治措施：一是排场发菌期间，增加翻杆次数，不可让阳光长时间照射一面；二是接种后提供适宜的光、温、湿、气条件，促菌旺发，尽快占住耳棒发菌优势，抑制杂菌发生。常见的裂褶菌，对生态条件的要求与黑木耳基本相同，因此，在新法栽培条件下，也多有发生，但它对黑木耳危害不大。其发生程度对黑木耳的出耳动态和产量水平还有一定的指示作用，当有裂褶菌子实体开始出现时，表明就会有耳芽发生；在有此菌轻度发生的条件下，往往产耳量并不低，并且裂褶菌子实体也是一种食用菌，有一定市场价值。③干湿交替管理育耳：采用常规法雾化湿润水分管理，连续雾化喷水，结果导致幼耳迟迟不出，继而形成流耳，特别对炕杆不透的耳棒，此种现象更为突出。生产中多雨年份耳子生长差，展不开，产量低，品质差，而干旱年份多能获得高产，也是由于在多雨条件下，耳棒湿重，透气性差，有碍菌丝活动分解，蓄积养分不足造成的。而采用干湿交替管理就从根本上解决了这一问题。在育耳场地架设喷带，采取干湿交替管理法，现耳期轻喷，耳棒湿润即可；待耳芽展片后停水 2~3 天，使耳片收缩，耳基尚湿时再喷水 2~3 天。如此干湿交替 3~4 个周期，即可长成一茬耳。在喷水期间，每天喷水 2~3 次，喷前收大耳，收后再喷水使幼耳长大。

适宜区域　河南、湖北、四川、陕西、山西等段木黑木耳种植区。

技术依托单位　河南省信阳市农业科学院

（三）平菇精准化栽培技术

技术概况　该技术以平菇优质菌株、高产培养料配方、料袋制作、菌袋培育、出菇管理等技术为依托，集成成套平菇精准化栽培技术体系，栽培产量高，具有较高的推广应用价值。

增产增效情况　在栽培过程中应用一系列成熟技术，进行平菇生产的规范化操作，实现了平菇精准化生产，平菇栽培生物学效率可以提高10%以上。

技术要点

（1）核心技术　①优质菌株：采用优质新831菌株等。②高产配方：采用多种原料组合的培养料配方，条件培养料适宜的碳氮比，添加适量石灰和轻质碳酸钙，配制高产培养料配方。③配套栽培工艺：调节培养料适宜含水率、选用适宜料袋规格、低温培育菌袋、打孔出菇、小规格采收等配套栽培工艺。

（2）配套技术　①选择适宜栽培季节：自然气候下栽培，选择适宜季节非常重要，以秋季栽培为主。②搞好栽培环境卫生：栽培场地要远离化工厂、养殖场、污水池等地，减少病虫源。及时清理栽培场地杂物，经常进行消毒，保持环境整洁。③加强病虫害防治：采用增加防虫网、悬挂黄板、使用无公害农药等措施防治病虫害。

适宜区域　适于在全国平菇栽培区应用。

技术依托单位　河南农业大学

（四）培养料二次发酵及新型覆土技术

技术概况　该技术以麦秸、稻草为原料，通过对培养料进行二次发酵，改进了培养料发酵技术，改善了培养料质量，显著提高了双孢菇的产量和质量，具有较强的推广应用价值。

增产增效情况　推广培养料二次发酵技术，提高二次发酵质量，使双孢菇第一茬、第二茬出菇数量大幅提高，高产区鲜菇产量达到 15 kg/m^2 以上，最高产量达到 $20kg/m^2$ 以上。

技术要点　①小麦秸秆、牛粪为主料栽培双孢菇高产配方：按 $100m^2$ 计，麦草 2 500kg，干牛粪 1 500 ~ 1 750kg，棉籽饼或菜籽饼 100kg，过磷酸钙 50 ~ 75kg，石灰 50kg。②培养料一次发酵技术：建堆前，将麦秸放入深 1m，宽 2m，长度不限的预湿地，池底及四周农膜铺垫。浸泡 24 小时，待其充分吸水后捞出。将预湿过的草料和预堆过的粪肥，按照先草后粪的顺序，层层堆高，每层厚约 20cm，草厚 15cm，粪厚 5cm，堆成宽 1.5 ~ 2m，高 1.6 ~ 1.8m，长度不限。四边上下基本垂直，堆顶呈龟背形，饼肥、尿素在建堆时加入，分别撒在堆料的中间几层，下边三层不浇水，从第四层开始浇水，越往上浇水越多。建堆后少量水渗出堆外为原则。晴天时用草覆盖，雨天用塑料薄膜覆盖，严防日晒和雨淋，雨后及时掀开薄膜通气。第 7 天或第 8 天当堆内温度上升到 65℃后进行第一次翻堆，上面的料翻到下面，外边的料翻到中间，要求充分拌匀、抖松，同时掺入其他饼肥和过磷酸钙。发酵 6 天后进行第二次翻堆，堆成宽 1.5m、高 1.8m 的梯形堆。5 天后进行第三次翻堆，同时掺入过磷酸钙，再经过 4 天发酵后进行第四次翻堆，并掺入生石灰。继续堆制发酵 3 天，即可完成第 1 次发酵。翻堆时调节好料堆水分是关键，第 1 ~ 2 次翻堆可适量加水，紧握料指缝间有 4 ~ 5 滴水下滴为宜，第 3 次以后一般不加水，如料缺水应加 5% 石灰水调节。③培养料二次发酵技术：一次发酵结束后，趁热迅速将培养料移入菇房，堆在中间几层床架上，铺放平整，厚度 35cm 左右，每平方米喷水 1.5 ~ 2.5kg。封闭菇房，采用人工蒸汽加温，24 小时内菇房温度升至 62℃，维持 6~8 小时，然后自然通风降温，在 12 小时内逐步将温度降到 50℃左右，维持 3~5 天进行后发酵，使有益微生物进行生长繁殖。随后将温度降到常温下，保持 48 小时，然后再通入蒸汽升温到 60℃，保持 8 小时，再降温 48~52℃保持 48 小时，撤火降温，待料温度降到 25℃左右，准备播种。④新型覆土材料与覆土技术：菌丝播种后，进入生长管理阶段，当菌丝长至距料面 1cm 时，开始覆土。以草炭土为覆土材料，将草炭土加 5% 生石灰，按照 1∶1 加水比例预湿，搅拌均匀，直接覆盖料面；也可将草炭土与普通土按照 1∶1 比例混合，加水 1∶0.8，搅拌均匀后覆土。覆土厚度 3~4cm。

技术依托单位 河南省农业科学院植物营养与资源环境研究所

（五）双孢菇自动化管理技术

技术概况 双孢菇在生产过程种，需要时时观察子实体生长状况，每天要进行湿度、温度等的管理，通过安装自动雾化喷水系统及环境监控设备，时时检测棚内温度、湿度、二氧化碳浓度、光照，数据显示在显示屏上，通过观察不同管理要素的变化，调整雾化喷水定时器来调整喷水次数改变棚内湿度，调整通风时间，控制二氧化碳浓度。初步实现了大棚的初级智能化管理，提高生产效率。

增产增效情况 采用雾化喷水技术、环境监控体系，提高了喷水效率，节省人工 50% 以上，节水 20% 以上，节电 17%，有效控制并减少了病虫害的传播。

技术要点 ①自动雾化微喷技术：在大棚内每个床架底部安装雾化微喷装置，该装置包括水源、雾化喷水管、喷头、微压装置、定时装置。雾化喷水管采用塑料管，塑料管又分为聚氯乙烯管（PVC 管）、聚乙烯管（PE 管），喷头选用无滴漏喷头，单头或双头均可，微压装置选择的压力达到 0.8~1.0~1.2kPa 三种均可，根据大棚的面积、种植数量决定。通过安装计时调节器，实现了自动化定时喷水，提高了喷水效率，节省人工 50%、节水 20%。②菇房环境监控技术：在出菇室内安装自动环境监控设备，利用监控设备安装的感应探头，时时感应并检测棚内温度、湿度、二氧化碳浓度、光照并记录数据，储存内存盒，监控装置与通风系统微喷系统链接，基本实现了出菇管理的自动化。③加强病虫害防治：采用增加防虫网、悬挂黄板、使用无公害农药等措施防治病虫害。

技术依托单位 河南省农业科学院植物营养与资源环境研究所

（六）夏季香菇覆沙生产技术

技术概况 夏季栽培香菇，近几年取得了较好的经济效益，推广面积不断扩大，填补了香菇夏季生产的空白，从而实现了在自然气候条件下周年有鲜菇的目标，覆沙栽培是覆土栽培模式的改进。采用该模式栽培香菇，具有菇质特佳、产量很高、高温能出菇、管理极省工、营养易补充等突出优点。特别是反季节覆沙袋栽香菇盛产优质夏秋菇，畅销国内外。笔者经多年实践，技术不断创新，形成了全套先进工艺，把覆沙袋栽香菇技术推进到新的高度。

增产增效情况　通过对本技术的贯彻实施，生产效益可提高30%以上。

技术要点　（1）适宜的栽培时期　夏季栽培香菇，菌袋制作适宜时间长，气温逐渐升高，温度易调控，栽培成功率高。河南省大部分地区从12月至翌年3月都可接种生产。这段时间以偏早为好，太迟气温回升快，杂菌活力强，菌袋易遭杂菌感染，菌袋发满菌丝后气温过高会影响香菇菌丝的正常转色。覆沙转色4—6月，出菇管理5—10月。

（2）品种的合理选择　目前推广常选用的品种主要有南山一号、武香1号、931、L18等，这些品种菌龄60天左右，出菇早，菇形好，产量高。尤其是南山一号菌株，具有温型高、菇体大、菇肉厚实、菇形圆正、高产优质等突出的优良性状，可作首选当家良种。

（3）栽培原料的选择和配方　木屑以硬质阔叶树种为佳，木屑以10～15mm筛孔的专用粉碎机加工为好，最好木屑粒呈方块状。栽培香菇的原料配方中可以添加10%～30%的棉籽壳或玉米芯。

（4）菌袋制作　①拌料：配方准确，拌料均匀，含水率适宜（配方1的含水率控制在50%～55%，配方2的含水率控制在55%左右）。②装袋：培养料用装袋机装袋，尽量装紧，且料筒各部分松紧一致。袋口留足7cm，用干布抹净袋口内壁，用塑料带扎紧袋口，反折再扎紧。有条件的可用扎口机扎口，料筒应尽量避免刺破，仔细检查，发现破洞，即用透明胶布贴补。防止料袋扎破，选择木屑颗粒度很重要，过大的颗粒容易扎破料袋，所以选择6mm左右的颗粒为好。③灭菌：真观测，及时加水避免"烧锅"（如果采用钢板锅罩膜式灭菌，因蒸汽冷凝水仍流回锅中，只需加少量水或不加水），也应避免火力过猛造成罩膜炸裂。④接种：由于夏季香菇的接种时间在春季，当时气温较低，空气中的杂菌孢子量相对较少，多采用在发菌棚内开放式接种。⑤菌筒培养。⑥菇场搭建重点选择夏秋季节温度较低的场所。要求环境卫生，水源充足，水质干净（达饮用水标准），土质疏松，易灌易排，方正大块的沙壤土场地。⑦转色：种植较早的，放大气以后进入转色阶段，转色期管理的最关键条件是温湿度，转色的最适宜的温是18～23℃，湿度70%以上，给予适当的条件让其自然转色；种植较晚的可以先覆沙后转色，只要保持覆沙材料湿润，则不用任何管理，菌筒就能安全快速转色。这就用极简便的办法，科学地解决了保湿和通风这对难以解决的矛盾。省工、省时，还能有效地避免或减轻烂筒。⑧出菇管理：重点是调节温、湿、气、光等环境因子，尽量使之适合香菇生长发育对环境条件的需要。

适宜区域　全国食用菌产区。

技术依托单位　河南省驻马店市农业科学院

湖南省食用菌主要品种与生产技术

一、主要品种

(一) 长裙竹荪宁 B1 号

品种来源 野生种质驯化，系统选育而成。

审定情况 2008 年国家品种认定。

审定编号 国品认菌 2008054。

特征特性 菌丝白色、致密，见光或老化时稍带粉红色，气生菌丝发达。子实体幼期椭圆形，成熟后菌柄伸长，株高 12~24cm；菌盖钟形，高、宽 3~6cm，有明显网格，网格多角形，下垂 10cm 以上，孢子暗绿色，微臭；菌柄基部直径 2~4cm，往上渐细，白色、中空，壁海绵状；菌裙白色；菌托紫色。

产量表现 生物转化率 65% 以上。一潮菇占总产量的 60%~70%，二潮占 15%~20%，三潮占 5%~10%。

栽培要点 菌丝最适生长温度为 18~21℃，适宜的基质含水率 60%~63%，最适 pH 值 5.5~7.5，空气相对湿度 80%，对光照敏感。子实体形成温度 20~28℃；菌柄伸长和开伞温度 18~25℃。子实体生长适宜空气相对湿度 90% 以上，土壤绝对含水率 20%~23%，散射光照，光线 200~500lx。

适宜区域 适宜长江中下游山区栽培。

技术依托单位 湖南省微生物研究院

(二) 棘托竹荪宁 B5 号

品种来源 野生种质驯化，系统选育而成。

审定情况 2008 年国家品种认定。

审定编号 国品认菌 2008053。

特征特性 菌丝白色、浓密，见光或老化时稍带粉红色，气生菌丝发达。子实体幼期近球形，有棘毛，随着龄期增长由白色逐渐转为褐色；成熟子实体菌盖钟形，高、宽各3~4cm，有明显网格；菌柄白色、中空，长10~16cm，基部 1.5~3cm，壁海绵状；菌裙白色，下垂8~10cm，裙幅10~14cm，网眼正五边形；菌托土褐色，有棘毛；孢子液土褐色。菌丝体和子实体香味浓郁。

产量表现 生物转化率90%以上。一潮菇占总产量的60%~70%，二潮占15%~20%，三潮占5%~10%。

栽培要点 菌丝生长温度为21~32℃，最适培养温度28℃。子实体形成温度24~30℃，菌柄伸长和开伞温度22~28℃；子实体形成和发育早期适宜空气相对湿度80%以上，菌柄伸长和开伞期间适宜空气相对湿度90%以上；子实体形成适宜光照强度300~400lx。菌丝生长适宜pH值5~8，对光照不敏感，可散射光下正常生长。

适宜区域 适宜在黄河流域以南地区栽培。

技术依托单位 湖南省微生物研究院

（三）杏鲍菇 MH04814

品种来源 2014年从马来西亚引进，系统选育而成。

审定情况 暂未。

审定编号 无。

特征特性 菌丝洁白、浓密，气生菌丝发达。原基丛生，灰白色；成熟时菌盖呈灰褐色或黄褐色，直径3.3~7.0cm，平展，顶部凸；菌柄白色、近保龄球形，长7~11cm，直径3.8~6.5cm，质地紧实；菌褶淡黄色，有网纹；子实体出菇整齐，菇形好。

产量表现 生长周期45~55天，生物转化率75%~80%。

栽培要点 培养料含水率60%~70%。菌丝生长温度为22~27℃，最适温度25℃左右。出菇温度范围为10~18℃，最适温度为12~16℃。子实体生长温度为10~21℃，最适温度为10~18℃。空气相对湿度，菌丝体生长阶段60%左右、子实体分化阶段90%~95%，子实体生长阶段85%~90%。现原基和子实体生长发育期间需要一定的散射光，适宜光照强度500~1 000lx。菌丝生长适宜pH值6.5~7.5，出菇阶段适宜pH值5.5~6.5。

适宜区域 在全国范围均可栽培。

技术依托单位 湖南省微生物研究院

（四）紫木耳2号

品种来源 湖南长沙

审定情况 正申请。

特征特性 属中高温型品种。耳型中偏小型，色泽紫褐色至深褐色，口感较脆嫩爽口，品质优于毛木耳。菌丝粗壮、浓密，遇高温、干燥环境或生长后期气生菌丝分泌褐色色素，其表面形成褐色斑块，基质变褐色。

产量表现 此菌株高产，用杂木屑、棉籽壳、玉米芯、莲子壳等原料栽培，产量高，生物转化率可达 100% 以上，比原始出发菌株增产 10% 以上。

栽培要点 ①栽培方式：采用袋栽，吊挂出耳或地栽两种出耳方式。②栽培季节：分春栽和秋栽。春栽于 1—4 月制袋，培菌期 2~3 个月，3—7 月出耳，出耳期 2~3 个月，生产周期约 6 个月。秋栽 6—8 月制袋，培菌期 45~55 天，9—11 月出耳，出耳期 2~3 个月，生长周期约 5 个月。春栽更适宜。③原料与配制：原料来源广，稻草、麦秆、玉米秆、玉米芯等农作物秸秆、皮壳及杂木屑，要求原料新鲜、充足、无霉变、生虫等。④栽培料配方：稻草、麦秆、玉米芯、木屑、棉籽壳等 80%，麦麸或米糠 17%，石膏粉 1%，石灰 1%，过磷酸钙 1%，培养料含水率 60%~65%，pH 值 7~7.5。各地可根据本地原料来源，优选 1 种或多种原料混搭配制。⑤制袋要求：采用（15~20）cm×长（30~50）cm×厚 5 丝的聚乙烯或聚丙烯塑料袋，每袋装料量为干料重 1 000g 左右，装料要均匀、紧实，两端用 U 型扎口丝扎紧。料袋装好后，3 小时内进行高温蒸汽灭菌，料袋灭菌后待冷却至 30℃ 以下时进行无菌操作接种，接种时在料袋一侧打 3~4 个接种孔，菌种插入 2.5cm 深，菌种紧贴接种孔且高出孔口 2~3mm，再套 1 个塑料外袋，或用封口胶带封住接种口。⑥培菌要求：菌袋从接种至菌丝长满菌袋约 45~55 天，菌种萌发、定植、封口约 15 天，封口之后便进入快速生长期，应脱去外套袋或封口胶带，后期为促进菌丝向料内快速生长和促使菌丝后熟，可在菌袋上扎 1~2 次通气孔。培菌期要保持室内温度 22~32℃，空气相对湿度 55%~75%，每天定时打开通风窗通风透气，保持空气清新，培养室门窗要进行避光处理，尽量减少光照对菌丝生长的影响。⑦开口催蕾：待菌丝长满菌袋，再后熟培养 7~10 天至菌丝老熟变黄，此时接种孔四周有幼小耳基出现时，在菌袋四周用锋利刀片划 8~10 个口，出耳口呈"T"型或"V"型，长度 2~3cm，移入催耳室，室内温度在 15~35℃，增加空气相对湿度至 85%~90%，200~800lx 散射光照，8~10 天后耳芽便成丛从孔口长出，待耳芽逐渐整齐、粗壮幼耳长成杯状时便可进入出耳管理。⑧出耳管理：挑选耳芽整齐、粗壮的菌袋吊挂出耳或地栽出耳，吊挂出耳须搭设简易荫棚，在菌袋两端约 5cm 处用纤维绳扎成串，吊挂于横梁上，棚内留 2 条人行道便于喷水和采摘操作。地栽出耳须将菌袋排放于畦上，畦宽约 90~120cm，畦间挖 40cm 宽 10cm 深的浅沟兼作人行道，畦上每隔 30cm 立小竹片、木条作横条，菌袋斜靠在横条上，菌袋上面撒薄层茅草覆盖。

出耳期要求空气相对湿度达 85%~95%，幼耳生长前期喷雾水，随着子实体生长逐渐增加湿度，可向菌袋喷雾水，地面或地沟洒水增湿。出耳期为 2~3 个月，可采收 4~5 批耳，当耳片充分展开，边缘呈无规则波浪状，腹面有一薄层白色粉状孢子，背面有绒毛长出，7～8分成熟时采摘，采收一批耳后，停水3天左右，待出耳口愈合后再逐渐喷水提高空气相对湿度，促耳芽再生，再进行出耳后期管理。⑨病虫害防治：采取以预防为主，综合防治，重点把握好以下环节：一是原料选择要求新鲜、无霉变、无生虫等；二是料袋灭菌要彻底；三是接种操作须严格；四是菌种质量好且菌龄期在2个月内，无杂菌污染；五是生产环境干净、卫生，水质、空气无农药、化学污染；六是发现病虫害及时处理，可用石灰、高锰酸钾溶液、硫黄熏、臭氧灭菌等方法防治杂菌，耳棚四周用防虫网、棚用诱杀灯及生物防治方法防治虫害。

适宜区域　不同生态区均可种植，适宜于全国各地地区推广。

技术依托单位　湖南省食用菌研究所

（五）白茶树菇

品种来源　野生白色茶树菇

审定情况　不详。

审定编号　不详。

特征特性　该菌株菇体洁白，菇盖圆整，边缘内卷，个体中小型，菇型好，菌丝粗壮、白色，气生菌丝浓密，室温23～25℃以下菌丝生长快。无论是菌丝体还是子实体对细菌、真菌为害及虫害的抵抗力都强于国内同类产品。

产量表现　属高温品种，用杂木屑、棉籽壳、莲子壳等原料栽培，生物转化率可达100%以上，袋栽（400g干料），单产前3潮菇可达400g以上，比同类品种增产幅度10%以上。

栽培要点　采用塑料袋栽，层架式出菇，出菇架采用铁架或木架，层高40cm，4～5层高，底层距地面15cm。规格为17cm×（33～35）cm×（4～5）mm厚的丙烯或乙烯筒膜袋，每袋装料量：320～350g干料，湿料重750～900g，料高12～15cm。以高压灭菌效果佳，也可以采用常压灭菌。待培养料温度降至30℃以上时，方可进行接种。接种人员接种时应按无菌操作严格执行，每袋菌种可接栽培袋30袋左右。发菌温度在15～28℃，以25℃最佳，湿度70%，遮光培养。催蕾温度控制在16～22℃，空气湿度至85%左右，1～2天后由原基分化成菇蕾，此时加强通风，降低湿度和温度抑制措施控制幼蕾的快速生长，2～3天抑制后，增加湿度，扯直袋口，增加袋口小环境 CO_2 浓度值1 000～1 500mg/kg。当子实体菌盖菌膜未打开，菌柄伸长时及时采收。采收后将出菇面清理干净，并打扫出菇房卫生，调整出菇房温度和湿度，重复出菇管理，3个月左右，出菇批次多，4～5批。

适宜区域　适宜于南方各地推广。

技术依托单位　湖南省食用菌研究所

（六）杏鲍菇湘杏98

品种来源 湘杏与闵杏原生质体融合而来。

审定情况 2009年湖南省农作物品种审定委员会认定登记。

审定编号 XPD030—2009

特征特性 属中低温型乳白色工厂化生产品种。菌丝浓白、粗壮、致密，绒毛状。子实体单生或丛生，大小形状受环境因子影响，通常为棒状，菌柄直径3～4cm，菌柄长度5～15cm，菌盖直径4～12cm，厚度为1.5～2.5cm，拱圆形。菌肉白色，具有杏仁味，无乳汁。菌褶延生，密集，略宽，淡黄白色。孢子椭圆形，8～12μm，光滑无刺，孢子呈白色。

产量表现 2008—2014年在湖南省多个工厂化生产基地生产应用，高产稳产性能稳定，首批菇平均生物转化率为88.5%，平均总生物转化率为112.4%。

栽培要点 熟料袋栽或瓶栽。菌丝最适生长温度为20～24℃，子实体生长温度范围为8～22℃，适宜温度为10～18℃。子实体生长期的空气相对湿度为80%～90%，光线450lx。发菌期料温控制在20～24℃，避光培养，空气相对湿度为60%～70%。工厂化生产一般出一批菇，人工顺季节栽培一般出2～3批菇，用覆土栽培可提高产量10%～15%。第一茬菇采收后先干3～5天，使菌丝恢复健壮，再喷水保湿，10～15天后再出第二茬菇。

适宜区域 南北方均可种植，工厂化生产最佳。产品保鲜期长，适宜鲜销。

技术依托单位 湖南省食用菌研究所

（七）北虫草湘北虫草1号

品种来源 原生质体紫外诱变育种

审定情况 无

特征特性 菌丝粗壮，洁白色，菌丝分支能力强，转色快。在栽培过程中，在适宜的碳源、氮源、酸碱度pH值6～7、含水率60%～65%、温度18～23℃时生长健壮，菌丝浓密，吃料快，10天左右能长满菌丝。现蕾早，且现菌蕾均匀。经40天左右长大后，呈金黄色或橘黄色，子实体长且粗壮，生物转化率40%左右。虫草素1.93%、虫草多糖1.55%、虫草酸9.89%。

产量表现 湘虫草1号平均每瓶产虫草子实体干重为3.05g，比供试菌株"对比2号"多0.35g，比供试菌株"对比3号"多0.37g，比供试菌株"对比4号"多0.75g。

栽培要点 采用高压蒸汽灭菌，液体菌种接种5～10天菌丝可布满全瓶，接种后及时将料瓶转入培养室，控制温度、湿度、光照，促进菌丝生长。适宜温度为15～25℃，湿度前期为60%～70%，后期为85%～90%，菌丝生长阶段必须在弱光条件下培养。当菌丝长满全瓶培养料表面出现小隆起时，增加光照促进转色，光照不足可用日光灯补光，温度控制在 21 ~ 25℃，相对湿度 85% 左右，5 ~ 10 天后菌丝由白变黄，转色完成。出草管理转色完成后，在培养料表面形成米粒基后，温度控制在 20 ~ 25℃，不得超过 28℃，否则出草困难；空气相对湿度在 80% ~ 90%，以减少瓶内水分蒸发，同时增加空气流通量，促进子座生长，经 25 ~ 35 天后，子座形成并成熟。

适宜区域 适宜于湖南地区种植。

技术依托单位 湖南农业大学；湖南致远农业科技发展有限公司；长沙九峰生物科技有限公司

（八）灵芝湘赤芝 1 号

品种来源 野生灵芝驯化。

审定情况 无。

特征特性 湘赤芝 1 号菌丝体粗壮，色泽洁白，分支能力强，有锁状联合，爬壁现象明显，菌盖赤黄色或赤褐色，扇形，边缘光滑；菌柄短，木质化程度高。产量稳定，生物转化率达到 40% 以上，孢子产量多，多糖含量 2.78%，三萜含量 1.98%。

产量表现 "湘赤芝 1 号"生物学转化率达到 44.17%，比供试菌株"对比 1 号"生物转化率高 5.31%。比供试菌株"对比 2 号"生物转化率高 13.85%。比供试菌株"对比 3 号"生物转化率高 7.66%。在孢子粉弹射量方面，"湘赤芝 1 号"平均每 100g 灵芝弹射 2.533g 孢子粉，比供试菌株"对比 1 号"高 0.62g，比供试菌株"对比 2 号"高 0.522g，比供试菌株"对比 3 号"高 0.161g。

栽培要点 袋料高效栽培：按照木屑 70%，麦麸 28%，石膏 1%，石灰 1% 比例加入辅料，含水率达到 60% 左右。将配好的培养料装进聚丙烯塑料袋中（18cm 宽 ×36cm 长 ×0.04mm 厚），封口，进行高压灭菌，在无菌条件下进行接种，每袋接种 50 ~ 100g 菌种，接种后将菌袋转移到培养室内，保存室内 24 ~ 30℃，黑暗培养 40 天左右，菌丝长满整个菌袋。后打开袋口，空气湿度到 80% ~ 95%，保存温度在 24 ~ 30℃ 内，早晚开窗通气一次，菇蕾形成后需要及时疏蕾，使每个菌袋只留一个蕾。40 ~ 60 天后菇蕾逐渐长大，慢慢展开呈扇形，当灵芝菌盖与菌柄处交接处开始由黄白色转为赤褐色时，灵芝开始弹射担孢子（如需要收集灵芝孢子粉，将灵芝菌袋转移到用报纸糊封的框架内，10 ~ 30 天内能收获到大量孢子），当菌盖边缘变赤褐色时，灵芝已衰老干枯，便可采收。

适宜区域 适宜在湖南省栽培推广。

技术依托单位 湖南农业大学；湖南致远农业科技发展有限公司；长沙九峰

生物科技有限公司

二、生产技术

（一）秀珍菇反季种植技术

技术概况 该技术根据秀珍菇变温型生育特性，采用打冷刺激现蕾方法，在南方5—9月高温夏秋季生产出菇整齐的秀珍菇。该技术具有人工调控育菇条件，延长秀珍菇生长季，有效地解决了夏秋淡季市场供应，具有很好的经济效益和推广应用前景。

增产增效情况 通过对秀珍菇冷刺激现蕾和降低菇房温度等措施，提高秀珍菇现蕾率和整齐度，增加出菇潮次，便于集中采摘和上市，可提高单产10%以上，生产效益提高30%以上。

技术要点

（1）核心技术 ①冷刺激现蕾技术：南方5—9月夏秋高温季节，选用5~8P制冷机组快速将菌袋降温至6℃以下，保持12~24小时冷刺激，然后让菇房温度缓缓上升，尽量延长降温效时，2~3天后大量菇蕾便从袋口整齐长出。②反季低温育菇技术：由于秀珍菇通过集中冷刺激，现蕾量大，室温回升快，生育期短，从现蕾到成熟只有2~3天，因此，育菇期温度、通气量、光照调控至关重要，特别是现蕾后1~2天耗氧量大，要及时打开通气窗，加大通风量，保障氧气有效及时供给，才能使菇蕾大量整齐长成，否则由于缺氧造成菇蕾大量死亡，大幅减产。

（2）配套技术 ①选用品种：宜选用变温出菇型，潮次明显，菇蕾整齐，中大型品种。目前，已选育出秀珍菇3号、6号、7号等品种，出菇整齐、菇型好、色泽深、肉质厚、口感好、品质佳，很受市场欢迎。②栽培季节：南方5月中旬以后，气温升至25℃以上，此时可采用此育菇技术，9月中旬以后，秀珍菇便自然育菇，因此，此技术适宜于5月中旬至9月中旬。菌袋制作应提前在3—4月，菌丝培养期1个月左右为宜。③菇房设计与出菇架搭设：菇房宜以80~100m²面积，高度在4~4.5m，空间400m³为佳。菇房设（80~90）cm×（80~90）cm对流通风窗，可通过开闭对流通气窗，保障供新鲜空气。制冷机用8~10P冷水循环机型，室内安装1台冷凝机，在12小时内迅速降温至6℃以下。房顶安装2排4~6盏8~10W节能灯，以调节室内光照。菇架搭设4~5排，两排间留100~110cm宽操作道，架高2.6~2.8m，架两面用铁丝网格，网格（12~13）cm×（12~13）cm大小，两面可摆设20~22层出菇面，每间菇房排放8 000袋左右。④菌袋规格与培养料的配制：采用单面出菇可选用17cm×33cm×0.005cm塑料袋，双面出菇采用17~20cm折径筒膜，剪成45~47cm长，厚度5cm，单面出菇袋高 18cm 左右，装料量 1100g 左右，双面菇袋高 24 ~ 26cm，袋料量 1500g 左右。

培养料配制要求原料选用玉米芯、棉籽壳、稻草、杂木屑等颗粒要稍粗些，粒径5 ~ 8mm，料间有明显空隙，袋内通透气好，后期菌丝生长快，菌丝生长期控制在 1 个月左右，含水率控制在 60% 左右，料内加 2% 石灰，调节 pH 值 8 左右。搞好环境卫生，做好病虫害的防治。菇蚊是秀珍菇的主要虫害，菇房通气窗要安装防虫网，菇房周边要清除杂草、疏通排水沟，及时清除废料杂物，保持周边环境清洁干净，做到以预防为主，采取生物防治与物理防治相结合，如防虫网、诱杀灯、防虫黄板。

适宜区域　南方地区。

技术依托单位　湖南省食用菌研究所

（二）无公害袋料栽培松茯苓新技术

技术概况　该技术栽培的苓体均匀，产量稳，产品质量好，产品深受客商的青睐，生物转化率达到了 50% ~ 110%，比常规栽培法生物转化率的 15% ~ 20% 提高 3 ~ 6 倍，资源的利用率达到了 100%，松树根、松树蔸、松树枝、松树尾及加工后的边角废料，还有松木屑都可以用来栽培茯苓。而且它的生长周期短，备料简单，只需达到适度干度即可。在适宜的温湿条件下，从接种到采收仅有 150 ~ 170 天，比常规栽培法的 200 ~ 240 天，减少 50 ~ 70 天，可以集约化及工厂化栽培，便于管理，不需施用任何农药，又能保持茯苓产品的纯天然性。又解决了长期以来人工栽培松茯苓受白蚂蚁为害造成减产和失收的大难题，容易推广。

增产增效情况　每亩种植 1000 袋，亩产量约 2.5 吨

技术要点　①选择新鲜无霉变的松树根、蔸、尾、枝边角料、松木屑，锯成 30 ~ 35cm 长，削去粗皮晒干，扎成捆，每捆 5 ~ 6kg，另加配料：全干松木屑 77%，麦皮式米糠 20%，白糖 1%，石膏 1%，化学纯硫酸镁 0.5% 水，克霉灵 1 包（50g），含水率达到 55% ~ 60%，做铺料使用。②制作方法：先将扎成捆的干菌材放入清水池中浸泡 10 ~ 12 小时，捞起沥去多余水分。将所需配方充分拌匀，保持料内含水率 55% ~ 60%，进行装袋。方法是：先用 30cm 宽 × 60cm 长 × 6.5cm 丝厚的高密度高压乙稀塑料袋，先把部分配料垫入袋底，再将菌材装入袋中，袋内上部同样装入部分配料，扎好袋口，进行高温灭菌，灭菌方法有两种，一种是高压灭菌法，一种常压灭菌法。如是高压灭菌，在 0.15kg 压力下保持 4 ~ 5 小时，常压灭菌温度达到 100℃ 后，旺火保持 14 ~ 16 小时，再闷 6 ~ 8 小时。③接种培养：将灭菌好的菌袋从灭菌锅内起出，放入清净的操作房间内，待料内温度降到 28℃ 以下，再把菌袋搬入接种室或接种箱内，在无菌条件下进行接种。接好种后及时放入培养室内进行培养，保持室内温度 26 ~ 28℃ 恒温培养，

20~30天菌丝可长满全袋,即可下地复土管理结苓。④选择场地,袋料栽培茯苓:场地要选择向阳、土壤、疏松,有一定的坡度,果园地、阔叶林地、旱田、旱地、农村山区的房前屋后,排水性好的地方,都可作为袋料栽培的场地。⑤整理好场地,苓场选好后,首先清除场内所有杂草及小树根,再将场地挖深30~50cm,做到地要挖得深,土要整得细。⑥挖好防蚁沟,施好白蚁药。在一亩地左右场地周围选挖4~6个1m见方土坑,坑内堆放一些茯苓菌种的培养料及菌种,喷施一些白蚁灵粉或地虫王,加盖好新鲜松枝叶,再盖好土,进行透杀。⑦菌袋下地、复土:顺坡排放,将菌袋的一头把薄膜划开一条口子,插进一根新鲜全干、长30cm的一根小树枝条作引木,和菌袋一起放入土中,每箱宽1m左右,每排放两包菌袋,插有引木的放两头,箱长不限,只要便于管理,盖土10~15cm左右。⑧菌袋下地后的管理:要及时关注气候变化,在高温、高湿和长期干旱或阴雨,必须得经常调节好温度和湿度。做好保持料内温度24~28℃,土壤中的含水率在55%~60%左右。⑨结苓期的管理:菌袋下地后,在正常的温度和湿条件下,15天左右就开始结苓,此时茯苓生长很快,防止茯苓长出土面日晒雨淋烂掉,影响产量和产品质量,所以要经常注意培土,保持土壤疏松和所需的含水率。⑩采收:菌袋下地复土结苓后,在正常的温度、湿度生长条件下120~150天茯苓生长成熟,它的特征是结苓处的土层和茯苓的表皮没有新的裂纹出现,苓缔与木质易松脱,证明茯苓已生长成熟,就得及时采收。因结苓有早有迟,一定要做到成熟一批,采收一批。

简易工艺流程:备料→装袋→灭菌→接种→培养发菌→整理场地→菌袋下地→管理→采收。

适宜区域 长江流域以南的地区。

技术依托单位 湖南省靖州苗族侗族自治县茯苓专业协会

广西壮族自治区食用菌主要品种与生产技术

一、主要品种

双孢菇 AS2796

品种来源 由异核体菌株 02（国外引进种）和 8213（国内保留种）通过同核不育单孢杂交育成。

审定情况 1993 年福建省蘑菇菌种审定委员会审定。

审定编号 国品认菌 2007036。

特征特性 子实体单生。菌盖直径 3～3.5cm，厚度 2～2.5cm，外形圆整，组织结实，色泽洁白，无鳞片；菌柄白色，中生，直短，直径 1～1.5cm，长度与直径比为（1～1.2）∶1，长度与菌盖直径比为 1∶（2～2.5），无绒毛和鳞片；菌褶紧密、细小、色淡。要求基质含水率 65%～68%，含氮量 1.4%～1.6%，pH 值 7.0 左右；栽培中发菌适宜温度 24～28℃、空气相对湿度 85%～90%；出菇温度 10～24℃，最适温度 14～22℃。栽培中菌丝体可耐受最高温度 35℃，子实体可耐受最高温度 24℃，转潮不明显，后劲强。菌种播种后萌发力强，菌丝吃料速度中等偏快。菌丝爬土速度中等偏快，纽结能力强，纽结发育成菇蕾或膨大为合格菇的时间较长，因此，开采时间比一般菌株迟 3 天左右。成菇率 90% 以上，成品率 80% 以上。1～4 潮产量分布较均匀，有利加工厂生产。

产量表现 一般农户栽培产量为 9～15kg/m²，生物转化率 35%～45%；机械化栽培，可达 20～25kg/m²。

栽培要点 广西播种时间为 10—12 月。投料量 30～35kg，碳氮比为（28～30）∶1，正常管理的喷水量不少于高产菌株。气温超过 22℃，甚至达到 24℃时一般不死菇，可比一般菌株提前 15 天左右栽培。注意不宜薄料栽培，料含氮量太低或水分不足都会影响产量或产生薄菇和空腹菇。

适宜区域 广西秋冬季常温在 10 ~ 24℃的区域。

选育单位 福建省蘑菇菌种研究推广站

二、生产技术

（一）桑枝栽培秀珍菇生产技术

技术概况 广西是全国桑蚕种养第一大省，每年有 200 多万吨的桑枝条尚未得到有效的开发利用。桑枝条木质松，富含纤维素，是生产食用菌的优质原料。近年来广西使用桑枝条进行秀珍菇栽培试验，取得了较好的效果，桑枝屑占原料比例可达 60% ~ 80%，突破了传统上以棉籽壳为主料的生产局限，使桑枝从原来污染环境的废弃物变成秀珍菇栽培的理想原料，桑枝栽培秀珍菇也成为广西桑枝食用菌中规模最大的单一菇种，技术具有较强的推广应用价值。

增产增效情况 通过利用桑枝替代大部分棉籽壳栽培秀珍菇等食用菌这一新技术，解决了桑蚕业生产过程中的废弃枝条利用问题，降低食用菌生产成本的同时，还保持产量和原配方的基本持平，是一项循环利用、节能生态、互补增效的好技术，同时桑树生长过程少用农药，可保障和提高产品质量和绿色安全水平。

技术要点

（1）根据季节选择适宜菌种 春夏季应选择广温偏高温品种，秋冬季应选择中低温或广温品种。

（2）原料准备 事先收集桑枝条并粉碎，准备除桉、樟、松、杉等含有害物质树种外的阔叶树木的木屑或杂木屑、新鲜干燥的棉籽壳及辅料麦麸、石膏等。

（3）接种和菌丝培养 ①接种：选择优良的菌种，气温高时选择在阴凉的晚上或早上接种；气温低时，选择干燥暖和的中午接种。②菌丝培养：清洗消毒培养室。接种好的菌袋搬到培养室培养或者就地摆放培养。根据不同的季节调整堆放高度，冬天可堆 6 ~ 8 层高，夏天只能单层排放或分层叠放；层与层之间放竹片或木条将菌袋隔开，袋与袋之间留 2 ~ 4cm 空隙，防止高温烧菌。

菌袋培养期间要求：光线黑暗，室内空气相对湿度 60% 左右，温度 20 ~ 28℃。接种后注意检查，及时补种，清理污染袋。菌丝长满袋后再继续培养到袋口菌丝出现吐黄水或少数菇蕾时马上进行出菇管理。

（4）加强出菇管理 解开袋口两端的纸片和套口，刮去原先老的菌种或肥大的原基。增加菇棚室内温差，提高菇棚湿度，增加通风，加强散射光照，促进菇蕾形成。

（5）出菇期间环境条件要求 ①温度：大部分原基出现后，要减少室内温差，当棚内温度超过 28℃或低于 10℃时，应设法降温或增温。②湿度：菇房湿度保持在90%左右。③通风：每次喷水后，应加强通风，不能长时间保持高湿度状态，但严格禁止有强冷风直接吹在菇袋上。通风必须结合温湿度协调控制。④光照：需要散射光，避免强光直接照射。

注意事项　一是改进专用桑枝粉碎设备，提高桑枝粉碎效率；二是筛选和优化原料高产配方，提高产量和品质。

适宜区域　广西及全国桑蚕产区及邻近市县。

技术依托单位　广西农科院微生物研究所；广西科学院生物研究所

（二）双孢菇二次发酵技术

技术概况　二次发酵（又叫后发酵）是目前广西双孢菇栽培上普遍应用的技术，它是在一次发酵的基础上，将培养料搬进菇房再进行一次短时间的高温发酵。

增产增效情况　双孢菇采用二次发酵技术后，可使产量大幅度增加，一般增加20%～40%，最高可以增加一倍以上；而且菇的品质好，菇形圆正洁白，肉厚柄粗，不易开伞。收菇时间比常规堆料法提早5天左右，一级菇比例增多10%～15%，质量达出口标准率达80%，收获期延长，受外界气候影响少；产量和质量比较稳定。

技术要点

（1）选择优良菌种　根据市场及加工的需要，选择抗性好、菇的质量好、出菇整齐的优良菌种。

（2）培养料的准备　前期发酵完成好后，一般10～12天，成熟度在8成，含水率70%左右，趁热将培养料搬入菇房床架上。各层放料时，要尽量堆松，以利于料内空气交换，底层不放料。

培养料入棚后，密封大棚保持热量，让培养料自然升温2天，然后通入热蒸汽要求在6～12小时内使料逐步升温到60～62℃，并保持这个温度6～18个小时，以达到巴斯德消毒的目的，然后减少热源，让其下降到52℃，并维持这个温度4～5天，随后打开门窗，让其降温至常温。

（3）播种　培养料发酵充分后，通风降温，并把培养料铺平在菇架上，培养料厚度20～25cm，当料温稳定在25℃左右时，且料内氨气味散尽，即可播种。

（4）加强出菇管理　①出菇前管理。播种后要保湿控温，促使菌丝恢复生长和定植。菌丝吃透培养料时（20天左右）即可覆土。土粒要求经过严格消毒，覆土厚度3～4cm，并调节好pH值和水分，pH值7～8，洒过水的土粒用手捏，捏而不粘手，土粒中心无白心。此时温度要稳定在28℃以下，最好是20～25℃，空气湿度80%左右，保证菇房内新鲜空气流通。②出菇期的管理。覆土后15～20天，菌丝爬土变成菌索，开始喷结菇水，到粗、细土之间开始出现白色米粒状蘑菇原基，要及时喷出菇水。出菇期间空气相对湿度保持在90%左右，根据天气早晚通风喷水，温度保持在7~20℃，菇房都应保持良好的通风，维持菇房内空气新鲜。

（5）做好病虫害防治和及时采收　全程要做好病虫害的防治工作，蘑菇子实体成熟后及时采收。

注意事项　①高温真菌—放线菌属于好气性微生物，它的生长繁殖要有氧气，因此发酵期间应适量开门窗进行空气交换，避免厌氧发酵。②培养料必须充分发酵成熟：要求料转变为棕褐色，有类似甜面包的香味大量白色放线菌，含水率65%左右，pH值7~7.5。③栽培管理期间必须掌握好棚内的温、湿度及通风换气情况。

适宜区域　有一定规模和专业化的双孢菇产区。

技术依托单位　广西创新团队桂林综合试验站；玉林市微生物研究所

海南省食用菌主要品种与生产技术

"鹿角"灵芝大棚袋栽高产技术

技术概况 在灵芝生产中存在着许多的问题，主要是一是种苗供应不足。据了解该种苗的培育需要橡胶等树种，而砍伐天然林触犯林业的相关规定，一定条件下制约了该产业的发展；二是管理技术水平低，前期投入较大，除了原先扶贫的种苗外，农民没有积极的投入，种植的积极性不高；三是真正具有价值的花粉，虽然知道其价值，但没有掌握采集技术。海南省中部市县天然林森林覆盖率60%以上，平均温度在20~30℃，空气相对湿度70%~80%，非常适合灵芝等食用菌生长。近年来中部市县采用"公司＋基地＋农户"模式与农民合作，实施中部农业发展资金灵芝种植示范项目，促进了我省灵芝产业的发展。

鹿角灵芝是科研人员采集野生灵芝经培育驯化而成的一个灵芝品种，也是目前海南省内人工栽培面积较大的品种。经琼中县、儋州市和白沙县的技术人员从广东微生物研究所引进在海南省进行栽培试验，结果表明该品种适宜在海南栽培。

增产增效情况 综合近年全省各市县示范点的结果，① 白沙县建设100亩"鹿角"灵芝基地，年可收获灵芝3 000多kg。按照每户芝农2亩地计，一年地租每亩900元、分红每亩4 000元、工资每月1 000元，每户芝农年收入将近2万元。取得较好的经济效益。② 琼中县农业生态产业园2008年试验示范面积600m²，2008年6月16日由县农业局、农技中心共同组织验收。共采摘面积60m²，产量111kg（以湿灵芝重量计），每平方米产量是1.85kg；收获孢子粉11市斤，每平方0.09kg。一年收获2次，可连续采收3年，如果农户种植一亩（实际埋菌种600m²）年产灵芝2 000kg左右，按40元/kg计算，年产值80 000元，效益相当可观。

技术要点

（1）菌种制作　①母种培养基为马铃薯（去皮）200g，蔗糖20g，琼脂20g，牛肉浸膏少许，水1000mL。②原种培养基为麦粒98%，蔗糖1%，石膏1%，含水率60%~70%。③栽培种培养基为杂木屑78%，麦麸20%，蔗糖1%，石膏1%，含水率60%~70%。

（2）栽培技术　①塑料袋选择：塑料袋应选择灭菌后质地柔软，不易破损的产品。实践证明：采用进口高密度低压聚乙烯原料另加20%高压料吹制而成的塑料最为理想。厚度为0.030cm，宽度为16~17cm，长度为34~36cm。②拌料与装袋：将木屑、麦麸、石膏等先拌均匀，再将其他辅料放入水中，拌入主料时，使其含水率达60%~70%，把按规格装好的塑料袋，先将一头用绳扎紧，然后将拌好的培养料装入袋中，直到离袋口8cm处，将袋内空气挤出后用绳（或塑料圈）扎紧，每袋装干料约500g。有条件的可购买装袋机，用于装料，可省工省力。③灭菌与接种：采用常压蒸汽灭菌灶，常压灭菌锅内温度可达98~105℃，灭菌8~10小时，闷10个小时，才能达到彻底灭菌的目的。在完全无菌条件下进行接种，接种前，要用75%酒精或0.1%的高锰酸钾溶液擦拭消毒栽培种瓶外表，把瓶口内1cm左右菌丝老化部分弃之不要。当料袋温度降至30℃左右时进行接种，接种按无菌操作规程，均匀把菌种接入菌袋的两端，使菌种基本覆盖两端的培养料面。一般每瓶原种可接12~18袋。④发菌：接种后的菌袋，及时移入培养大棚，堆放在培养架上或地面上，进行发菌培养。培养室在使用前必须进行彻底消毒灭菌，要用硫黄熏蒸消毒，地面适当撒白石灰处理。⑤出芝管理：接种后的菌袋经半个多月的培养，菌丝基本将料面封住，两端菌丝可向袋内吃料4~5cm。这时要把菌袋从培养大棚移入栽培大棚。摆完后，将菌袋两端的塑料绳或像皮圈解下，以便通气，促进菌丝尽快长满袋，但要注意不要用力使扎口外松动。当培养至20天左右，菌袋两端菌丝向内生长相距约7cm时，可轻轻撕动塑料袋与菌料接触的上口，露出1.5~2cm的口径，为进入子实体生育管理做好准备。

当子实体原基已开始形成时，应注意温度、湿度、光照、空气的综合管理。子实体分化的最适温度为23~28℃，过高或过低都不利于子实体的分化。温度不移高时，可用大功率的灯泡或小功率的电炉进行加温。温度过高时，可向空气中、地面、墙壁进行喷水。

当白色小幼蕾从菌袋口两端扎绳处长出后，要及时提高和保持栽培大棚的空气相对湿度，以保持90%~95%为宜。每天要喷水两次，地面要经常保持湿润。当菌盖向水平方向伸长后，可向子实体喷水，因菌盖有较厚的菌皮不易滋生霉菌。当菌盖水平伸长2~3圈后，可向菌盖上面及下面子实层喷水，促使菌盖能由下面子实层向水平方向伸长，可加速菌盖的生长和增大菌盖的面积。每天可向子实体喷透水 3～4 次。

子实体对二氧化碳极为敏感，一旦浓度超过 0.1% 时，子实体就不能正常发育，所以栽培大棚必须加强通风，大棚两头门窗每天应打开 3～4 次，每次半小时左右，以利于通风换气。

在灵芝子实体生长阶段，对光线的要求也日益增多，因灵芝有强的向光性，栽培大棚光线亮度要均匀。晚上用 100W 灯泡照明，可利于子实体生长。

（3）采收与干制 ①子实体采收：灵芝子实体生长初为白色，后变为浅黄色，经过 19 天的生长，就变为红褐色。菌盖是一圈一圈由内向外扩散生长的。当菌盖边缘不再生长，无浅黄色圈子时，菌盖下方子实层内长出棕色担孢子，并有孢子释放时，表明子实体已经成熟，再经过 7～10 天，让菌盖进一步加厚，就可及时采收。采收时，用锋利的刀将灵芝体割下，留有 0.5cm 左右长的柄。不要伤害菌皮，切口要平，为第二潮子实体生长创造条件。及时采收后保持第一潮芝生长时的温度、湿度、光照、空气等管理，可在原来的柄上继续长出子实体。采收后的灵芝要在日光下晾晒或烘烤法干制，使含水量降至 12% 左右，即可分级包装。②孢子粉采集：在采收灵芝的前五天在菌袋旁的地面铺上于净的薄膜，当薄膜上落满孢子粉即可扫集。

适宜区域 适于海南省儋州市、琼中县、五指山市和白沙县等市县灵芝主产区。

注意事项 栽培上要求彻底消毒灭菌，栽培种培养基配比适中，出芝综合管理，子实体采收等要求严格。

技术依托单位 海南省农业技术推广站；儋州市农业技术推广中心；琼中县农业技术推广服务中心

重庆市食用菌主要品种与生产技术

一、主要品种

（一）香菇 L808

品种来源 从兰州某菇场段木香菇组织分离获得。

审定情况 2008 年获得国家良种认定。

审定编号 国品认菌 2008009。

特征特性 子实体单生，中大叶型，半球形。菌盖直径 4.5~7cm，深褐色，菌盖表面丛毛状鳞片明显，呈圆周形辐射分布；菌肉白色致密结实不易开伞，厚度在 1.2~2.2cm，菌褶直生，宽度 5mm，密度中等；柄短长 1.5~3.5cm，粗 1.5~2.5cm，上粗下细，基部圆头状；孢子白色；属中高温型菌株，菌龄 90~120 天，出菇温度 12~25℃，最适出菇温度 15~22℃；菇蕾形成期需 6~10℃的昼夜温差刺激；秋冬季出菇，秋菇的比例高，无明显潮次。

产量表现 平均生物学转化率 80%~90%。

栽培要点 ①按配方要求拌料：木屑 78%、麦麸 20%、红糖 1%、石膏粉 1%。②适期接种：南方产区 7—9 月制菌袋，北方在 5—8 月制菌袋，10 月至翌年 4 月出菇。③及时散堆：在接种后菌丝长至 4~5cm 时散堆，避免烧菌，另外需在培养过程中刺孔通气。④适时排场、脱袋，采收 2~3 茬后，需适当补水。

适宜区域 既可鲜销又可加工，在香菇产区适用。

选育单位 浙江省丽水市大山菇业研究开发有限公司

（二）香菇庆元 9015

品种来源 常规系统选育而成的香菇品种。

审定情况 1998 年浙江省农作物品种审定委员会认定。

审定编号 国品认菌 2007009。

特征特性 中温型中熟菌株，其最适出菇温度 14~18℃，从接种到菌段菌丝生理成熟，可以出菇需要 90 天以上时间，子实体分化需要 6～8℃的昼夜温差刺激。

产量表现　2012 年，全区香菇产量为 345t，2013 年产量较 2012 年稍有下降，产量为 296t。

栽培要点　以木屑等制作菌袋。催蕾阶段适宜的生长温度为 20～25℃，空气湿度在 75%～95%，光照强度保持在 300～1 200lx，适量的通风使棚内保持较清新的空气。出菇阶段保持温度为 20～25℃，空气湿度在 75%～95%，光照强度 500～1 000lx 和适当的通风，当菌盖直径达到 2cm 以上时，可对菇体直接喷施营养素。当香菇菌盖边缘仍呈下卷状态但又要展开时，即应及时采收。

适宜区域　作为适宜鲜销品种，在香菇产区适用。

选育单位　浙江省庆元县食用菌科研中心

（三）金针菇 913

品种来源　常规系统选育而成的金针菇品种

审定情况　不详。

审定编号　不详。

品种特性　浅乳黄色。出菇温度 2～15℃，较耐低温。菇柄长，菇柄从顶部自上而下为浅白至乳黄色，根部无褐色出现，菇柄挺直，菇盖小球状大小一致，整齐，不易开伞，采收后浸水根部也不变褐色，12 潮出菇特别整齐，色泽油亮。

产量表现　在众多品种中菇体质量和总产量占绝对优势，市场鲜销极具竞争力，在冬季和春季前后上市最具优势，生物转化率 150%。

栽培要点　金针菇袋栽技术：选袋—配料、装袋—灭菌—接种—培养—开袋—出菇—包装成品。

适宜区域　既可鲜销又可加工，在金针菇产区适用。

技术依托单位　重庆志丹食用菌生物研究所

（四）金针菇白金 10 号

品种来源　上海雪国高榕有限公司纯菌种分离。

审定情况　2013 年上海市审定。

审定编号　沪农审 2013010。

特征特性　生长整齐、菇柄中等、柄硬挺光滑、纯白晶亮、全国主栽。

产量表现　生物转化率 130%～150%，产量极高。

栽培要点　常规冷库熟料栽培。菌丝生长温度 20℃，子实体温度 7～18℃。

适宜区域　适宜鲜销，空气质量优，环境洁净度高的地区适用。

选育单位　重庆市明宇生态林业发展有限责任公司

（五）黄背木耳川耳1号

品种来源 四川省农业科学院土肥所以大光木耳和紫木耳为亲本，利用单孢杂交技术选育的黄背木耳新品种。

审定情况 四川省审定。

审定编号 川审菌［2003］003。

特征特性 菌丝洁白，先端整齐，菌落较厚；子实体紫红褐色，背毛褐色，耳片大而厚；出菇温度范围广，川耳1号出菇温度22～34℃，较781（24～32℃）和黄耳10号（26～32℃）温度范围广，转潮快；比781和黄耳10号转潮天数快2～3天；抗杂菌能力强。

产量表现 从1998年开始，在大邑等5地区进行了区域性试验，累计试验推广109 970万袋。结果表明，产量较781高10.02%～22.58%，较黄耳1号高10.0%～15.1%。

栽培要点 川耳1号对原料的适应性较广，玉米芯、秸秆、木屑、高粱壳等农业下脚料均可以配方进行栽培，在配方中，为了充分发挥菌种的优势，需要添加10%～15%的氮源如麸皮。

适宜区域 作为适宜鲜销品种，在川渝产区适用。

选育单位 四川省农业科学院

（六）金针菇川金3号

品种来源 川金3号是四川省农业科学院土肥所利用黄色品种和白色品种之间双单杂交方法选育的金针菇新品种。

审定认定情况 2006年通过四川省农作物品种审定委员会审定

审定编号 川审菌［2006］002

特征特性 子实体丛生，生长整齐，菌盖浅黄色，半球形，厚，不易开伞，菌柄长15～20cm，粗0.3～0.5cm，白色；出菇温度范围广：川金3号出菇温度20～30℃，生长适宜12～20℃；抗杂菌能力强。

产量表现 2003—2005年共3年的试验结果表明，产量和性状稳定，比生产上大面积应用金针菇菌株金针12号增产9.63%～10.34%，生物转化率为80%，综合农艺性状优良。

栽培要点 川金3号适应原料玉米芯30%、棉籽壳50%、麸皮10%、过磷酸钙2%、石灰2%按配方进行栽培，在配方中，为了充分发挥菌种的优势，需要添加10%～15%的氮源如麸皮。

适宜区域 作为适宜鲜销品种，在川渝产区适用。

选育单位 四川省农业科学院土肥所

（七）金针菇江山白菇

品种来源　浙江省江山市微生物研究所 1990 年从日本引进 F21 菌种，经种植、筛选、提纯后获得。

审定情况　1996 年经浙江省农作物品种审定委员会认定通过。

审定编号　不详。

特征特性　出菇整齐，每丛 200 株左右，柄长 15～23cm，菌盖内卷，不易开伞；白色品系对光线不敏感，即使栽培环境有较强的散射光，子实体仍是通体洁白，有光泽，适合制罐或盐渍加工出口。

栽培要点　一是拌料要均匀。将棉籽壳 1∶1 料水预湿，使棉籽壳吸水充分、均匀，根据配方加入其他培养料，拌透拌匀，太湿会影响菌丝生长，太干会影响产量。二是灭菌要彻底。在灭菌时，要做到旺火催气，文火保温，防止漏气，注意加水，不能间断烧水，温度水温 100℃ 保持 12 小时以上，确保袋料熟透，否则菌丝发不好，容易生杂菌。三是发菌要通风。发菌期间一定要把握好温度和湿度，温度太高，要及时敞开门窗通风换气，保持发菌室空气新鲜，门窗挂上草帘，使发菌室基本黑暗，并用食用菌杀菌剂及时治虫。四是出菇要培育。在幼菇锻炼壮菇后，就应重视培育优质菇，适量喷水，保持弱光，拉直袋口，覆膜，增加袋内二氧化碳浓度，抑制菇盖生长，刺激菇柄生长，使菇体整齐均匀，上市前 4～5 天要重视洒水，使菇身颜色纯白、鲜艳，菇茎粗壮。五是采后要重管。每一茬采菇结束，更要重视管理，对菌丝仍然洁白的菌袋，剔除杂根、杂屑，袋面部分转褐色，有松动和菇根腐烂的菌袋，耙去表面菌料，进行搔菌处理，促使二茬菇生产整齐。二茬菇采收后，应全面搔菌，耙去一层培养料，加上一层营养料，冲水，保证三茬正常生长。

适宜区域　作为适宜鲜销品种，在川渝、浙产区适用。

选育单位　浙江省江山市微生物研究所

二、生产技术

（一）食用菌病虫害绿色高效防治技术

技术概况　该技术以病虫害发生较为严重的双孢菇、香菇、鸡腿菇、平菇等品种为栽培对象，通过统一供种、场地选择、环境调控、优化配方、工厂化制作培养料、多品种轮作等技术措施，对栽培全程的病虫害防控采取物理、生态防控，必要时施用生物源安全农药或经过登记的食用菌专用农药，确保产品的安全，具有较强的推广应用价值。

增产增效情况　通过对食用菌生产程序的科学规范操作，在栽培过程中重视病虫害的综合防控，做到物理预防和生态预防为主，生物防治和化学防治为辅，实现无公害和绿色标准生产，提高产品的质量和安全水平。病虫害防效可提高20%以上，生产效益提高10%以上。

技术要点

（1）**核心技术** ①"小环境控制＋成虫诱杀"技术：针对钢架大棚冬天保温、夏天降温的需求，以60目密度的防虫网围罩大棚，加诱虫灯或粘虫板诱杀棚内成虫，控制食用菌虫害数量。60目密度防虫网在夏季围罩大棚后，既通气又能雾化雨水，增加大棚的湿度；棚顶不需覆盖薄膜，仅需加盖两层遮阳网或草帘即达到遮阴的作用，需保温时在防虫网上覆盖薄膜即可。②"黄板监测＋成虫诱杀＋生物制剂"技术：砖混蘑菇房和露地小拱棚、大型毛木耳或秀珍菇菇棚，均以降温同期为基础建造，防虫网覆盖影响通风效果，成虫易飞入菇棚产卵为害。鉴于无小环境控制的特点，以幼虫黄板检测虫害种类和虫害世代周期，选择在成虫的羽化期开启诱虫灯诱杀成虫，根据幼虫黄板上的成虫量信息，掌握在成虫的羽化始期对室内的菇床或菇袋喷施生物制剂Bt，初孵化的幼虫取食毒蛋白质后中毒死亡，5~7天后显出药效。③"黄板监测＋生物制剂＋安全性药剂"技术集成：对于田野山坳栽培香菇、灵芝等食用菌的地棚，在无电源使用诱虫灯时，可采用"黄板监测＋生物制剂＋安全性药剂"的组合方式，多项措施结合控制害虫为害。药剂可选择使用具安全低毒的甲阿维菌素、菇净或灭蝇胺杀虫剂，多种药剂轮换喷施，防止出现抗药性，可有效控制虫害发生。④病害防控以熟料灭菌无菌接种为主，生料栽培品种培养料需经充分发酵，利用生物发酵产生的高温杀灭病原物，进一步减少和消灭培养料种的病原，为栽培出菇期的菇体安全打好基础。

（2）**配套技术** ①合理选用栽培季节与场地：出菇期与当地主要害虫的活动盛期错开，尽量选择清洁干燥向阳的栽培场所。清除栽培场所周围50m范围内水塘、积水、腐烂堆积物、杂草，减少病虫源。②合理选用配方：栽培配方应以菌丝容易吸收转化，但又不利于虫体寄生的培养基。适当减少糖用量或根本不用糖，适当增加木屑等用量。减少配方培养基中的水分控制杂菌污染，促使菌丝正常生长和及时出菇，提倡使用工厂化生产培养料和菌包。③多品种轮作：采用害虫种类差异大的菇种轮作或菇菜轮作，尤其在某种病虫害高发期选用该病虫害不喜欢取食的菇类栽培出菇，可使区域内病虫源减少或消失。④选用抗病品种：双孢菇建议选用W2000、棕蘑5号等抗疣孢霉病菌株；香菇选用808、武香一号等菌株；秀珍菇选用苏夏秀一号；毛木耳选用毛苏3号等抗病品种，提倡使用有资质单位生产的菌种。

注意事项 防虫网要全棚覆盖，悬挂的黄板要定时更换；Bt等生物制剂的使用时期要选择病虫害发生初期、蘑菇覆土前或刚开袋时、每潮菇采完后等关键时期。

适宜区域 全市食用菌产区。

技术依托单位 四川省成都农业科学院

（二）食用菌袋栽技术

技术概况 该技术以金针菇、香菇、平菇等品种为栽培对象，通过统一供种、场地选择、环境调控、优化配方的袋栽技术，提高产量，具有较高的推广应用价值。金针菇袋栽技术：选袋—配料、装袋—灭菌—接种—培养—开袋—出菇—包装成品。香菇袋栽技术：配料—装袋—灭菌—接种—田里排袋—拖袋—转色注水出菇—包装成品。平菇袋栽技术：配料—装袋—灭菌—接种—排袋—打水五次—出菇—包装成品。

增产增效情况 袋栽比瓶栽高出30%产量左右，较少病虫害发生，是值得推广的栽培工艺。

技术要点 ①选袋：塑料袋宽度不宜过大，否则易感染杂菌，菌柄易倒伏，特别是金针菇。②装袋：装袋要紧。袋子上端必须留15cm以上长度，供菌柄生长之用。③灭菌：灭菌要彻底，时间100℃20小时以上。④接种：必须在无菌环境操作。

注意事项 配料要严格控制比例。

（1）金针菇配料比例

棉壳：酒糟：水：麦麸：石灰：防虫灵 = 100：100：100：20：10：0.13。

（2）香菇配料比例

木渣：麦麸：红糖：石膏粉：水：丰代素 = 250：50：50：10：250：0.67

（3）平菇配料比例

玉米球：稻草：玉米粉：石灰：防虫灵 = 100：100：40：30：0.13。

适宜区域 重庆市食用菌产区。

技术依托单位 重庆市志丹食用菌生物研究所

（三）中高山仿野生段木栽培技术

技术概况 该技术是在海拔较高，生态环境优良、植被茂密、原材料充足的中高山地区以适宜于段木栽培的香菇、黑木耳、平菇等品种为栽培对象，通过选用优质、对路树种的断木，统一规格、统一消毒杀菌处理、统一接种，按照消毒—打孔—接种—封孔—菌丝发酵—散堆—上架等技术流程，进行露地管理的一种仿野生栽培方式。其产品质量上乘，安全无污染，经济效益好，具有较好的推广应用价值。

增产增效情况 通过对食用菌进行露地仿野生栽培，由于生态环境优良，其生长条件接近于自然，产品绿色有机，大大提高产品的质量和安全水平，病虫害极少，生产效益提高10%以上。

技术要点

（1）核心技术　①科学安排栽培接种期。春栽秋生型品种从接种到出菇有一个较长的菌丝生长发育过程，接种期过早培养料的营养消耗多会影响香菇后期产量，接种期太迟香菇菌丝营养积累少，第 1～2 潮菇的畸形菇多。在南方，春栽秋生型的接种期一般为 2～5 月。接种期必须安排在气温 5℃始日之后。②合理的培养料配比。一般按杂木屑 78%，麦麸 20%，糖和石膏各 1%，含水率 60% 左右的常规配方。③适时刺孔通气。刺孔通气的工具常用 1.5 寸元钉制成，每段菇木刺孔的数量视菇木材质和粗细而定。较紧实的菇木刺孔数要多些，含水率较大的菇木刺孔要深些。每段菇木一般掌握在 100 个左右，深度为 1.5cm。在菌丝生长过程中一般刺 3 次孔，第一次在接种孔香菇菌丝圈直径 6～7cm，第 2 次在香菇菌丝蔓延到培养料 50%左右，第 3 次在香菇菌丝布满全袋。第 1～2 次刺孔的位置选在香菇菌丝圈内 1.5cm，第 3 次刺孔则在接种孔的背面。第 2～3 次时培养料袋壁必须出现玉米粒大小的白色瘤状物。④调整菇木堆形，调节料温。接种的菇木一字形排列，堆高 8～10 层，第 2 次刺孔通气的菇木横二纵三排列，堆高 8 层，第 3 次刺孔之后的菇木六角形排列，堆高 5～6 层。堆与堆之间要有空隙，行与行之间须有 40cm 通道。在室内培养的要加强通风换气。⑤菇木适时转场。促使菇木转色形成均匀菌膜需要较强的散射光线。出菇季节转场，边转场边出菇。⑥促使菇蕾萌发均匀。针对菇蕾多发生型的品种，在香菇菌丝达到生理成熟和出菇适温季节来临时，采取温差刺激出菇较好。若采取震动、击木（惊蕈）刺激，菇蕾就会大量发生影响香菇质量；但有的品种必须有一定的震动或击木（惊蕈）刺激，否则出菇不均匀。

（2）配套技术　①适时备设保护措施：夏季的烈日高温季节注意搭架以遮阳网遮阴；在冬季的低温严寒季节应转入大棚内防冻。②合理选用栽培季节与场地：出菇期与当地主要害虫的活动盛期错开，选择清洁干燥向阳的栽培场所。清除栽培场所周围 50m 范围内水塘、积水、腐烂堆积物、杂草，以减少病虫源。③选用适宜段木栽培的优良品种：如香菇 241－4、庆元 9015（花菇 939）、花菇 135 等。

注意事项　注意夏季遮阴防晒，冬季防寒防冻。

适宜区域　适宜于气候凉爽的中高山食用菌产区。

技术依托单位　重庆市城口县农业委员会

四川省食用菌主要品种与生产技术

一、主要品种

（一）姬菇川姬菇2号

品种来源 四川省农业科学院土壤肥料研究所以姬菇西德33和姬菇53为亲本菌株。分离亲株的单孢子进行单单杂交，从375株杂交菌株中选出优良菌株432，2009年命名为"川姬菇2号"。

审定情况 2011年通过四川省品种审定委员会审定。

审定编号 川菌审2010 005

特征特性 川姬菇2号子实体丛生，出菇整齐度高，大小均匀，分支多，菇脚少，菌柄适中，商品菇比例较大，产量高明显优于西德33。

产量表现 川姬菇2号平均产量较西德33高16%以上，品质优于对照。综合平均单产约为0.62kg/袋，生物转化效率约73%（综合平均值）。

栽培要点 ①栽培原料：主料为棉籽壳和稻草粉，辅料为麦麸、石灰等。②栽培季节：自然条件下适宜在10月至翌年3月生产。③栽培方式：熟料袋栽。④栽培出菇管理方法：出菇期间温度控制在8～20℃，空气相对湿度85%～90%，光照强度10lx以上，通风良好，保持空气新鲜。⑤采收标准：当一丛菇中大部分子实体菌盖直径达1.1～2cm，菌柄长2.5～4cm时，及时采收。

适宜区域 除甘孜藏族自治州、阿坝藏族羌族自治州和凉山彝族自治州部分高海拔地区外，四川其他地区的冬、春季都可生产，在省外相似地区也可生产，即只要气温在5～20℃范围内有4个月时间均可栽培。

选育单位 四川省农业科学院土壤肥料研究所

（二）金针菇川金3号

品种来源 四川省农业科学院土壤肥料研究所利用双单杂交育种技术选育而成的黄色品种。

审定情况 2013 年通过四川省品种审定委员会审定。

审定编号 川审菌 2006002 号。

特征特性 菌盖浅黄色，半球形，厚，不易开伞；菌柄长 15～20cm，粗 0.3～0.5cm，细小菇少，商品质量优。子实体丛生，生长整齐，粗细均匀。转潮快，抗病力强。

产量表现 较对照金针 12 号增产 9.63% 以上，品质明显优于对照品种。

栽培要点 栽培原料以棉籽壳为主的培养料进行生产时，产量高，质量好。出菇温度范围为 5～18℃，最适出菇温度为 6～16℃，环境中空气相对湿度以 70%～80% 为宜，光照强度为 5～50lx。

适宜区域 适宜四川各地生产和工厂化设施栽培。

选育单位 四川省农业科学院土壤肥料研究所

（三）毛木耳黄耳 10 号

品种来源 四川省农业科学院土壤肥料研究所利用引进的毛木耳菌株中经系统选育的优良品种。

审定情况 2008 年通过四川省品种审定委员会审定。

审定编号 川审菌 2010007 号

特征特性 耳片为片状或耳状，直径 14.5～26.0cm，厚 0.19～0.23cm，菌丝体生长温度范围为 15～35℃，最适生长温度 30℃；耳片生长温度范围为 18～30℃，最适生长温度为 22～28℃，最适含水率为 60%～65%；空气相对湿度控制在 85%～90%。

产量表现 黄耳 10 号较"781""琥珀木耳"和"黄背木耳"菌株分别增产 15.87%、10.61% 和 68.59%。

栽培要点 栽培方式为熟料袋栽。栽培主料以棉籽壳、阔叶树木屑和玉米芯，适宜在 4—10 月栽培出耳，出耳期间温度控制在 18～30℃，空气相对湿度 85%～95%，光照强度 10～300lx。

选育单位 四川省农业科学院土壤肥料研究所

二、生产技术

（一）食用菌微喷灌水分管理设施及配套技术

技术概述 水分管理是食用菌栽培的重要环节，水分管理不当将直接影响产量和栽培效益，粗放的喷水方式会造成品质降低和水的浪费。同时，菇农长时间在高温高湿的环境中实施水分管理还会造成身体不适。随着产业发展和劳动力成本的迅速上升，费工费时、用水量大、喷水效果差的水分管理方式已不适应产业的需求。

课题组将农业生产中具有省水节能特点的微喷灌引入食用菌栽培，并根据食用菌栽培出菇（耳）期间对水分需求规律，设计相应的加湿节水部件，构建了适合食用菌水分管理的微喷灌设施系统及配套参数，降低劳动强度，节工、节电、省水，节本增效，促进食用菌向省力化、轻简化发展。作为研究内容之一，研究成果获得 2013 年科技进步二等奖。

增产增效情况　与手工喷灌相比，微喷技术用工量和用工成本减少 66.67%，水资源消耗率和用水成本降低 66.67%，能源（电）消耗率和成本降低了 66.67%，劳动强度降低 50% 以上；微喷技术给水柔和均匀，不伤菇（耳），商品性好；能有效地控制出水量，可避免在袋口形成积水，防止长期高湿环境，保证菇棚干湿交替的生长环境，可使病虫害发生率降低 10% 以上；微喷技术操作人员只需短时间的进出耳棚控制水阀，避免了长时期高湿环境工作对人体的危害，利于身体健康。

技术要点　微喷灌系统主要根据场地选择适当功率水泵、由叠片式过滤器、PVC 管道和固定式撞击微喷头构成，管道的大小根据水流量用流体力学计算确定。微喷灌系统工作经水泵抽水、过滤、流经主管道、支管道，到达微喷头，喷洒到子实体，并保持耳棚内较高湿度。根据食用菌品种出菇（耳）期间对水分需求规律和微喷灌系统原理进行设计。

适宜区域　食用菌栽培区域。

注意事项　如果电压不足，会影响喷头水分的射程，需要将网管分组，喷水时分组开关。

技术依托单位　四川省农业科学院土壤肥料研究所

（二）食用菌机械化制袋技术

技术概述　该技术是四川食用菌创新团队成立以来，岗位专家及团队成员通过各地生产实践考察并与机械生产商合作研发，2011 年大面积示范推广，是四川省食用菌生产的一项高效应用技术。

增产增效情况　装袋效率较人工提高 1 倍，劳动强度降低 50%。

技术要点　①选用新型装袋机；②机械装袋：选用相应规格菌袋套入机器出料筒，左手扶袋，右手托住袋底，将菌料加入料斗，右手随着出料的反推力缓缓后退，直至菌料装至距袋口 5cm 左右取下料袋；③人工上环封口：人工整理料口、套环、翻卷袋口、覆盖封口膜、套项圈，按要求堆码备用。

适宜区域　只适用于菌料袋料栽培的食用菌区域。

注意事项　搅龙套的直径和长度，以适应不同塑料袋规格的需要。

技术依托单位　四川省农业科学院土壤肥料研究所

（三）毛木耳高产高效栽培技术

技术概述　该技术是四川食用菌创新团队成立以来，岗位专家及团队成员针对毛木耳栽培中病虫害严重、设施陈旧和栽培效益低等实际问题，研究集成的一项高效技术，在四川毛木耳主产区示范推广后，病害的发病率大幅度降低，产量提高30%，产品品质明显高。

增产增效情况　一般比常规栽培增产25%以上。

技术要点　做好环境卫生，改造栽培设施，改平棚为拱棚，用绿色和黑色遮阳网替代稻草、秸秆等覆盖物，升高耳棚高度，顶部增设可开关的遮阳网。棚内使用黄板和杀虫灯；选择优良品种、合格菌种，合理配方，优化栽培基质，注意菌膜厚度、大小，原料颗粒大小等因素，合理安排生产季节，控制开袋出耳环节，加强出耳阶段的水分管理等。

适宜区域　毛木耳生产区域。

注意事项　与当地的气候环境相结合，适时接种制袋。

技术依托单位　四川省农业科学院土壤肥料研究所

陕西省食用菌主要品种与生产技术

一、主要品种

（一）香菇 L808

品种来源　浙江省丽水市大山菇业研究开发有限公司科技人员采用选择育种手段、利用组织分离方法获得的优良品种，其品种来源地为兰州某段木香菇场。

审定情况　2008 年经全国食用菌品种认定委员会认定通过。

审定编号　国品认菌 2008009。

特征特性　香菇 L808 属于中高温型品种，菌丝粗壮浓白，子实体单生，半球形，菌盖深褐色，表面有丛毛状鳞片明显，呈圆周形辐射分布，菌肉白色，致密结实不易开伞，厚度 1.5 ~ 2.2cm；菌柄长 1.5 ~ 6cm，粗 1 ~ 2.5cm，温度较高时，盖小柄长，而温度较低时，盖大柄短。

产量表现　出菇温度 10 ~ 28℃，120 天左右出菇，适宜早秋袋料栽培；9608 香菇，中低温品种，菌丝生长适宜温度 22 ~ 27℃，6 ~ 26℃出菇，肉厚、朵大、圆整、抗杂菌，子实体形成的菌龄期为 70 ~ 120 天。子实体单生或丛生，低温结实好，抗逆性强。生物学效率 96% ~ 100%。即可进行花菇栽培，也可适宜普通菇栽培。L808 其突出特点是，栽培周期长，出菇期长，菇形圆正、菌盖厚、菇质致密，菌盖吸水后变化不明显，货架期长，适宜鲜销，干物质含量高，干菇重：湿菇重 =1：（7 ~ 8）；总产量较高，出菇结束后菌棒收缩明显，且烂棒较少；早春接种，带袋越夏，秋冬春出菇；较耐高温，是春季延后、秋季提前出菇的好品种，充填了当地鲜香菇销售季节空档；即使在温度最高的 7—8 月，只要有 5 天以上日最高温度 25℃以下的持续降温及 6℃以上温差，配合相应管理措施，也可很快出菇，因此基本可做到周年出菇。

栽培要点　常规熟料栽培，菌丝生长温度范围为 5 ~ 33℃，菌龄 90 ~ 120 天。出菇温度为 12 ~ 28℃，最适出菇温度为 15 ~ 22℃；菇蕾形成期需 6℃以上的昼夜温差刺激，属中高温型菌株。春季天气变化无常，气温时高时低，气温回升到

22℃以上时，及时通风、遮阴，疏散发菌棚内排放较稠密的菌袋，并降低摆放高度，严防菌袋温度超过30℃。刺孔通气要结合自然温度和翻堆进行，当气温高于26℃以上时，严禁刺孔通气，以免因刺孔而使菌丝产生大量热量而"烧菌"。菌丝生理成熟后，可先立摆菌袋，待市场价格合适时，脱袋喷水刺激出菇，使棚内相对湿度保持在85%～95%，同时注意提供散射光照、做好通风与温度管理，利用自然温差刺激出菇。每茬菇采收结束，根据菌棒含水率情况进行注水管理，香菇菌棒出菇的适宜含水率是50%～55%，超过65%与低于40%均不利于出菇，若其水分含量长期低于40%，将会造成菌丝生活力下降，脱水死亡后烂棒。采用微喷系统喷水的，若菌棒向地面不能接受到水分，每周至少人工补喷水二次，确保菌棒周身处于湿润状态。棚内气温回升至30℃左右时，要做好降温、通风工作，可掀起棚四周的薄膜，只留遮阳网，以便于通风。

适宜区域 作为适宜鲜销和烘干的品种，在陕西省汉中市各个香菇产区均适用。

技术依托单位 汉中市农业技术推广中心；留坝县农业技术推广中心；陕西省理工学院

（二）香菇9608

品种来源 河南省西峡县科研中心。

审定情况 1998年河南省审定。

审定编号 豫宛菌经许字（1998086）第2号。

特征特性 中低温型品种，菌丝具有抗霉能力强，发菌速度快的特点。子实体单生或丛生，低温结实好，肉厚、朵大、圆整、菇体韧性好，不易开伞，菌盖有鳞片，管理方面较粗放，易于管理，适应性特别强，出菇时间长、质量优、产量高。

产量表现 产量高

栽培要点 春栽。菌丝生长适宜温度22～27℃，6～26℃出菇，子实体形成的菌龄期为菌龄期为70～120天，最适出菇温度在10～18℃，子实体分化需要6～8℃的昼夜温差刺激。按配方要求用足麦麸（每段0.2kg），培养料含水率达到55%～60%，每段菌段重2.4～2.6kg（17cm×57cm栽培袋）。

适宜区域 全国各香菇产区。

技术依托单位 汉中市农业技术推广中心；汉中市宁强县食用菌产业开发中心；汉中市宁强县菜篮子工程领导小组办公室；陕西省食药用菌工程研究中心

（三）金针菇众兴1号

品种来源 公司自主选育而成。

特征特性 菌丝呈白色，粗壮，浓密，生长快而整齐。子实体纯白、丛生、菇盖帽形、肉厚不易开伞，菇盖 0.5 ~ 1cm，菇柄 13 ~ 15cm，柄粗 0.2 ~ 0.3cm。成熟时菇柄柔软、中空、不开裂不倒伏，下部生有稀疏的绒毛。口感脆嫩、粘滑。

产量表现 1 200mL 的栽培瓶每瓶装料重量为 900g，装瓶时平均含水率控制在 65%，每瓶干料 315g，平均采收单产 410.5g，平均生物学转化率 130.3%。

栽培要点 栽培材料以棉籽壳、麸皮、玉米芯和米糠等为主，填料至 1 200mL 聚丙烯塑料瓶中。菌丝最适生长温度为 18 ~ 20℃，相对湿度 60%；待菌丝长满后将瓶口的老菌块扒掉，白天控温 13 ~ 14℃，晚上控温 10 ~ 12℃，相对湿度 90%，进行催蕾；完成催蕾后，调温至 3 ~ 5℃，相对湿度 80% ~ 85%，同时进行适当通风，待菌杯长出瓶口 1cm 时，将室温调到 6 ~ 8℃，每天照射 300lx 强光 15 分钟，相对湿度保持 80% ~ 85%，同时还要注意适量通风，控制氧气含量；当菌柄至 13 ~ 15cm、菌盖直径 1cm 左右时即可采收。采收前 2 ~ 3 天打开电扇，散失水分，使栽培房的相对湿度保持在 70% ~ 80%。

适宜区域 作为适宜鲜销品种，适用于金针菇工厂化生产。

技术依托单位 陕西众兴高科生物科技有限公司

（四）杏鲍菇 TH-2

品种来源 杏鲍菇菌株经组织分离筛选得到。

特性特征：属低温型品种。菌丝白色，绒毛状。子实体丛生，菌盖浅棕色至灰色。菌柄棍棒状，直径，长度，菌柄白且长，无膨大现象，组织较紧密，口感较好。

产量表现 在 2013 年、2014 年生产过程中，平均生物转化率为 80%。

栽培要点 常规熟料栽培。菌丝最适生长温度为 22 ~ 25℃，子实体生长最适温度为 15 ~ 18℃。菌丝培养阶段，培养室温度控制在 22 ~ 25℃，避光培养。催蕾的温度 12 ~ 15℃，空气相对湿度保持在 80% ~ 85%，增加散射光刺激，定期通风换气。子实体生长期温度控制在 10 ~ 18℃，空气相对湿度保持在 90% 左右。

适宜区域 作为适宜鲜销品种，在杏鲍菇工厂化生产过程中适用。

技术依托单位 陕西杨凌天和生物科技有限责任公司

二、生产技术

（一）香菇菌筒免割袋技术

技术概况 由漯河华强塑胶有限公司经过多年攻关而成的香菇栽培技术，在原有香菇栽培袋内增加一只特制的免割袋，免去了花菇栽培中的割袋环节，形成"双袋栽培"，免割出菇。因其省人工、出菇率高、菇型好、存活率高的核心优势，而受到菇农的一致认可。与传统香菇栽培技术相比，免割技术有以下明显的优点：①省人工：免割出菇解放了菇农的生产力，不需日夜守在菇棚旁等待割袋，在出菇的7~8个月中，省去了一半的劳动力。②节成本：相比于涂蜡和其他涂刷技术，免割保水膜袋技术在购买成本上就节省了1/2至2/3，大大地提高了农民的种菇效益。③无公害：该技术是当今香菇免割保水技术中，能达到无毒无害无污染的技术；相对于其他涂料保水材料，免割保水膜本身就是无毒无害的清洁产品，栽培中它对菇体和培养基均无粘染附着，无异物可污染，是生产绿色、无公害食品的新材料。④菇型好：免割出菇给香菇创造了自然生长的环境，避免了人工割迟、割早造成的顶袋和幼菇死蕾以及割口拉伤菇蕾等造成大量畸型菇的现象。该技术出菇菇型完整，花度花色好，卖价能提高一个等级。⑤成活高：双袋栽培，在灭菌时多了一层保护，避免了砂眼破袋和杂菌感染。成活力普遍比单袋高。⑥后续长：免割保水膜袋的保水膜随菌棒收缩而收缩，形成自然菌皮，害虫和杂菌难以侵入，使保水膜菌棒寿命延长，后续香菇产量高于常规；而传统割袋法，菌棒出菇收缩后，与外塑料栽培袋，形成很大的内空间，注水后是害虫和杂菌的理想繁殖地，造成菌棒过早腐烂损失产量。

增产增效情况 食用菌种植产业化种植是整个食用菌产业链的基础工程，只有加强新技术引进，提高科技管理水平，以标准化、规范化来种植，才能保证食用菌产品安全优质，并获得高产、高效，为整个食用菌产业发展提供基础保障。通过推进食用菌栽培新技术，实施产业化示范基地建设，以市场为导向，以"公司＋合作社＋农户"为基本经营方式，采用科学化的管理技术，提高经济效益，并起到积极引导示范作用，辐射带动我县食用菌种植产业化的快速发展，实现"安全、有效、稳定、可控"。可有效加强专业合作经济组织发展，提高菌农组织化程度。产业化种植基地实行规范化、标准化、规模化种植，科技技术统筹应用，培育优质食用菌品种，以实现食用菌的产业化发展，同时要巩固食用菌种植成果，辐射推广种植面积，积极探索食用菌后续产业，形成农民长期增收致富的长效机制，发挥更好的社会效益、经济效益和生态效益，为地方经济社会发展做出贡献。

香菇菌筒免割袋技术极大地减轻了劳动强度，深受菇农欢迎，每筒可节约成本0.3元，且每筒可增产0.1kg，生产效益提高10%以上。

技术要点

（1）香菇菌袋的质量检测方法 总体来说是一看二查三判断：一看：看颜色，指袋子颜色要正，不能发乌、也不能光泽度过好；二查：①查看尺寸是否标准，②查看有无排气口；三判断：①判断拉力是否过大；②判断封底是否牢固；

③判断是否容易顶破（用圆珠笔的弹簧按头轻顶）。

（2）菌袋的制作　①制袋稍推迟：制棒要比常规生产的季节推迟15～20天。②买袋要相配使用的香菇筒袋比保水膜袋大0.5cm左右；保水膜袋要选择比装袋筒筒径略宽0.1～0.2cm的；粗糠装实袋：选用锯片粉碎机粉碎的颗粒状粗木糠，装袋要紧实。装袋时，先套的内袋只能占装袋机料筒长的3/5，后套的外袋应套到筒底；推料时，压在料筒上的手只允许压住外袋，不得压着内袋。定量装料。一次倒入装袋机的培养料正好装够一个菌段。灭菌用常压蒸气法，禁用高压蒸气灭菌和常压灶无水干烧。

（3）香菇培育的管理　①割头排气：适温晴天排酸气，选择在气温20～25℃的晴天进行全面刺孔通气较安全。先割袋头早刺孔，香菇菌丝布满袋而白色瘤状物（俗称假原基）没有发生之前，就要先割去香菇筒袋外袋两端袋头并撑开拉直，然后进行全面刺孔。在夏季高温季节，菌棒要放在空气很流通、日最高温度保持在30℃左右、空气相对湿度在60%～70%的场地培养。在我国北方气候较干燥，菌棒水分蒸发快，南方如场地干燥、通风条件好的可仅割去菌棒一端袋头并适当加深刺孔深度也能达到同样作用。

调整孔数和深度，和常规菌棒相比孔数增加10%～15%，深度增加10%左右。

②育菇管理：补水催蕾。在出菇季节先用水温不超过15℃清洁水给菌棒注水或浸水，使菌棒达适宜出菇的水分。见蕾脱袋。经过补充水分和催蕾的菌棒排在菇架上培养，看到有菇蕾的菌棒先脱去香菇筒袋，保留保水膜袋。保湿养菇，有菇蕾的菌棒排在菇架上，降低菇棚四周薄膜，同时在棚内喷洒清水，增加空气湿度促使菇蕾长肥变大。降湿育菇，在适温适湿菇棚里，菇蕾生长迅速，待菇蕾半数以上直径达1.5～2cm时，及时撑开菇棚四周覆盖薄膜通风降湿，停止喷水进行花菇技术管理。总之，用保水膜袋生产花菇的技术要点也可用4句话概括成：适时制棒袋相配，用粗木糠装实袋，早割袋头早排气，补水保湿要学会。

（4）采收管理　香菇采摘会带起少量保水膜碎片，烘干后就黏连在香菇表面，难以辨认和清理，一定要在鲜菇阶段清理干净：一是要边采收边清理，不让它混入装菇篮筐；二是上筛烘干时，要逐筛检查，不使它进入烘箱。

注意事项　转色沉，出菇稀少，易烂棒。袋料加套一层免割袋，形成双层袋膜，其透气性和排湿结果遇到影响，仍然按单层袋膜栽培及管理体例，发菌转色过程吐出的黄水不难挥发，储蓄堆集菌棒概况，使转色加厚，况湿度敏感性变低而影响出菇。越夏期间或转色后期，黄水储蓄堆集，易发生菌筒腐烂。

适宜区域　作为适宜鲜销和烘干品种，在陕西省各香菇产区均适用。

技术依托单位　汉中市农业技术推广中心；留坝县农业技术推广中心；陕西省理工学院

（二）层架式冬菇生产技术

技术概况

原料（木屑、麦麸）

备料→菌种（母种）→拌料→制袋、验袋→高温灭菌→菇棚消毒、接

辅助材料（麦麸等）

种→恒温培养→越夏管理→出菇管理→采收加工→贮藏销售

增产增效情况 通过对食用菌生产技术科学规范操作，可有效减少菌袋杂菌感染率，使菌袋成品率达 95% ~98%，大大提高生物学转化率，确保了产品的安全、优质、高产。通过科技转化、技术服务，使广大菇农全面掌握高新生产技术，生产成活率提高了 15%，达到 98% 以上；使菇农在菌种质量鉴别能力、生产工艺和提高单产等方面都有显著提高，每袋鲜菇产量提高 0.25kg。

技术要点

（1）栽培场所与出菇设施 ①栽培场所：场地应选择在通风向阳，水电方便，交通便利地势较高，排水良好，通风换气好又易保湿，虫害少，便于管理的地方。选址不当会给今后的管理带来许多困难。菇棚条件的好坏直接影响到香菇生产的产量和质量。②出菇设施：养菌棚：按照东西或顺风向搭建，棚长 13 ~15m，宽 5m，高 2.5m，管间距或竹间距 0.8 ~1m 的镀锌或竹木塑料拱棚，棚间距 1 ~1.5m。

栽培棚：按照东西或顺风向搭建，菇棚长 13m（最长不超过 16m），宽 3.5m，中柱高 2.7m，边柱高 2.4m，立柱可选用水泥立柱或端正木杆，立柱间距 1.6 ~1.8m，菇棚内走道宽 1m，两边棚架为 6 层，中间棚架为七层，层架高度 25 ~30cm，第一层距地面 0.10m，菌筒间距离为 3cm。棚架上面盖上 6 丝以上厚的薄膜和遮阴率 95% 的 6 针遮阳网搭建荫棚，菇棚间距为 1 ~1.5m。

遮阴网搭建：外棚四周要比内架宽出 2m，顶上铺设二层密度 95% 的 6 针遮阴网，层间有 60 ~80cm 间距。

（2）培养料 主要培养料为木屑和麸皮，现推荐配方如下：木屑 78%、麦麸 20%、糖 1% 或营养素、石膏 1%。以生产 17cm×57cm 的袋料香菇菌袋 1 000 袋为例，半干阔叶硬杂木屑 1 900 ~2 000kg，麦麸 200kg，石膏 10kg，含水率达 55% ~60%，pH 值 5 ~7。

（3）栽培周期 分菌袋生产期和管理期，每年的 12 月至翌年 3 月中旬为菌袋生产期，培养期在 160 ~180 天，10 月至翌年 4 月出菇期。

（4）菌袋制作 ①拌料：只有菌袋的营养成分相同，含水率均匀一致才能保证每一袋出菇产量，所以要求配方、材料、含水率必须达到"两匀"一充分，即料与料混合均匀，料与水搅拌均匀，料吸水充分。按要求首先将干料拌匀，然

后边拌边加水，对水至含水率58%~60%，最后再均匀的翻堆拌一次。常用的检验方法：抓一把料用手轻握，手松开，手中有水印，料自然散落，干湿合适；如手握成团不散，水分太重，料过湿，应将料散开让水分自然蒸发达到合适为宜。②装袋：采用免割袋保水膜先将保水膜套在装袋机筒上，再套外袋。要求当天拌料当天装袋，装袋铲料时上下勤翻，保持培养料水分均匀。要装袋密实、挺直、上下松紧一致，17cm×57cm每袋重量2.4~2.6kg为宜。③灭菌：采用常压灭菌锅炉进行蒸汽湿热灭菌。灭菌时牢记"攻头保尾控中间"，即开始时要大火猛攻，在6~10小时内使整体温度快速达到100℃后，恒温保持40小时以上，停火后不要急于打开塑料薄膜，让其温度自然下降。④接种：接种最佳时间应放在晴天20：00以后或阴天进行，接种棚内温度高于25℃以上时，不宜接种。待菌袋内料温降到15~25℃时，将菌种、接种工具放置养菌棚内，密闭养菌棚使用消毒产品熏蒸，进行彻底消毒。接种时菌种和接种人员的双手用75%酒精消毒，菌袋用一擦灵擦拭，菌种消毒后从底部开始将原种掰成倒三角"▽"或块状，大小略大于菌穴，严禁将菌种揉碎，菌袋接种时，打一穴接种一穴；接种时力求做到压实密封菌穴，菌种凸出袋面。接种期间接种人员不得频繁出入接种棚。

（5）养菌管理 ①养菌。接种后气温还很低，养菌棚温度低于20℃，为提高堆温，可将菌穴朝上顺式摆放，垛高不超过12层，两排留出40cm以上的一排通道，便于通风换气和检查污染的菌袋。随着温度升高，菌丝圈直径4~5cm时，进行翻堆、倒垛，逐渐降低袋层高度，同时脱掉外套袋，发现轻度污染处及时注射杀菌药液。②越夏管理。5月香菇菌袋菌丝基本长满，随着气温逐渐升高，菌袋进入越夏管理期，菌袋越夏管理是袋料香菇栽培周期中的重要环节，其成败直接影响到今后的产量、质量及效益。为避免高温烧袋现象的发生，提倡在室外大棚养菌和越夏管理，故生产前需先搭好养菌棚。此时菌袋码放应降低堆高，采用"井"字形或"△"堆法，每堆不超过6层。③刺孔增氧。当菌袋长满1/3菌瘤时就及时刺孔放大气。放大气的目的是让菌袋排出废气吸收氧气使菌袋充分分解养分，让菌袋顺利进入转色阶段。刺孔的多少要根据你所选菌种的生物特性及菌袋的含水率而定。轻的40个左右，重的60~80个，50个左右比较合适。刺孔的深度应控制在菌袋的2/3为宜，即5~6cm。④转色管理。刺孔后菌丝生长菌袋会产生高温，此时应将菌袋搬运至栽培大棚上架管理，上架10天后把菌袋一端剪开，以便通风增加氧气，达到降温的目的。此时，菌袋进入转色期，光线保持"三阳七阴"培养，促使菌袋均匀转色到浅褐色，略带小白点俗称花色。

（6）出菇管理 根据菌种生理特性，一般在9月底10月初进入出菇期，可以催菇。即可选择阴天或晴天的早晚，用锋利刀片划破菌袋进行脱袋，并对长于菌袋上面的菇蕾或子实体原基要全部清理干净，脱袋时轻拿轻放。脱袋7~15天后，菌袋出现菇蕾，适当通风，保持空气新鲜，并观察适时采收。初冬出菇，保持半阴半阳；冬季出菇，全光照。

（7）采收　菌盖直径长至 3 ~ 5cm 时菌膜即将开伞或半开伞，应及时采收。采摘时，单个采收，采大留小，用右手的拇指和食指捏紧菇柄基部，左右旋转，轻轻拧下，不要碰伤周围小菇，采下后，要轻拿轻放，放于竹筐或塑料筐内。同时清除菌袋上菇柄、死菇等残留物，以免产生绿霉。

（8）转茬管理　头茬菇采收结束后要进行养菌（即菌丝恢复期）20 ~ 30 天，期间减少温差，保持通风。菌袋在养菌期间，主要是积累养分，菌丝得到恢复和产生扭结，以利于促进下一茬菇蕾的再次形成。以后每一茬都要进行催菇（补水），每出完 1 茬菇，菌袋失重，待菌袋转茬养菌期满后，对菌袋进行补水，一般整个出菇期可采收 3 ~ 5 茬菇。

注意事项　合理安排生产季节；生产时拌料均匀，加水适量，当天拌料当天装袋，灭菌彻底，避免高温接种，养菌时防止烧袋。

适宜区域　四季分明（海拔 300 ~ 1 500m 地区）。

技术依托单位　汉中市农业技术推广中心；汉中市宁强县食用菌产业开发中心；汉中市宁强县菜篮子工程领导小组办公室；陕西省食药用菌工程研究中心

（三）金针菇工厂化生产中的液体菌种应用技术

技术概况　该技术主要应用于机械化程度较高的金针菇工厂化生产中，通过菌种筛选、发酵罐培养，提供大批量、高质量的液体菌种，并以自动化接种机完成接种过程，可以有效降低污染率、提高生产效率和金针菇品质，采用液体菌种从制种到出菇只需 50 天左右，节约时间近一半以上，节约成本近 2/3。同时液体菌种可以减少固体菌种在栽培中出现的出菇少或不出菇等现象，产量提高 10% ~ 20%。

增产增效情况　通过金针菇工厂化生产中应用液体菌种技术，提高生产效率，降低污染率，提高产量和质量，菌种成本节约 50%，生产效率提高 30%，单瓶产量提高 10% 以上。

技术要点

（1）核心技术　液体菌种的菌株筛选、培养与储藏。

通过多株菌种对比，以菌丝球的形态观察结合培养液中菌丝球数量、pH 值作为检测液体菌种质量指标，确定菌丝球体积，大小均匀，可在短时间获得较多的生物量的菌种，为最适合做液体菌种。

在培养过程中，从发酵液的色泽和澄清度看，发酵液有菇香味，无异味，菌液呈透明清亮的红棕色，菌株对培养液中的营养成分吸收完全，利用充分，生物转化率高，无污染。

（2）配套技术 ①溶氧量控制和管理：液体菌种生产中最关键的是培养液中氧的溶解量，因为在菌丝生长过程中，必须不断吸收溶解其中的氧气来维持自身的新陈代谢，氧气在液体（水）中的溶解量与压力、温度有关，同时与培养液的接触面积、渗透压有很大的关系。②空气过滤除菌：技术的关键就是保证进入的空气无菌度高，因此，必须选择孔径小、材料先进的过滤膜。一般细菌直径在$0.5 \sim 5\mu m$，酵母菌在$1 \sim 10\mu m$，病毒一般在$20 \sim 400\mu m$，所以选择过滤膜时应综合考虑以上因素。当然如果选的太小，成本将大幅度提高。另外环境对于空气影响很大，在空气压缩机房、制种车间必须保持环境清洁。③菌种培养液配比及制作：培养液是菌丝生长发育的营养源，要求营养全面均衡。不同菌种对营养要求偏重不同。配置培养液时，先将玉米粉、麸皮一起煮熟，将汁液滤出，后加入其他辅料混匀即可。④接种：培养器及发酵罐上端有接种口，也是装料口，将母种并瓶后加入抑菌剂，而后必须在火焰圈的保护下倒入罐体内，要求动作快、操作准确。⑤接种车间、发酵车间及原种培养车间要达到百级净化条件：环境对菌种生产影响很大，过滤器本身不可能把杂菌完全滤掉，减少环境中的杂菌基数非常重要。保持环境清洁，减少空气中杂菌基数，对于提高菌种培养成功率意义较大。⑥消泡剂的应用：液体培养过程中易形成泡沫。过多的持久性的泡沫会影响发酵的正常进行，主要是影响发酵罐的装料系数、造成发酵代谢异常、导致污染等。

适宜区域 适宜全国金针菇工厂化生产。

技术依托单位 陕西众兴高科生物科技有限公司

（四）杏鲍菇工厂化生产技术

技术概况 该技术主要以杏鲍菇为栽培对象，通过原料选择、优化配方、环境控制、出菇管理等措施，进行杏鲍菇的工厂化、规模化、周年化生产，从而降低生产成本，提高生物转化率，确保产品安全，具有较强的推广应用价值。

增产增效情况 在杏鲍菇工厂化生产过程中进行科学管理、规范操作，降低发菌培养过程的污染率；通过选用高效配方，并且在出菇阶段进行高效管理，从而实现标准化生产，提高产品的产量和品质，生产效益可提高

技术要点

（1）核心技术 ①优质高效的生产配方：在杏鲍菇工厂化生产过程中，配方成本普遍较高，高昂的成本已经成为制约产业发展壮大的重要因素，因此，在杏鲍菇工厂化栽培过程中，选用一些成本较低的原料代替配方成本高的原料，从而显著降低生产成本，提高杏鲍菇生产企业的综合效益。②接种阶段为熟料灭菌无菌接种，接种室的空气净化程度以及接种人员的操作过程对污染率有着至关重

要的影响，因此，接种阶段应严格遵守无菌操作原则，进一步降低污染率，为后期培养及出菇奠定良好基础。③出菇阶段的管理技术：在杏鲍菇的出菇阶段，合理调配温度、湿度、光照、CO_2 浓度，从而确保菇房中的杏鲍菇处于最佳生长环境，获得较高的产量和品质。

（2）配套技术 ①合理选择栽培原料：杏鲍菇栽培原料选用木屑的树种主要为杨树等阔叶树，有效解决了果树木屑中容易富集农药的安全隐患，用玉米芯代替棉籽壳，也降低了农药残留问题，为生产无公害杏鲍菇奠定了良好的基础条件。②选用抗逆性强的菌种：在杏鲍菇工厂化生产过程中，选择抗逆性强的菌种对杏鲍菇的产量及品质影响重大，因此，合理选用生产用菌种，提高菌种的抗病性等抗性特征，可有效减少污染率，提高产品的商品性。

注意事项 在杏鲍菇的工厂化生产过程中，应注意根据季节及气候条件的不同，适当对菌丝培养及子实体培养阶段的菇房环境条件进行微调，确保生长中的杏鲍菇处于最佳生长环境中。

适宜区域 作为适宜鲜销品种，适用杏鲍菇工厂化生产。

技术依托单位 陕西杨凌天和生物科技有限责任公司

（五）双孢菇床架立体栽培高产栽培技术

技术概况 采用二次发酵技术，通过人工控温和控气，使培养科在特定的环境下消毒和发酵，成为更适宜于蘑菇生长的培养基质，使蘑菇产量、品质均较稳定，病虫害较少，避免了地栽菇不能二次发酵，不能连续在同地块栽种的弊端。

增产增效情况 床架式立体栽培比地栽一个生产周期每平方米多产菇 5 ~ 7kg，充分利用生产空间，通过集约化生产，可有效提高生产效益，降低生产成本，增加收入，按每平方米投料约 35kg 计算，成本平均为 25 ~ 30 元，每平方米产菇可达 13 ~ 15kg，按成品菇 10 元/kg 计，每平方米产值可达 130 元以上，经济效益相当可观。床架式栽培还可利用空间发展平菇种植。

技术要点 ①菇棚建造：采用钢骨架立体栽培，每个菇房长 38.4m，宽 9m，床架宽 1.2m，长 8m，高 2.4m，离地 20cm，共搭建 5 层。②培养料的堆制发酵：堆制通常在播种前 20 天左右开始堆料，依据双孢菇对温度的要求和我区气候特点，一般播种时间在 8 月 25 日前后，建堆时间在 8 月 5 日前后为宜。堆料场地应选择地势高、平坦、排水好，环境清洁，远离鸡棚、畜合等，靠近水源、菇棚的地方。堆料前先将麦秸截成 20 ~ 25cm 长小段（稻草可直接使用），然后用浸泡、浇水等方法使草料吸足水分，含水率要达到 70% 左右，手握草把有水滴下。注意要让草料均匀湿透，不能有干料。堆前干粪要打碎过筛，新鲜粪可提前闷3 ~ 5 天，然后打碎，尽量做到没有粪块，堆前 2 ~ 3 天将粪调湿，要求含水率60% ~ 65%。粪内若有虫卵应提前杀灭。建堆与翻堆。建堆是将粪肥和秸秆混合，一般建堆方法是一层草一层粪逐层堆叠，堆形多为长方体，堆宽 2 ~ 2.3m，高 1.5 ~ 1.7m。堆长视原料多少而定。翻堆的目的是使培养料均匀发酵。通过翻堆调节堆内水分和酸碱度，改善堆内气体条件及营养成分，保证发酵正常运行。优质培养料的标准是：质地松软，呈咖啡色，麦秸不烂但一拉即断，无氨味，无臭味，含水率 60%，手握成团，一抖即散，pH 值 7 ~ 7.5。③培养料进棚、消毒、铺料：料进棚前一天，在料堆四周表面喷洒 0.1% 氧化乐果或 0.5% 敌敌畏杀虫，喷 5% 甲醛溶液（对水 20 倍）杀杂菌。为高杀虫杀菌效果，喷药后在料堆上盖塑料膜，保持 6 小时。喷药时间最好选在晴天，中午前后，以提高效果。检查堆料，若氨气较重，应翻动料堆散发氨气；若水分低于 60% 应补足水分，若水分高于 60% 应去掉多余水分。培养料进棚后，封闭菇棚，先向棚内喷洒 0.5% 敌敌畏或 0.3% 乐果溶液，之后喷 5% 甲醛溶液消毒杀菌，保持 24 小时。然后打开棚门及通气口通风降温，散发药气。将棚内药气排除后关闭通风口，将培养料均匀铺于床面上，厚 20cm 左右。若培养料氨臭味浓，还应翻动料，通风散发氨气。铺料的同时拣出料中较大粪块，除去杂物。④播种：当料内温度在 28℃ 以下且不再升高时即可播种。播种日气温较高时应选下午气温下降时播种，因为夜间较合适的温度有利于菌种萌发生长。一般每 2m 培养料用 500mL 瓶装麦粒菌种一瓶。麦粒菌种可采用散播法，具体做法是先取 2/3 菌种撒在培养料面，然后轻轻抖动培养料，使菌种沉入料内 5cm 左右，再将剩余菌种撒在料面，将料面拍平压实。播种后在棚内放鼠药，挂敌敌畏棉球等以防鼠害及虫害。⑤播种后覆土前发菌管：播种 3 ~ 4 天后，菌丝逐渐吃料，此时应逐渐增加通风量，适当降低湿度，促进菌丝向料内生长，并抑制杂菌发生。通风时间一般选取在早晨或傍晚气温较低时。阴天风小时，通风时间长些，晴天风大时通风时间短些，使棚内保持空气清新。为防料面失水过多，可盖报纸等，具体做法是用 1% 石灰水将报纸喷湿但不积水，注意时常抖动报纸，以利换气。不宜直接向培养料喷水。播种后 7 天，全面检查菌床。若发现菌种不活，需补种新种，并尽可能将不活菌种从培养料中剔除。若有菌种感染杂菌，要及时剔除并补种新种。若培养料长有毛霉等杂菌，应加强通风换气，降低湿度，控制其发展，并撒石灰料消毒，杂菌较重时需将受污染培养料拿走深埋。若有螨类等害虫。要及时杀灭。可在棚内挂敌敌畏、乐果棉球除虫。播种后 10 天左右，菌丝旺盛生长并大量吃料，应将报纸揭去，同时间隔撬动培养料，增加料内气体交换，促进菌丝向料内生长。发菌阶段应将菇棚盖好，用草帘等遮光。发菌阶段气温偏高。若培养料水分蒸发多，会在棚膜上形成大量水珠，又反滴在培养料上，极易使菌丝"淹死"，并引起杂菌污染。⑥覆土：覆土是双孢菇由营养生长向生殖生长转化的必要条件，不覆土就不能出菇。选用毛细孔多、吸水持水性好、喷水不易散、不板结、无虫卵、无杂菌及草根等的壤土、黏壤土为好。一般取耕作层以下土壤制成土粒，大土粒直径

1.5cm 左右，小土粒直径 0.7cm 左右。以每 100m² 栽培面积计，用土量约 3m³（其中大土粒占 70%，小土粒占 30%）掺入 50kg 磷肥，1% 石灰粉，加水调湿至无白心，抓起成团，撒开即散，不沾手，pH 值 7~7.5。所用土粒用甲醛、敌敌畏等杀菌杀虫。覆土前将培养料稍撬动，以增加料内氧气供应。检查料内有否螨类、杂菌等，若有发现应及时处理，可喷 0.5% 敌敌畏溶液等杀虫。然后将料面拉平。若培养料失水过多，可以在覆土前 2~3 天轻喷 pH 值 8 左右的石灰清水，增加含水率。覆土时将准备好的土粒均匀铺在料面上，做到厚薄一致无间隙。覆土厚度一般为 3cm 左右。⑦覆土后出菇前发菌管理：覆土后空气相对湿度保持在 80%~85%，温度保持在 20~25℃，早晚适当通风换气。从覆土后第二天开始调整覆土水分，喷水最好选在早晚气温较低时进行，应掌握轻喷勤喷原则，避免水流入培养料内，2~3 天内使覆土水分调到 18%~20%，即抓起成团，撒开不散，不沾手。以后结合通风换气逐渐降低土粒表层水分，使菌丝在土粒间蔓延生长。覆土后 10 天左右，当菌丝长出土粒与土层齐平时，加大通气量，降低温度至 15~17℃，刺激菌丝由营养生长向生殖生长（即结菇）转化。此阶段，若菇棚湿度太大，温度偏高，通气不足等均会造成冒菌丝，结菌块现象。另外，若覆土太薄，也会产生冒菌丝，结菌块，如发生此种情况，先除去菌丝块，再覆一薄层土，1cm 左右。⑧秋菇管理：当菌丝与土齐平时，早晚打开通风口及棚门，加大通风换气，白天可打开背风一侧通风口，结合通风轻喷水调节湿度。2~3 天后即有原基形成，再经 2~3 天后原基逐渐发育成小菇蕾，此时应向床面喷一次重水，即 2~3 天内使土粒含水率达到 18%~20%，同时使棚内空气相对湿度达到 90%~95%，并注意通风换气。待菇蕾长到黄豆粒大小时，再喷一次重水，使土层含水率达到 20% 左右，在以后菇生长阶段，经常向棚内床面及四周喷水，保持空气相对湿度 90% 左右，可减少通风，使菇迅速生长。采收前 2 天，一般不再喷水，以保证菇的质量。如遇 19℃ 以上高温，应提前喷重水；当温度在 15℃ 以下时推迟喷重水。当一茬菇采收后，要及时清理床面，剔除断根，补土填穴。增加通风换气，加快转潮。遇床面较干时，可轻喷水增加水分。秋菇总的喷水原则是：看菇喷水，菇多多喷，菇少少喷；生长前期多喷，采收前少喷，采收时不喷。秋菇三茬菇以后，培养料中养分失去很多，可通过合理追肥补充。一般应选用低浓度营养液，多次轻喷。

（六）平菇墙式高产栽培技术

技术概述 平菇墙式高产栽培技术就是把菌袋 5~6 层垒起，像一堵墙，采用菌袋两端出菇的技术。该技术有利于控制杂菌和害虫为害，成功率高；充分利用空间，占地面积小；生产周期缩短，采用堆积发菌，增高料温，加快发菌，缩短菌丝生长期；便于移动管理，可充分利用场地；有利于控制温度，保持湿度，出菇整齐，菇形好，产量稳定。

技术要点 ①棚室建造，大棚跨度8m，长度28~30m，脊高3.5m。②原料的选择：原料应新鲜、无霉变、无虫蛀、不含农药或其他有害化学成分。栽培前放在太阳下暴晒2~3天，以杀死料中的杂菌和害虫。对包谷芯、豆秆、稻草、麦秆、杂木等原材料，应预先切短或粉碎。③原料处理：秋、冬、春季栽培一般选用发酵料，夏栽选用熟料。在100kg干料中加入150kg水为宜，不同培养料加水量也略有不同，玉米芯、绒长的棉籽壳可适当加水多一些，绒短的棉籽壳应少加些水。拌好的培养料堆闷2小时，让其吃透水后进行堆积发酵。建堆应在水泥地面上铺一层麦秆，约10cm厚，把培养料放在麦秆上，料少时堆成1m高的圆形堆，料多时堆成高1m，宽1m的条形堆，每隔30cm左右，用木棍扎通气眼到料底，然后在料堆上覆盖草垫或塑料薄膜。当料堆中心温度升到55~60℃时维持18小时进行翻堆，内倒外、外倒内，继续堆积发酵，使料堆中心温度再次升高到55~60℃时维持24小时，再翻堆1次。经过两次翻堆，培养料开始变色，散发出发酵香味，无霉味和臭味，并有大量的白色放线菌菌丝生长，发酵即结束。然后用pH试纸检查培养料的酸碱度，并调节pH为8左右，待料温降到30℃以下时进行装袋。生产实践证明，用发酵料栽培平菇菌丝生长快、杂菌少、产量高。④菌种选择：夏季选用高温型品种如新选700、824或615，冬春季选用广温性品种如6543、新8、黑平王、高平300等。⑤装袋：选用宽23cm，长43cm，厚0.025μm的低压聚乙烯筒膜，每千克筒膜可截180个左右，每袋可装干料0.7~0.8kg。人工装袋时，应一手提袋，一手装料，边装边压。装至离袋口8cm左右时，将料面压实，清理袋口料物，排气后紧贴料面用绳子缠3~4圈，扎紧扎牢，防止进水、进气。装袋时注意：装袋前要把料充分拌一次。料的湿度以用手紧握指缝间见水渗出而不往下滴为适中，培养料太干太湿均不利于菌丝生长。装袋时要做到边装料、边拌料，以免上部料干，下部料湿；拌好的料应尽量在4小时之内装完，以免放置时间过长，培养料发酵变酸；装袋时不能蹾、不能摔、不能揉，压料用力均匀，轻拿轻放，保护好袋子，防止塑料袋破损；装袋时要注意松紧适度，一般以手按有弹性，手压有轻度凹陷，手拖挺直为度。压得紧透气性不好，影响菌丝生长；压得松则菌丝生长散而无力，在翻垛时易断裂损伤，影响出菇；装好的料袋要求密实、挺直、不松软，袋的粗细、长短要一致，便于堆垛发菌和出菇；将装好的料袋逐袋检查，发现破口或微孔立即用透明胶布封贴。

甘肃省食用菌主要品种与生产技术

一、主要品种

甘肃省黑木耳、香菇等主导品种从全国食用菌重点产区引进 7 类 29 个品种，通过试验选育出了 2 类 6 个品种。从引试的 9 个黑木耳品种中，选出了生长速度快，抗病、优质、丰产的新科 1 号、高产 1 号、888 号三个菌株。从引进试验的10 个香菇品种中筛选出速生、抗逆性强、产量高、品质佳的南韩 8 号，武香 1 号、135 号三个菌株。

甘肃省天麻栽境中天麻共生萌发菌从引试的 5 个品种中，通过试验选育出了接天麻蒴果种子后，萌发速度快，持久原始特性的天麻有性繁殖高产伴生菌，种子萌发率达 90% 两个菌株。天麻蜜环菌从引试的品种中，通过试验选育出了菌索活力旺盛，分枝发达，生长速度快，荧光度强，是栽培天麻、猪苓极佳伴生菌的蜜环菌 A9-1，蜜环菌 Am-8 两个菌株。猪苓从引试的 3 个品种中，通过试验选育出了菌丝洁白，分解木质素能力特强，药用成分稳定，抗逆性强的速生猪苓乌龙 2 号 1 个菌株。猴头品种从引试的 5 个品种中，通过试验选育出了色白球大刺短，出菇快的猴 99，猴王 2 个菌株。以上主导品种都适于陇南条件栽培品种。

二、生产技术

（一）段木黑木耳栽培技术

栽培流程 段木准备—耳场选择—晒架—点种—上堆发菌—散堆排场—起棚上架—采收—耳木越冬管理。

注意事项 用段木栽培木耳，一般是 1 年种 3 年收。第一年始收，第二年盛收，第三年尾收。冬季温度低，子实体停止生长，菌丝体也进入休眠，应将耳木集中，仍按"井"字形堆在清洁干燥处。过分干燥时，可适当喷些水分。第二年春季气温回升到 5℃ 以上，耳芽发出，再进行散堆起架，喷水管理。

（二）袋料黑木耳栽培技术

袋料黑木耳 引进小孔无根棚室黑木耳立体吊袋栽培技术，即将黑木耳菌袋以每平方米 100 袋左右串吊在高 2.2m，宽 6～10m，长 10～30m 的大棚内进行管理，可别小看这简单的一"吊"，这一"吊"的科技含量大大促成了耳农的丰产增收，使每袋黑木耳增加纯利润达 2 元之多。该项技术的最大亮点就是采用了水帘降温增湿系统、菌袋三角形小装备及夜间浇水等方法，使木耳的耳形、厚度、品质等都达到了最佳状态。该项技术具有五大优势。优势一节省土地。传统地栽一亩地放 1 万袋，而吊袋耳一亩地可吊 6 万袋；优势二节水保湿。大棚独特的构造使水分不易蒸发，节水至少 2/3，起到了很好的保湿效果，尤其适用缺水地块，保证了质优高产；优势三提早上市。由于棚室内能够满足木耳对温度、湿度等的要求，受天气影响小，生产期春耳能提前一个月，秋木耳可延长一个月，越冬耳可提早 2～3 个月上市；优势四品质高。由于吊袋耳最底部距地面 50cm 高度，浇水时泥土喷溅不上去，木耳干净无泥沙，低温情况下不发生病虫害，不用农药无污染，采用夜间浇水木耳卖相好，恰如"元宝"；优势五节省费用。相对于传统大地摆放所需的土地、农药、锄草、人工、草帘子等费用，"吊袋耳"每亩可节省费用近万元。

（三）香菇袋料栽培技术

技术要点 ①选准模式和栽培季节。②选择优良品种。③科学选配基质配方。④严把灭菌、接种和培养关，千方百计提高制袋成品率。⑤控制温、湿和通风条件，促使菌筒顺利转色。⑥出菇期管理要点。⑦香菇的采收、烘干与贮藏。

注意事项 要掌握菇蕾发育不同时期的管理要点。①催蕾期管理主要有两大项：一是补水问题：一般在刚转好色的第一茬菇，由于菌筒缺水不很严重，这时的补水采用菌筒直接淋水即可；后几茬催菇时的补水办法，最好采用浸水为好，浸水时间，冬季等低温季节宜长，春季气温升高后的浸水时间宜短，一般 12～48 小时，浸水时水温较袋温稍低效果好。浸水后菌筒水分恢复原重或接近原重为好。即菌筒含水率达到 55%～60% 为宜。二是创造良好的小气候，加快原基的形成和菇蕾的分化。主要是温度、湿度、光线和通气几个因素的密切协调。即催蕾的小气候应控制为：温度 10～20℃，昼夜温差 10℃以上；湿度 80%～95%，散射光线，通气良好。一般在冬季等低温季节催菇要解决好增温保温及保湿工作；在春季气温较高时催蕾要着重解决保湿与通气的问题，防止杂菌感染，防止高温烧菌。②菇蕾发育期管理，主要分前期和后期两个阶段。一是前期阶段管理。这一阶段主要是指菇蕾形成到菌柄明显伸长，菇盖逐渐长大增厚，呈半圆球状。这一阶段管理的中心工作是控制适宜的温度和温差；逐渐降低环境湿度，但要防止形成菇丁；保证有良好的通气和光照条件。这一阶段在冬季等低温季节时要注意增加菇棚光照，提高温度，防止菇蕾受冻害，菇棚内最低温度控制在3℃以上。在春季气温明显升高后管理中要注意菇棚遮阴，以及协调通气和湿度条件，防止杂菌感染。二是后期阶段管理，这一阶段是指幼菇末期到菌膜破裂，7～8成开伞到采收的过程。这一阶段菌盖生长最为明显，是形成花菇的关键时期，管理的好坏对产量、质量影响最大。

花菇形成机理：菌盖组织细胞的生长与温度、水分两因素最为密切。一方面在较低温的季节里，由于昼夜温差大，以及菌盖表皮组织细胞对低温感受最为敏感，当环境温度接近组织细胞生长的最低临界温度时，表皮细胞就会停止生长或者缓慢生长，而菌肉组织细胞由于温度条件稍好，就会比菌盖表皮细胞生长的快；另一方面由于昼夜空气湿度差异大，即所谓的昼夜干湿差大，白天气候干燥，空气湿度严重下降，菌盖表皮组织由于细胞蒸腾作用，最容易缺水，造成表皮组织细胞生长变慢甚至停止生长，而菌肉细胞由于受气候干燥、缺水的影响作用较小，其生长就会比表皮细胞生长的快，这样久而久之菌盖受昼夜温差和干湿差的刺激，菌肉细胞生长远远快于表皮细胞的生长。最后导致皮包不住肉，菌盖表皮组织龟裂而露出菌肉组织，便形成了花菇。龟裂纹越多，越深宽，色越白，花菇质量越好，商品价值越高。因此，这一阶段的管理工作就是不仅要直接控制环境的温度和湿度两大因素，还要通过调节环境的光照和通气等条件来加大昼夜温差和干湿差的力度，从而提高花菇的产量和质量（如果产品以鲜销为目的时，在出菇期管理中应适当提高环境中的空气湿度）。需要指出的是在低温的冬季，通过一些管理措施来加大昼夜温差时，尤其是遇到寒流时，不要使菇蕾受冻；而在气温较高的季节培育花菇时，由于气温较高蒸发作用较强，加大干湿差要注意，不要让湿度长期降得太低，以免形成大批菇丁。

（四）天麻栽培技术

技术要点 注意栽培时间、场地选择、建畦、播种栽培。

注意事项 ①温度管理：天麻生产的适宜温度为13～25℃（土表以下10cm），在此温度段内，越高越好。控温是天麻仿野生栽培管理的重要工作。冬季要防冻，海拔1 000m以下的地区，栽种后覆盖10～20cm厚的枝叶、杂草即可；高于1 000m以上的地区可将覆盖物加厚至30cm。夏秋要防高温和干旱，除了利用遮阴物防高温外，还可利用补水未降低土壤温度。补水以日落、土温下降后进行。②水分管理：冬季至立春（清明前）土壤温度控制在10%～20%。4—6月提高土壤湿度达60%左右。6—8月天麻进入旺季生长期，营养积累达到高峰，此时宜保水降温、保墒排渍，进行综合管理。到了9月，天麻营养积累进入后期，达到生理成熟阶段，此时畦床土壤湿度应控制在40%以下，10月下旬土壤温度已降至10℃，天麻进入休眠期，即可揭土采挖。每平方米可采挖鲜天麻7kg左右。（6）病虫害防治 为害天麻生长的主要害虫有蝼蛄、蛴螬、白蚂蚁等。防治方法：一是栽培天麻时，在畦床周围撒施5%的氯丹粉和"白蚁杀王"药剂；二是选用专利产品—白蚂蚁控制诱捕器对白蚂蚁进行诱杀。

（五）猪苓林地栽培技术

技术要点 ①栽培时间：从栽培效果来看，应以春栽和冬栽为宜。②栽培场地：海拔700～1 800m均可栽培，以800～1 400m最适，选择土壤疏松透气的腐殖土、团粒结构壤土为佳，石渣土、黄泥土、黏土不宜选用，坡向选早阳坡或晚阳坡，海拔较高，可选水分充足的阳坡，不宜选用阴坡。③苓种选择：选择中等大小（平均单个重16～20g）黑苓或灰苓做种。④栽培方法：A. 挖坑：坑深10～15cm，长70cm，宽50cm。B. 菌枝加树棒伴栽：坑底铺枯枝落叶一层，压实厚1cm，将备好的树棒5～7根平压在上面，根间距8～10cm，棒间填放适量树枝节，至棒径一半，用土填实空隙，将培养好的菌枝（每窝1kg）排放棒间，一头深靠棒上鱼鳞口，填腐殖土掩盖菌枝（以看不见菌枝为度），然后将苓种（每窝250～350g），在棒的两头和两侧均匀靠紧鱼鳞口均匀摆放（两侧各1个，两侧各3个），棒间加放树枝节，用腐殖土填至与棒平，再用枯枝落叶盖5～10cm厚，上用土封顶，厚10～15cm，坑口要平，以蓄雨水，坑面用枯枝落叶覆盖保墒。C. 蜜环菌种加棒伴栽：方法均与菌枝树棒伴栽相同，每窝用蜜环菌1～1.5瓶，其不足处是投资比用菌枝多。⑤栽后管理。A. 抗旱防涝：猪苓喜欢凉爽湿润的环境，干旱高温应及时补水或加厚覆盖。猪苓怕积水浸泡，容易引起幼苓泡烂。夏秋季雨水多及暴雨后应及时排水并将坑面盖好，防止露棒。B. 严防人畜践踏。C. 病虫害及其防治：比较常见的是蜜环菌材感染杂菌，应在栽培时严格选择菌枝菌材清除枯枝落叶杂菌。虫害主要有蛴螬、鼢鼠、野猪等。咬食菌材、蜜环菌素和幼嫩的猪苓菌核、造成减产，兽害打洞、毁窝危害。D. 防治方法：用90%敌百虫晶体800～1 000倍液，栽前喷洒枯枝落叶，以杀死虫卵；虫害发生期用90%敌百虫稀释成1 000倍液，在窝内喷洒防治。

（六）猴头菇栽培技术

技术要点 ①把握种性，确定栽培季节。②精选原料，合理配制培养基。③优化基质，培育强壮母体。④棚里摆袋，诱导定向出菇。⑤控制生态，促进品位提高。

注意事项及增产方法

（1）调节温度 菌袋下田后应从原来发菌期温度，降到出菇期最佳温度16～20℃条件下进行催蕾。在适温环境下，从小蕾到发育成菇，一般10～12天即可采收。气温超过23℃时，子实体发育缓慢，会导致菌柄不断增生，菇体散发成花菜状畸形菇，或不长刺毛的光头菇。超过25℃还会出现菇体萎缩。因此，出菇阶段，要特别注意控制温度，若超过规定温度，可采取4条措施：①空间增喷雾化水。②畦沟灌水增湿。③阴棚遮盖物加厚。④错开通风时间，实行早晚揭膜通风。中午打开罩膜两头，使气流通顺。创造适合温度，促进幼蕾顺利长大。

（2）加强通风　猴头菇是好气性菌类，如果通风不良，二氧化碳沉积过多，刺激菌柄不断分枝，抑制中心部位的发育，就会出现珊瑚状的畸形菇。在这种饱和湿度和静止空气之下，更易变成畸形菇体，或杂菌繁殖污染。为此，每天8：00应揭膜通风30分钟，子实体长大时每天早晚通风，适当延长通风时间。但切忌风向直吹菇体，以免萎缩。

（3）控制湿度　子实体生长发育期必须科学管理水分，根据菇体大小、表面色泽、气候晴朗等不同条件，进行不同用量喷水。菇小勿喷，特别是穴口向下摆袋或地面摆袋的，利用地湿就足够，一般不喷水。若气候干燥时，可在畦沟浅度蓄水，让水分蒸发在菇体上即可。检测湿度是否适当，可从刺毛观察，若刺毛鲜白，弹性强，表明湿度适合；若菇体萎黄，刺毛不明显，长速缓慢，则为湿度不足，就要喷水增湿。喷水必须结合通风，使空气新鲜，子实体苗壮成长。但要严防盲目过量喷水，造成子实体霉烂。栽培场地必须创造适合85%～90%的空气相对湿度。幼菇对空间湿度反应敏感，若低于70%时，已分化的子实体停止生长。即使以后增湿恢复生长，但菇体表面仍留永久斑痕。如果高于95%，加之通风不良，易引起杂菌污染。创造适宜湿度可采取：①畦沟灌水，增加地湿。②喷头朝天，空间喷雾。③盖紧畦床上塑料薄膜保湿。④幼蕾期架层栽培的，可在表面加盖湿纱布或报纸增加湿度。

（4）适度光照　长菇期要有散射光，一般300～600lx光强度。野外阴棚掌握"三分阳七分阴，花花阳光照得进"，以满足子实体生长需要。

（5）适期采收　巧管再生菇：猴头菇从菌蕾出现，到子实体成熟，在环境条件适宜的情况下，一般10～12天。有的还可8～10天提前成熟。成熟标志：菇体白色，菌刺粗糙，并开始弹射孢子，在菌袋表面堆积一层稀薄的白色粉状物。根据猴头菇市场的要求，采收的成熟度略有差别。作为菜肴保鲜应市或盐渍加工的猴头菇，最好在菌刺尚未延伸，或已形成但长度不超0.5cm，尚未大量释放孢子时采收。此时色泽洁白，风味鲜美纯正，没有苦味或极微苦味。若是作为药用的猴头菇，以脱水烘干为商品，子实体成熟度可以延长些，以菌刺1cm左右采收为好。

青海省食用菌主要品种与生产技术

一、主要品种

（一）平菇黑平王

品种来源　山东鱼台县科达食用菌菌种推广中心。

特征特性　出菇温度 5~29℃，深灰黑色，菇体丛生大朵，菇片肥厚，菌褶细密白色，菇形美观漂亮，韧性特好。菌丝抗杂特强，直至 6 潮菇后菌袋不感染霉菌。菇体生长抗细菌、病毒性病害，多年老菇场整个出菇期不发生黄褐斑病和死菇。菇体生长期极耐低温和 CO_2、严冬菇体不畸形，菇盖平整光滑，转潮快，总转化率 200% 以上。

产量表现　青海省民和县 2011 年种植平菇 44 万袋，纯收入 118.8 万元，2012 年种植 50.6 万袋，纯收入 177.1 万元，2013 年种植 55 万袋，纯收入 187 万元，在目前原材料、人工上涨的情况下，1 万袋纯收入仍可达 3 万~3.5 万元，是同等面积粮食（小麦、玉米）纯收入的 30~40 倍。

栽培要点　平菇的产量与培养料的种类和质量密切相关。能够栽培平菇的辅料很多，不同辅料的理化性质和营养成分不同。所选用的原辅材料必须新鲜、无霉变、无虫蛀、无感染杂菌。

配方1：棉籽壳 88%，麦麸 10%，生石灰 2%，另加 50% 多菌灵 0.1%。

配方2：玉米芯 90%，磷肥 4%，尿素 2%，生石灰 4%。

①装袋灭菌：用装袋机装袋，灭菌采用改进型浅盘式常压灭菌灶进行常压灭菌，大火攻头，争取 4~6 小时内料温达到 98~100℃，然后文火控制保持 8~10 小时，最后再大火烧半小时。灭菌后当料袋内料温降至 70℃以下时运至已经消过毒的菇棚内，进行冷却。②接种：当料袋内料温降至 28℃时即可进行接种，采用开放式两头接种。接种时，接种人员必须做好个人卫生，并用 75% 酒精擦手消毒。③菌袋培养：菌袋摆放的层数一般是 6~7 层，排与排之间的距离为60~70cm。④发菌管理：接种后 10 天菌丝扩展，呼吸量增加，当料温上升到

30℃以上时，要采取措施降温。二要适时翻堆，整个发菌阶段应翻 2～3 次堆，翻堆时注意将拣出感染的菌袋放在一起进行处理。整个发菌期间控制菌袋内料温稳定在 22℃上下，菇棚内湿度在 70% 以下，从接种到菌丝长满袋一般需 25～30 天。⑤出菇管理：摆放后每天喷水 2～3 次，结合喷水每天通风 3～4 小时，菌柄的菌盖分化时空气相对湿度控制在 90% 左右，使其不低于 85%，不高于 95%，同时，加强通风。

适宜区域 作为适宜鲜销品种，在平菇产区适用。

技术依托单位 山东鱼台县科达食用菌菌种推广中心

（二）平菇平优 2 号

品种来源 甘肃省农科院蔬菜所从外引的平菇菌种中进行菌体分离培养和菌种的提纯复壮选育出的食用菌品种。

审定情况 1998 年甘肃省审定。

审定编号 原代号 P109。

特征特性 菌丝洁白浓密，菇体圆扇形，灰白色，平均单丛重 213g，菌盖直径 6.67cm，厚度 0.9cm，菌柄长 5.64cm，粗度 0.12cm。属广温品种。含粗蛋白质 2.28%，粗脂肪 0.18%，赖氨酸 0.07%，丝氨酸 0.02%，可溶性糖 0.81%，V_b 含量 0.2mg/100g，Vc 含量 0.64mg/100g，纤维素 0.6%。抗杂菌能力强、污染率较低。

产量表现 丰产性好，生物效率达到 136%，比对照广温 1 号提高 25% 以上；粗蛋白、赖氨酸、Vc 含量比对照分别提高 10.7%、52.3% 和 60%，朵大、肉厚、柄短、柔韧性好；菌丝生长速度快，抗杂菌能力强，污染率比对照下降 10.2%；对多种农作物秸秆有较好的适应性。

栽培要点 利用各种农作物秸秆，在地下室、防空洞、民房、大棚、日光温室中均可栽培。菌丝生长适宜温度 20～25℃，出菇温度 5～30℃，最适宜温度 15～20℃。

适宜区域 作为适宜鲜销品种，在西北平菇产区适用。

选育单位 甘肃省农业科学院蔬菜研究所

（三）双孢菇 AS2796

品种来源 异核体菌株 02（国外引进种）和 8213（国内保留中）通过同核不育单孢杂交育成。

审定情况 山东农作物品种审定委员会。

审定编号 鲁种审字第 0350 号。

特征特性 双孢菇属半气生型，菌丝银白色，生长速度中偏快，不易结菌被。子实体多单生，圆正、白色、无鳞片。菌盖厚，不易开伞。菌柄中粗较直短。菌肉白色，组织结实。菌柄上有半膜状菌环。孢子印褐色。该品种属较高温型。菌丝生长的温度范围 10～32℃，最适 24～28℃。子实体生长温度 10～24℃，最适宜 14～20℃。菇房空气相对湿度 90% 左右。紫菌株较耐热，可比一般菌株提前 10 天左右栽培，出菇期迟于一般菌株 3～5 天。菌丝爬土能力中等偏强，扭结能力强，成菇率高，菇体不易脱柄。子实体生长期需较弱的散射光及和缓的通风。

产量表现 2010—2013 年在青海省城北区、互助县等地进行生产试验，种性稳定，产量较国家认定品种 AS2796 增产 10.4%，综合农艺性状优良。

栽培要点 ①栽培季节：自然条件下适宜青海地区在 3 月中旬至 10 月下旬栽培；②栽培原材料：麦草和牛粪等，经一次发酵或二次发酵后的培养料栽培，播种后覆盖土壤，或者菌丝生长满培养基后，再覆盖土壤，在田间栽培，须用黑色塑料薄膜棚覆盖，或者遮阴网、草帘覆盖；③出菇管理：出菇期间温度控制在 8～25℃ 间，空气相对湿度 85%～95%，不需要光照，通风良好，保持空气新鲜。

适宜种植地区 甘肃、青海等地。

选育单位 甘肃省农业科学院蔬菜研究所

二、生产技术

（一）食用菌病虫害绿色高效防治技术

技术概况 该技术以病虫害发生较为严重的平菇、双孢菇、金针菇等品种为栽培对象，通过统一供种、场地选择、环境调控、优化配方、工厂化制作培养料、多品种轮作等技术措施，对栽培全程的病虫害防控采取物理、生态防控，必要时施用生物源安全农药或经过登记的食用菌专用农药，确保产品的安全，具有较强的推广应用价值。

增产增效情况 通过对食用菌生产程序的科学规范操作，选择优良和高抗性菌种，加强科学管理，创造有利于菇菌生长而不利于病虫害繁殖的环境条件，在栽培过程中病虫害的综合防控，做到物理预防和生态预防为主，生物防治和化学防治为辅，实现无公害和绿色标准生产，提高产品的质量和安全水平。病虫害防效可提高 20% 以上，生产效益提高 10% 以上。

技术要点

（1）核心技术 ①"小环境控制 + 成虫诱杀"技术：针对钢架大棚冬天保温、夏天降温的需求，以 60 目密度的防虫网围罩大棚，加诱虫灯或粘虫板诱杀棚内成虫，控制食用菌虫害数量。60 目密度防虫网在夏季围罩大棚后，既通气又能雾化雨水，增加大棚的湿度；棚顶不需覆盖薄膜，仅需加盖两层遮阳网或草帘即达到遮阴的作用，需保温时在防虫网上覆盖薄膜即可。②"黄板监测+安全性药剂"技术集成：对于温棚栽培的平菇，可采用"黄板监测+安全性药剂"的组合方式，多项措施结合控制害虫为害。药剂可选择使用具安全低毒的甲阿维菌素、菇净或灭蝇胺杀虫剂，多种药剂轮换喷施，防止出现抗药性，可有效控制虫害发生。③病害防控以熟料灭菌无菌接种为主，生料栽培品种培养料需经充分发酵，利用生物发酵产生的高温杀灭病原物，进一步减少和消灭培养料种的病原，为栽培出菇期的菇体安全打好基础。

（2）配套技术　①栽培场所的选择：应选择在地势干燥、通风良好、远离污染源，周围清洁卫生，交通方便的地点，菇棚要求通风、保温、保湿性能强，冬天能加温、夏天能降温。②栽培场所的消毒：栽培场所使用前必须用硫黄或甲醛和高锰酸钾混合进行消毒，既杀菌又杀虫。③培养料的选择与配制：平菇的产量与培养料的种类和质量密切相关。能够栽培平菇的辅料很多，不同辅料的理化性质和营养成分不同。所选用的原辅材料必须新鲜、无霉变、无虫蛀、无感染杂菌。

配方1：棉籽壳88%，麦麸10%，生石灰2%，另加50%多菌灵0.1%。

配方2：玉米芯90%，磷肥4%，尿素2%，生石灰4%。①接种：当料袋内料温降至28℃时即可进行接种，采用开放式两头接种。要求料袋灭菌彻底，料袋无微孔，菌种质量好，接种时下种量大，菌种将两头盖严，扎口不要太紧，接种后给发菌创造适宜的外界环境条件，促菌快发，成功率一般达98%以上。接种时，接种人员必须做好个人卫生，并用75%酒精擦手消毒。②发菌管理：一要勤观察，严防高温烧菌，接种后10天菌丝扩展，呼吸量增加，当料温上升到30℃以上时，要采取措施降温。二要适时翻堆，整个发菌阶段应翻2~3次堆，翻堆时注意将拣出感染的菌袋放在一起进行处理。整个发菌期间控制菌袋内料温稳定在22℃上下，菇棚内湿度在70%以下，从接种到菌丝长满袋一般需25~30天。③出菇管理。摆放可将袋口解开，摆放后每天喷水2~3次，结合喷水每天通风3~4小时，在适宜的温度下，菌袋两端就会出现大量原基，此时将袋口卷起。原基保持充足的空气和光线便迅速生长，颜色由深变浅，分化出菌柄的菌盖。这时空气相对湿度控制在90%左右，使其不低于85%，不高于95%。喷水次数视天气情况和出菇情况而定，掌握勤喷、轻喷，同时，加强通风。

注意事项　防虫网要全棚覆盖，悬挂的黄板要定时更换；安全性农药的使用时期要选择病虫害发生初期、蘑菇覆土前或刚开袋时、每潮菇采完后等关键时期。

适宜区域　青海省海东地区。

宁夏回族自治区食用菌主要品种与生产技术

一、主要品种

（一）平菇灰美2号

品种来源　不详。
审定情况　不详。
审定编号　不详。
特征特性　秋冬季灰黑色平菇品种。幼菇期色深，配合高湿控氧管理，可形成优质姬菇。随着菇体长大，色泽变浅，成形期为大棵、大丛，菇盖油光发亮，吸水量大、重实，从开始出菇至尾潮菇结束，不发生黄菇病、干腐病等细菌性病害。
产量表现　品种区域试验中，秋冬季平均生物转化率150%～200%。
栽培要点　适宜秋冬季常规熟料栽培。菌丝适宜生长温度18～28℃，出菇温度为2～32℃，最适温度18～25℃，空气相对湿度为85%～90%，通风良好。
适宜区域　北方地区。
选育单位　江苏省江都市天达食用菌研究所

（二）平菇庆丰518

品种来源　不详。
审定情况　不详。
审定编号　不详。
特征特性　丛生短柄，菌肉肥厚，长途运输不破损，无次菇小菇，产量高。
产量表现　投料量与产量比由原来的1：1.2达到目前的1：1.5～1：2，生物转化率达150%～200%。
栽培要点　栽培室内的空气湿度保持在85%～95%，温度控制在15～18℃之间，每天要进行两次通风，每次15～30分钟，给予一定量的散射光照射，昼夜温差保持在 8 ~ 15℃。待菌蕾成熟时，将聚乙烯袋口挽起，把料面露出来。菌盖、菌柄形成时，适量地向其喷少量雾状水。随其生长喷水量也要逐步增加，要加强棚内通风换气，勤于喷水，保持棚内湿润干净。

适宜区域　适宜北方地区栽培。

选育单位　江苏省都江市天达食用菌研究所

（三）香菇武香 1 号

品种来源　香菇 62 与野生香菇杂交选育而成。

审定情况　2007011 浙江省审定。

审定编号　浙农品认字第 233 号。

特征特性　子实体大部分单生，少量丛生，菇蕾数多，菇形圆整，菌盖直径大多 4 ~ 8cm，菌柄长度 3 ~ 6cm，直径 1 ~ 1.5cm，中生，白色，菌肉厚度 1.8cm，菌盖表面淡灰褐色，披有鳞毛，子实体有弹性，具硬实感。菌株菌丝生长温度范围 5 ~ 34℃，最适温度 24 ~ 27℃，子实体发生最适温度 16 ~ 26℃，在 26 ~ 34℃自然气温条件下也能正常生长发育。

产量表现　袋料重量以每筒 0.8kg 干料计：生物学转化率平均达 113%，1 ~ 2 潮菇总产量 0.53kg/袋，全生育期产量 0.92kg/袋，比其他菌株增产 13% ~ 29%；符合鲜香菇出口标准的比例达 36% 以上。

栽培要点　本地以代料袋栽香菇模式为主。9 月下旬制作原种，翌年 1 月上旬制作栽培种，2 - 5 月菌丝培养期，6 月下旬至 10 月上中旬出菇；适宜出菇温度 16 ~ 26℃。栽培场所要求通气良好，保持空气新鲜；晴燥天气要注意通风，并注意培养基湿度和空间相对湿度，避免过分干燥，同时需要注意菇棚的遮阴度。

适宜区域　高海拔地区栽培。

选育单位　山西省长治市北方食用菌服务中心

（四）双孢菇 As2796

品种来源　不详。

审定情况　1993 年通过福建省蘑菇菌种审定委员会审定。

审定编号　不详。

特征特性　菌丝呈银白色，基内和气生菌丝均很发达，生长速度中偏快，在 16 ~ 32℃下菌丝均能正常生长，最适为 24 ~ 28℃。鲜菇圆整、无鳞片、有半膜状菌环、菌盖厚、柄中粗较直短、组织结实、菌褶紧密、色淡、无脱柄现象。

产量表现　单产平均产菇 10kg/m² 左右，最高达 16kg/m²。

栽培要点　该菌株适于用二次发酵培养料栽培，菌丝生长速度中等偏快，较耐肥、耐水和耐高温，出菇期迟于一般菌株 3～5 天。但是，菌丝爬土能力中等偏强，纽结能力强，成菇率高，基本单生，20℃ 左右一般仍不死菇。1～4 潮产量结构均匀，转潮不太明显，后劲强，可适当提前栽培。

适宜区域　北方地区。

选育单位　福建菌草研究所

（五）杏鲍菇 9 号

品种来源　不详。

审定认定情况　不详。

审定编号　不详。

特征特性　子实体单生或丛生，菌盖浅黄色，平展，顶部凸，直径 3～5cm，厚 0.8～1.5cm，表面覆盖纤毛状鳞片；菌柄白色，商品菇近保龄球形，长度 8～13cm，直径 2.4～5.5cm，质地紧实，长度与直径比 2.66：1，长度与菌盖直径比 2.63：1；致密中等，贮存温度 1～4℃，货架寿命 7 天。适宜以棉籽壳、玉米芯为主料栽培；发育期 30 天，无后熟期，栽培周期 60 天；原基形成不需要温差刺激；菌丝可耐受最高温度 35℃，最低温度 1℃；子实体耐受高温 22℃，最低温度 5℃。子实体对二氧化碳的耐受性较强；菇潮明显，一般只发生一潮。

产量表现　袋料栽培条件下，生物学效率 50%。

栽培要点　北方地区秋栽 8—9 月接种，春栽 1—2 月接种。无后熟期，菌丝体长满后即可出菇。菌丝长满袋（瓶）后，在 8～18℃、空气相对湿度 95%、光照强度 10～300lx 下搔菌催蕾；幼菇长出袋（瓶）口后疏蕾，每袋保留 1～3 个子实体，可提高商品质量。疏蕾后保持温度 13～20℃，空气相对湿度 85%～90%。注意不能在菇体上喷水过多，保持良好通风和 10lx 以上的光照。

适宜区域　北方地区

选育单位　北京市农林科学院植物保护环境保护研究所

二、生产技术

（一）平菇生料增氧发酵技术

技术概述　该技术操作简便，减少投资设备，节约生产成本，成功率达到 96% 以上，为食用菌丰产增收提供了技术保障。

增产增效情况　通过对食用菌生产程序的科学规范操作，亩产量增加 5%～10%，亩产值增收 1 000～5 000 元。

技术要点　①生产配方：高产栽培配方为玉米芯 85%、麸皮 6%、油饼 3%、石灰 3%、过磷酸钙 2%、尿素 0.6%、食盐 0.3%、可霉素 0.1%，菇丰素

0.05% ~ 0.1%。②配料：根据配方准备好各种原辅材料，将化肥及发酵剂撒均在粉碎玉米芯堆上。后将克霉霸、食盐、石灰、油饼或玉米面溶于拌料所使用的水中进行拌料。起堆时出现干料，再用2%的石灰水处理其干料，使所有原料预湿彻底，无干料存在。③建堆：配料后第二天所有原料预湿均匀后，将麸皮撒在料堆，埋入离地20cm高处的中心位置，距堆底20cm处放入横管，边翻堆边将打眼的通气立管以每50~80cm排放一根，底部同长管靠紧，上部管头露外在料堆顶部，以利底管入新鲜空气，立管排放发酵过程中产生的废气，如果料堆宽度超过1.8m，在料堆侧坡用尖头木棒打孔，增加排气量。随即盖好旧塑料薄膜。④翻堆：夏季建堆24~36小时后，料面20~25cm深堆温升至70℃以上，冬季4~5天升温至70℃以上，进行翻堆。⑤散堆冷料：目测培养颜色为浅棕色，色泽均匀，手握有弹性、黏度小、无臭味，用3%的石灰水泼洒地面消毒进行散堆。调解pH值达到7.5~8.5，可用干石灰粉调解酸碱度。⑥装袋：料温达到30℃以下，即可装袋，装袋时两头菌种外表应撒盖1~2cm厚的培养料以保证菌种复活时所需的小环境，常规下三层菌种两层料，边装袋边接种一次完工。⑦菌丝培养：温度控制在22~30℃，湿度保持在60%~80%，发菌期间每天要检查菌袋温度，发现袋温超过30℃，采取降温措施，避免烧菌，当菌丝吃料一半时，翻堆一次。⑧出菇管理：当菌袋发白时将菌袋码垛。菌袋7~10天就可显雷出菇。前期要小通风，后期大通风，前期增加空气温度，后期可直接浇水，晴天多浇水，阴天少浇水、多通风。⑨采收：采收时单个菌袋、整袋头的大小菇朵一般一次性采收。

注意事项　在加辅料和各种营养素时要注意均匀使用；翻堆时要注意倒堆调整，将高温区的熟料、热料与地角冷区的冷料交换位置；掌握好通气量大小，发酵时通气量过大会造成培养料大量白化现象，通气量过小会造成培养料缺氧，使基质发黏、发臭、造成酸化现象。出菇时注意通风、浇水。浇水太多，菇盖积水会引起黄菇病发生，通风过大，会使菌袋失水造成严重减产，通风过小会造成喇叭头、粗柄等畸形菇。

适宜地区　宁夏、内蒙古、陕西等省区。

技术依托单位　灵武市农业技术推广服务中心；灵武市食用菌协会

（二）平菇袋料熟料高产栽培技术

技术概况　该技术充分利用玉米芯、稻草、木屑等农副产品，降低杂菌污染率，突破常规管理技术，提高栽培成功率。

增产增效情况　通过该项技术的推广应用，提高产量和产值20%~30%。

技术要点　①栽培场所：选择有散射光、保温、保湿、通风良好的设施场地，平菇栽培的床架坐北朝南。②合理配料：高产高效配方为玉米芯55%，稻草30%，麸皮10%，石膏1%，二铵2%，石灰2%。③装袋培菌：将配料准备好后，进行发酵处理，发酵好的配料用聚乙烯装袋，装满后扎紧两头进灶灭菌，旺火猛烧，当温度上升到95℃，维持5~6小时，然后再闷上9~10小时，出锅后等到聚乙烯袋温度降到28℃时，进行接种。接种前要对培养棚提前做好熏蒸灭菌，室内温度控制在28℃以下，如果室外气温较高，要做好遮阳降温工作，严禁直射光照射菌丝。棚内每天进行一次消毒除虫工作，发现有污染的菌袋，要立即处理。④栽培管理：待菌丝成熟时，将菌袋移入栽培室内，整齐码放，注意袋与袋之间的距离不要太过紧密，空气湿度保持在85%~95%，温度控制在15~18℃，每天两次通风，每次15~30分钟，给予一定量的散射光照射，昼夜温差保持在8~15℃。待菌蕾成熟时，将聚乙烯袋口挽起，把料面露出。当菌盖、菌柄形成时，适量喷少量雾状水。随其生长喷水量也要逐步增加，并加强棚内通风换气，勤于喷水，保持棚内湿润干净。当生长到一周左右，菇盖展开了7~8成就可采收。采收完成后，要及时对料面进行清理，严禁喷水，养菌3~4天，然后再封紧聚乙烯袋口，第二次长出菌蕾后再开袋，下一轮的管理方法同上。⑤采收：当菌盖展开7~8成后，颜色由深灰色逐渐变为浅灰色进行采收。

注意事项 注意装袋时培养料的含水率，一般掌握在60%，水分过小菌丝细弱产量低，水分过大菌丝生长缓慢且易受霉菌污染。

适宜区域 适宜宁夏地区。

技术依托单位 江苏江都天达食用菌研究所

附录 1　食用菌生产主要品种名录

白茶树菇	183	黑木耳康达 1 号	80
白灵菇 10 号	4	黑木耳林耳 1 号	89
白灵菇白雪七号	164	黑木耳林科 1 号	76
白灵菇东达一号	44	黑木耳茅仙 1 号	119
白灵菇中农翅鲍	13	黑木耳茅仙 2 号	123
白玉菇闽真 2 号（金山 2 号）	130	黑木耳牡耳 1 号	73
北虫草	46	黑木耳农经木耳 1 号	83
北虫草棋盘山 1 号	62	黑木耳绥学院 1 号	75
北虫草沈草 1 号	61	黑木耳绥学院 2 号	72
北虫草沈草 2 号	61	黑木耳特产 1 号	84
北虫草湘北虫草 1 号	184	黑木耳新科	165
草菇 V23	96	黑木耳兴安 1 号	78
草菇 VH3	96	黑木耳兴安 2 号	76
茶树菇赣茶 AS-1	131	黑木耳雪梅 1 号	85
茶树菇古茶 2 号	132	黑木耳延丰 1 号	82
褐蘑菇 SD-1	152	黑木耳伊耳 1 号	89
黑木耳 916	165	黑木耳元宝耳 1 号	77
黑木耳 1 号	87	黑木耳园耳 1 号	71
黑木耳 2 号（黑 29）	36/88	猴头菇猴杂 19 号	104
黑木耳 LK2	74	猴头菇牡育猴头 1 号	71
黑木耳德金 1 号	86	滑菇丹滑 16 号	39
黑木耳耳根 13-6	36	滑菇牡滑 1 号	70
黑木耳宏大 1 号	84	滑菇早生 2 号	19/38
黑木耳宏大 2 号	79	黄背木耳川耳 1 号	198
黑木耳徽耳 1 号	121	灰树花	44
黑木耳菊耳 1 号	81	灰树花泰山-1	151

鸡腿菇茅仙 1 号	124
鸡腿菇泰山-2	151
姬菇川姬菇 2 号	203
棘托竹荪宁 B5 号	180
金针菇	45
金针菇 913	197
金针菇 SD-1	148
金针菇 SD-2	149
金针菇白金 10 号	199
金针菇川金 3 号	200/205
金针菇航金菇 1 号	132
金针菇江山白菇	113/199
金针菇茅仙 1 号	119
金针菇茅仙 2 号	124
金针菇众兴 1 号	208
灵芝 TL-1 泰山赤灵芝 1 号	146
灵芝八公山 2 号	123
灵芝八公山仙芝 1 号	118
灵芝湘赤芝 1 号	185
毛木耳黄耳 10 号	204
毛木耳苏毛 3 号	105
平菇 2026	3
平菇 99	3/166
平菇 SD-1	43/147
平菇 SD-2	148
平菇德丰 5 号	43
平菇丰 5	146
平菇黑平王	225
平菇灰美 2 号	229
平菇津平 90	12
平菇辽平 8 号	58
平菇茅仙 1 号	118
平菇茅仙 2 号	122
平菇平优 2 号	226
平菇庆丰 518	229
平菇双抗黑平	4
平菇苏引 6 号	167
平菇唐平 26	21
平菇特白 1 号	13
平菇皖平 1 号	120
平菇皖平 2 号	120
平菇西德 89	2
平菇新 831	166
平菇新科 1 号	167
平菇亚光 1 号	14
平菇豫平 5 号	166
双孢菇 192	34
双孢菇 A15	4/34
双孢菇 As2796	94/189/226/230
双孢菇 As3003	40
双孢菇 M2796	168
双孢菇 W192	168
双孢菇 W2000	95/129/168
双孢菇风水梁一号	41
双孢菇经玉 1 号	42
双孢菇沐野 1 号	34
双孢菇英秀一号	41
双孢菇苏棕磨 5 号	106
香菇 9608	171
香菇 168（中香 68）	1
香菇 18-1	135
香菇 939	20
香菇 9608	33/208
香菇 L18	1
香菇 L808	2/19/38/96/111/133/169/196/207
香菇 L-868	135
香菇 SD-1	149
香菇 SD-2	133/150
香菇徽菇 1 号	122

附录 2　食用菌主要生产技术名录